现代API门
通往架构师之

（第2版）

李 泉 著

U0378324

清华大学出版社
北京

内容简介

本书首先回顾了系统集成及服务的历史,对其核心概念和核心思想进行重新阐述;然后从基本概念、REST架构、生命周期、具体实施、最佳实践、业务影响和技术前瞻等方面对API进行全方位的介绍;最后是作者对如何做一个好的架构师的感悟与建议。贯穿全书的是作者在近20年里,为北美18个行业里的50多家大型公司进行系统集成及API项目设计和实施积累下来的实战案例。

本书为有志于成为系统集成和API架构师的程序员提供了一条学习和提高的路线图,适合程序开发人员及管理人员阅读和参考。

本书封面贴有清华大学出版社防伪标签,无标签者不得销售。

版权所有,侵权必究。举报:010-62782989,beiqinquan@tup.tsinghua.edu.cn。

图书在版编目(CIP)数据

现代API:通往架构师之门/李泉著.—2版.—北京:清华大学出版社,2021.8(2024.2重印)
ISBN 978-7-302-58475-9

Ⅰ.①现… Ⅱ.①李… Ⅲ.①程序设计 Ⅳ.①TP311.1

中国版本图书馆CIP数据核字(2021)第121394号

责任编辑:王 倩
封面设计:何凤霞
责任校对:王淑云
责任印制:宋 林

出版发行:清华大学出版社
　　　网　　　址:https://www.tup.com.cn,https://www.wqxuetang.com
　　　地　　　址:北京清华大学学研大厦A座　　　邮　　编:100084
　　　社 总 机:010-83470000　　　邮　　购:010-62786544
　　　投稿与读者服务:010-62776969,c-service@tup.tsinghua.edu.cn
　　　质量反馈:010-62772015,zhiliang@tup.tsinghua.edu.cn
印 装 者:天津鑫丰华印务有限公司
经　　销:全国新华书店
开　　本:170mm×240mm　　印　张:21.5　　字　数:385千字
版　　次:2018年8月第1版　　2021年9月第2版　　印　次:2024年2月第3次印刷
定　　价:99.00元

产品编号:089574-01

Again, for Robin, Lindsey & Laura

以从业者的视角观察，所有的信息系统，其本质都可以归纳为一句话：数据的处理和流转。在当今风起云涌的云计算时代，如何让数据的处理抽象成服务和企业有价值的资源并让它们在业务规则的约束下顺畅地"流转"起来，这已经成为企业数字化转型的核心目标。

举一个所有国人都感同身受的例子——政府部门的业务办理。很久以来，这一直是被老百姓广为诟病的场景。比如，你要为孩子办理义务教育入学手续，首先需要自行了解业务办理的程序，然后就开始了漫长的奔波：到人力部门查询社保信息、到公安部门查询居住信息、到卫健部门查询疫苗接种信息……，每个政府部门办事大厅的位置都需要自行查找，办理前需要取号排长队，在这个过程中需要填写大量表格、盖大量公章，如果遇到午休、假期，处理完成的时间又会进一步推延。当你抱着一大堆资料和表格来到教育部门办理最终的入学业务时，如果被检查出少填了一份表、少盖了一枚章、少带了一个证件……，那就意味着需要重新跑一遍，补齐所需的表、章和证件……

相信每个人都有过类似的上述经历，很多人把去政府部门办理业务称为"撞"，"明天我要去补个身份证，又要去各个衙门'撞'了"。一个动词很形象地表达了在办理事项时所遇到的层层阻力。这其中，政府各部门信息系统之间的信息隔阂与数据壁垒是一个最主要的原因。

这样的情况在近几年已经出现了可喜的改观，各级政府都把优化政务和改善民生服务作为数字化转型的重中之重，"最多跑一次""最多跑一地""一次办好""一次办结""零跑腿"……这一系列政务改革的重点，就是要打通之前相互孤立的各个系统，让信息和数据能够在各系统之间有效地流转起来、让业务办理者只需要提交事项的申请，而后续的校验和审批都由系统根据既定的规则来自动完成流转，并最终达成事项的办结。

我们有幸在当下蓬勃推进的数字化转型改革中为众多的企业和政府部门提供了流程自动化解决方案，其中不乏多个系统乃至几十个系统之间数据穿透、集成、调用的解决方案。在此仅举一例：某市希望对公务员及事业编制人员进行职业生涯全生命周期的统一管理，打通人员入职、调转任、离职等各个阶段所涉及的若干信息系统，并对各个系统中的相关数据进行实时调用及状态同步。

以一个新公务员入职的场景为例，录入人员通过事项办理平台提交此人的入职申请，在经过必要的审批确认后，系统会通过预设的数个 API 端点向多个功能系统下达事务指令：实名制系统完成入调、市民卡系统落实市民卡开通、社保系统落实社保医保卡办理、公积金系统落实公积金账号增开、一卡通系统落实一卡通办理……。在实现的过程中，我们发现各个系统的架构都千差万别，其中甚至有十多年没有更新过的"老古董"，系统早已停止维护，客户方的技术人员仅仅对数据库的表结构略知一二。各个系统提供的接口协议及输入输出参数的格式也多种多样，并且因为历史原因难以改造。

在架构设计时，我们在事项办理平台和各个业务系统之间额外加入了一层集成接口平台服务，各个系统可以通过多种协议与其通信（无论是 Web Services，REST 还是 Database 等），在这个服务上注册各自的接口，并约定好各接口与事项办理平台的输入、输出参数等规范。最后由这个集成接口平台将所有接口转换成 REST API 的形式、统一与事项办理平台通信，来完成业务指令集的交互调用。

基于这样的设计，我们把繁杂的接口梳理维护工作与业务平台有效地解耦，既应对了老系统陈旧接口难以更改的实际情况，以确保业务平台始终以主流的"干净的"REST API 形式进行接口访问。这个集成接口平台也为接口调用提供了负载均衡、日志记录、容错灾备、流量监控等一系列的配套服务，来保证接口通信的健壮性和可靠性。另外，在这样的架构设计中，很巧妙地解决了系统之间的跨网段通信、单向通信等网络问题。

在上述这些复杂项目的架构设计阶段，本书作者给了我们卓有成效的指导建议和实质性的技术支持。在项目的推进过程中，我们也学习并借鉴了本书中提及的一系列实施方法，并通过这些项目的建设论证了本书相关理论的有效性及可复制性，这也是我们向各位读者大力推荐此书的重要原因。

作为国内领先的工作流（workflow）和业务流程管理（BPM）解决方案的供应商，我们一直致力于推动企业及政府单位的数字化转型升级。在这一领域深耕十多年，我们见证并亲历了中国企业及政府部门在发展道路上的坎坷且坚定的前行。站在当下这个时间点，我们深切地感受到，这条发展道路上正在出现一个越来越重要的挑战（当然也是机遇），那就是客户不再单纯地购买一套产品用以解决他们在某个功能细分领域的问题；客户现在的诉求更多的是基于场景，而且这个场景往往会贯穿他们的生产、业务等多条线的全过程全周期的业务和政务流程,还会涉及系统的集成交互,这也是信息化发展到一定阶段后会产生的必然需求。在这个大趋势中,每一个信息系统都不再是各自孤立的产品,而是数据网络中的一个节点。对企业或政府部门而言,需要考虑如何将这些信息系统编排成一张数据网络,以便更好地辅助自身的生产和业务。对乙方(数字应用和服务供应商)而言,需要考虑的是如何改造自身产品和服务框架的架构,以适应更开放的集成需求,让产品在竞争中具备更强的生命力。而市面上与上述这些应用技术相关的技术资料十分匮乏,这也导致现在很多客户和厂商都只能进行各自为战的摸索。

本书作者在过去的 20 余年中作为 MuleSoft 和 TIBCO 两家软件公司的资深解决方案架构师,主持和参与了数十个名列财富 500 强企业的大型系统集成项目,在这一领域具有丰富的实践经验和前瞻性的洞见,应该说在世界范围内也是位列前茅的。这也保证了本书既有理论高度,也有实战干货。本书对一些业内关注的话题,比如集成和 API 的关系和区别,都进行了深刻的分析和阐述。

我们诚挚地向正在朝架构师方向努力进阶的技术人员及有志于在企业和政务数字化转型领域大展拳脚的从业人员推荐本书!

杭州微宏科技有限公司首席运营官(CEO):韩　彤

首席技术官(CTO):俞哲峰

2020 年 7 月 18 日于浙江杭州

第2版前言

首先要感谢清华大学（我的母校）出版社给了我的书再版的机会，让我得以将第1版出版之后的学习和心得补充进来。

记得在第1版的计划和筹备时，有一个国内有名的计算机技术类图书出版社的责任编辑对我说，系统集成是个老话题了，没有新意，不如当下流行的如"高并发系统"等话题更前沿、更吸引人。令人沮丧的是，系统集成确实是个老话题，而且我们似乎一直也没有解决好这个问题：20多年前我在 TIBCO 软件公司做服务项目时就在和系统集成打交道，至今在 MuleSoft/Salesforce 还是在做这件事。也没有什么这方面的书籍可供借鉴。

在我认识的专业人士中，有不少在企业里负责系统集成项目。他们都自称是系统集成和 API 方面的专家。我从不否认他们在这个领域里的经验和成绩。然而，20多年前他们就在从事这方面的工作，现在他们还在请求我的帮助，以便为各自的企业选择新一代的集成和 API 平台。这就说明他们也没能将这件事做好。集成这件事并没有做好且一直以来不停地困扰着企业。我觉得究其原因，一是涉及多系统的系统集成问题确实很复杂，但更重要的原因可能在于，我们的架构和设计理念不足以在较长的一段时间里支持技术水平和业务要求的变化。

本书第1版中的内容着眼于架构师需要的知识和经验储备。当一个架构师初步掌握了这些内容之后，必须能够将这些知识和经验运用到具体的项目中，对项目的决策人进行"洗脑"，最终达到期望的效果。这方面的工作要比架构设计的技术活儿难上十倍！

这次修订再版，我的收获之一就是通过思考理清了系统集成和 API 之间的关系（参见13.2.2节），这样，也就理清了本书的基础篇和正篇内容之间的关系及各自的应用场景。再加上几个新的实战案例，希望本书的第2版能够为读者提供更深入、更清晰的分析和讲解。

李 泉

2020 年 7 月 22 日于美国休斯敦

第1版前言

2018 年 5 月 2 日,在世界范围内(包括在中国)享有盛誉的客户关系管理(CRM)软件供应商 Salesforce 以 65 亿美元的价格完成了对系统集成和 API 管理平台供应商 MuleSoft 的收购,其收购价格达到了 MuleSoft 股价溢价 36% 以上,为 2000 年.COM 泡沫以来收购溢价的最高。关于 Salesforce 收购 MuleSoft 的具体原因,在网上可以看到各种各样的分析。有一点是确定的:资本市场愿意为能够有效解决系统和数据整合问题的方案、平台和技术付出高昂的代价,并期待丰厚的回报。

尽管很多人都认为系统集成是一个老话题,REST API 也是耳熟能详的技术,没什么新东西好谈了,然而,很多财富 500 强公司(甚至 50 强公司)在一二十年后依然在寻找好的系统集成平台和集成框架;大多数使用 REST API 的技术人员却对 REST 的架构风格以及围绕 REST API 的愿景知之甚少。这些都从一个侧面反映出,我们对围绕系统集成和 API 的基本概念和基本原则并不十分清楚,而且常常不能够准确清晰地进行表述。

写作本书的想法至少有两三年的时间了。但在很长的一段时间里,作者自觉很难做到几句话就清晰地回答书稿出来之后必然要面对的一个问题:"你到底想说什么?"是的,一本书没有明确的重点就很难具备贯穿全书的一致性,不仅内容会零散,也没有办法吸引来所希望针对的读者群。

在细细地梳理各种思绪之后,作者发现了两条主线:一条是关于"事"的,另一条是关于"人"的。

在"事"这条主线上,作者在过去近 20 年里,作为 MuleSoft 和 TIBCO 两家软件公司的资深服务解决方案架构师主持和参与了北美 18 个行业、50 多个客户的大型系统集成、面向服务架构和现代 API 项目。客户中的绝大多数是财富 500 强,甚至是 50 强的企业。中间经历了相关的 IT 技术翻天覆地的演变和发展,积累了很多的体会和感悟。

在"人"这条主线上,在近 20 年的时间里,作者不仅在项目上经常地与客户及合作伙伴进行技术方面的讨论,还为公司进行了 200 多次的解决方案架构师人选的技术面试，并在公司里"带徒弟"，为年轻的架构师们作指导（Mentor）。这样的经历让作者有机会对架构师的学习和提高过程有了一个同时具备空间维度（不同的人）和时间维度（同一个人的成长经历）的观察和思考，希望从中能够总结出一份架构师的学习路线图。

在技术的主题中，本书的重点是现代 API。从来没有接触过现代 API 的读者可以用任何浏览器去访问 https://www.pokeapi.co/，应该看到类似下面的口袋妖怪（Pokemon）信息内容：

```json
{
    "id": 1,
    "name": "bulbasaur",
    "base_experience": 64,
    "height": 7,
    "is_default": true,
    "order": 1,
    "weight": 69,
    "abilities": [
        {
            "is_hidden": true,
            "slot": 3,
            "ability": {
                "name": "chlorophyll",
                "url": "http://pokeapi.co/api/v2/ability/34/"
            }
        }
    ],
    ……
}
```

简单地讲，现代 API 就是用最普遍的 HTTP(s) 的通信方式对世界上的任何（信息）资源进行调用。如果你对面向服务架构（SOA）和 SOAP Webservices 十分熟悉，而对为什么会出现 REST API 心存疑惑；或者你已经在使用 REST API，却无法用不超过三句话来说明服务与 API 之间在架构思想上的区别，那么这本书就是为你准备的。从大家都熟悉的 SOAP Webservices 到 REST API，这背后的架构理念、项目实施方式和相应的企业组织结构以及 API 对企业业务深远的影响，还有一个开发员如何在这个学习和实践的过程中成长为一名合格的架构师，这些就是本书想要说清楚的话题。

如果在这两条主线中再找出一条共同的主线，那应该就是"分享"。关于"架构"和"服务"的话题在市面上已经有太多的书了，而关于现代 API 的书在北美图书市场上也已开始出现。但是现实往往是很残酷的：既然人人都知道点对点集成做法的害处，那为什么来自世界著名的软件公司和著名的 IT 咨询公司的 API 架构师们在一个客户项目上花掉几千万美元服务经费（不包括软件授权的费用）后，最终的结果还是点对点集成的失败呢？为什么在项目设计的过程中说服别人那么难，而项目结束时能够承认错误、总结经验教训也那么难呢？任何事情都是这样，说到是一回事，能做到则是另一回事。理论要经过实践的摸索，包括经历失败，才能转化为成功的结果和经验。

现代 API 是当前很多热门技术和企业战略的使能者。云计算、数据共享、应用网络、企业数字转型与创新、智能城市、物联网，等等，在这些热门话题中都能找到 API 的身影。一个现代 API 架构师的最高境界就是在深入理解 API 设计和开发工作的技术细节之上，对 API 战略在企业转型和创新中的作用具有深刻的洞察力，并对企业业务的提升产生真正的影响。

对于希望自己开发出自用的或是商用的各种 API 工具的公司和架构师来说，本书，尤其是第 9 章和第 10 章的内容，也具有重要的借鉴意义。

作者期待与读者一起探索，共同提高。这个学习过程中的乐趣和成就感才真正是妙不可言！

李　泉

2018 年 5 月 18 日于美国休斯敦

目录

第 2 部分　正篇——现代 API、应用互联网

第 3 部分　闲篇——感悟与随想

在软件行业,架构师们的头上仿佛都带有光环。他们往往对复杂的问题举重若轻。几乎每一个年轻的程序员都希望有朝一日自己也能成为一名经验丰富的架构师,领导着一个开发团队,解决着世界上最复杂的软件架构设计和实施的问题。

然而,一名成功的架构师到底学习了哪些东西、又经历了怎样的历练,似乎没有人讲解过;大学里从来不曾开设过相应的课程,更没有人能够提供一张"课程表";市面上关于架构的图书大多或偏重于讲授抽象的设计原则,或偏重于对设计思想的感悟。读者如果没有亲身经历过具体的项目案例,抽象的设计原则缺乏系统的应用指导和可执行性,而感悟只有在读者亲自做过之后才有可能产生共鸣。那些缺乏经验的新人该怎么办呢? 他们是多么希望有一张通向架构师的路线图啊!

1.1　什么是架构和架构师

万事开头难,文章开篇难! 为了建立一个大家理解相同、不产生歧义的沟通基础,必须从两个最基本的概念入手。

首先,最重要的概念就是架构。按照维基百科的说法[①]:

软件架构是指软件系统在高层次上的结构、创建此类结构的指导原则,以及这些结构的相关文档。这些结构可以用来推断和评价待建的软件系统。每一个结构包含软件的组成部分及其相互之间的关系,以及组成部分和相互关系的属性。一个软件系统的架构类似于建筑的架构。

[①]　https://en.wikipedia.org/wiki/Software_architecture。

其次，就是架构师的概念及分类。还是按照维基百科的说法[①]：

软件架构师的工作就是进行高层次上的设计方案选择、制定相关的技术标准，包括软件编码标准，并确定所使用的软件工具和平台。

尽管有人将架构师的种类分得很细[②]，实际最常见的架构师分为两种。

- 企业架构师（enterprise architect）：研究的对象是解决方案架构师在实施工作过程中所使用的方法，为后者解决具体的业务问题提供架构设计及实施的具体步骤和方法指导。
- 解决方案架构师（solution architect）：实际承担解决企业业务问题的任务。有可能需要使用企业架构师所提供的架构设计及实施的具体步骤和方法指导。

换句话说，企业架构师解决的是 IT 问题，而解决方案架构师解决的是业务问题。贯穿本书的架构师是后一种，即解决方案架构师。不仅如此，本书面向的是那些解决方案涉及多个功能系统的使用、架构原则和思想具有横跨企业的指导意义的架构师。

1.2　这本书是为谁写的

本书针对的读者群包括希望成为解决方案架构师的程序员、IT 咨询师，希望通过与同行进行交流而得到提高的架构师，还有希望了解如何能够让自己的部门有效地应对不断变化的企业业务要求的各级 IT 领导。

一名 IT 从业人员可能正处在下面列出的一种情形之中：

（1）刚刚走出大学的校门、参加工作。在计算机系里已经学会了一门或几门编程语言（如 Java，C♯，Python 等），以及数据结构和算法，对后台数据库、网站架构甚至 SOAP Webservices 都有初步的了解，并且可以很熟练地进行编程来解决别人交给的非常具体的问题。但是如果面对类似 1.3 节中所描述的那几个实战例子就不知从何下手了。

（2）从事软件开发工作 3～5 年，十分胜任小型或局部问题的分析、方案设计和具体实施。然而面对规模稍大、更加复杂并涉及多个系统的业务问题的设

---

① https://en.wikipedia.org/wiki/Software_architect。
② https://blog.prabasiva.com/2008/08/21/different-types-of-architects/。

计任务时会感到力不从心,不知道从何处下手,不知道应该采用什么样的原则及设计和实施步骤,也不知道应该使用何种工具。

（3）作为一名具有 2～3 年实际经验的架构师,已经参与和主持了几个系统集成项目的设计和实施工作,但对为什么采用某个设计方案、其优点和缺点的评估却说不出个所以然来,因此无法在下一个项目的工作中信心十足地再次采用类似的方案。

（4）从事架构师的工作已有 5～10 年,能够深入了解具体设计方案背后的来龙去脉,以及设计方案的优点、缺点甚至相应的补救措施。然而,面对一个复杂项目各方面的利益相关人(如项目出资方、业务分析人员、其他设计人员、开发团队、项目经理、合作伙伴等),深深地感到将项目设计的思想和方案优缺点论述清楚并得到方方面面的支持是一件十分困难的事情。即便是开发团队内部的技术细节的沟通和统一也不是那么容易。

（5）作为一名具备多年实践经验的企业首席信息官(CIO),面对行业内竞争、行业外颠覆的压力,以及企业业务对 IT 能力的要求与 IT 部门实际交付能力之间日益增大的差距(如图 1-1 所示)深感忧虑(其背后的直接原因包括移动设备、云计算、社交网络、大数据、物联网等的广泛和深入的使用),并苦苦探索从 IT 技术和企业组织结构的不同角度对这个日益严重的问题做出有效的反应。

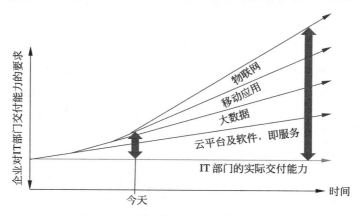

图 1-1 数字时代企业对 IT 部门的要求

1.3 为什么写作此书

在从事软件服务工作的近 20 年中,作者有幸参与了北美 18 个行业、50 多个客户的大型项目,其中还包括两三个完全失败的项目。客户中的绝大多数是名列世界财富 500 强的公司，有些甚至是 50 强。

我们先来粗略地感受一下这些项目。

- 某跨国石油公司的能源交易部门于 2002 年希望建立一个全球范围的能源产品（包括石油、天然气、电力、污染排放指标等）交易结算和风险评估平台，能源产品可在全世界各地进行交易，而新的交易实时地与交易伙伴进行结算，本部门所持有的能源产品组合的细节及其系统风险被实时地更新。如果交易的一方或双方隶属于某个母公司，母公司本身所持有的能源产品组合的细节及其系统风险也被实时地更新，任何过度风险的情形都会被及时预警。

- 美国某著名的航空快递公司在 2005 年寻找一个高效、耐用的消息（message）交换平台，能够每天交换八千六百万条在邮件递送过程中由每一个处理中心的进出扫描而产生的消息。而这些消息在全天的任何时间、在世界上的任何地方不断地产生着。在此平台上需要进一步构建供广大消费者使用的邮件跟踪服务。到 2010 年，这个平台的消息总处理能力达到了每天 50 亿条。而且以不同名称独立运营的同一个母公司下的所有分公司使用快递服务的总量，以及使用的模式可以被累加出来，为下一年针对不同母公司的大客户进行更好的服务定价提供可靠的基础。

- 美国某知名零售连锁店有 800 多家店面，销售包括衣服、家电、日用品等在内的上万种商品。每个星期，总店都会在不同的商品上推出各种不同的促销折扣及减价券，而有些时候这些促销折扣和减价券的有效期只有某一天中的几个小时。促销折扣及减价券的推出上线必须经过特定权限的批准，在此过程中完全不允许出现停机现象。

- 美国某玩具公司拥有多个世界上著名的玩具品牌。在 2012 年引入了产品生命周期管理（product lifecycle management，PLM）的软件系统后，PLM 成为玩具产品设计、制造、市场开发、销售、服务等几乎所有的企业职能部门共同需要的平台。然而，由于历史的原因，这些职能部门目前使用的外购和自己开发的应用系统超过了 50 个，加上这些职能部门分布在北美、欧洲、中国、东南亚等多个地区和国家，实际上根本不可能让这些职能部门全面放弃已经使用了十几年甚至几十年的他们所熟知的系统。然而，由于所有围绕玩具产品的各类职能的数据已经全部转移到 PLM 平台上，如何在保证这些职能部门继续使用现有系统的同时从新的 PLM 平台上及时、有效地获得不断更新的相关数据？

- 美国某著名的二手车销售连锁店在美国和加拿大拥有近千家店面,销售经过重新认证的二手车。总店拥有自己的 IT 系统,而每一个分店除了可以调用总店的 IT 系统外,还有一套本地备份,以便本地系统在与总店 IT 系统失联的情况下仍能应付日常工作。连锁店在 2010 年面临的挑战之一就是,每当总店推出一个新的系统部署时,比如升级和更新,甚至仅仅只是网页上的横幅图标按某个节日进行临时的更换,如何能够最有效地部署到所有近千个店面的本地 IT 系统中,同时了解哪些店面的部署出现了错误并进行妥善的处理。这是一个相当具有挑战性的问题[①]。

仔细研究一下上面这几个实战案例,我们也许会在某个局部发现书本上学过的 N 层网站架构或者某个设计模式(design pattern),但组合起来造成的问题之复杂,是我们从前不可想象的。

环顾软件以外的其他行业,对过去的相关案例进行深入的分析和总结,无论对个人还是团队来说,都是非常有效的学习手段。在商学院、医学院、法学院、军事学院和体育学院的课程安排里,案例分析是学习过程中最重要的也是最引人入胜的部分。通过例子来学习、先模仿再深入理解是最有效的学习方法之一。在软件咨询服务中,客户最享受的部分就是"听故事",然而作者却没有在美国和中国任何一所高校的计算机系网站上公布的授课内容中找到软件项目设计和实施的案例。

除技术因素外,作者在主持项目设计和实施的过程中,对如何与客户、合作伙伴,以及自身领导的开发团队成员进行架构设计指导思想的沟通与说服工作也积累了相当的感悟。

以上两点促使作者下定决心,抛砖引玉,力图提供一条由程序员到架构师的路线图,并结合实战的架构设计案例来对抽象的设计原则进行展开说明,为希望成为架构师的程序员们的学习和实践过程进行具体的指导。本书将采取理论阐述和动手开发相结合的方式,以保证学习和能力提高的质量。

1.4　通往架构师之路的路线图

针对上面列举的通往架构师的道路上的不同阶段,本书拟引入如下的路线图。

---

① 我们最终的多店面部署解决方案被称为 Store-in-a-Box。

（1）起始于相互独立的系统，首先讨论如何进行系统集成（第 2 章～第 4 章）。具体内容包括系统之间进行集成时常见的相互作用模式、被集成系统的功能分类等。这一部分的内容已有大量的书籍进行了各种深入的阐述。然而，在实际项目中遇到的许多关于设计方案选择的把握并未见有论述，对系统集成设计的体会和设计思想上的领悟也未见有太多公开的发表。因此，希望对系统集成和服务架构有一定经验和体会的读者也不要轻易跳过这几章。作者真心地期待你使用电邮（charlesquanli@gmail.com）分享案例、体会和领悟，抒发情怀。

（2）在通过集成、系统与系统之间的连接初见成效之后，引入服务的概念（第 5 章），并对围绕服务的项目实施具体工作内容进行了解（第 6 章、第 7 章）。服务概念的出现虽然已有至少 15 年的历史，但在绝大多数实际的项目实施过程中服务常常沦为"点对点"实施的一种新的连接机制，而整个架构思想换汤不换药。其结果是根本性的技术问题依然存在，一个也没有彻底解决。

（3）在积累了一定的系统集成和服务项目的经验后，第 8 章承上启下，以作者在近 20 年的实践中对系统集成和服务的方法及在技术层面和 IT 组织结构层面上的局限性的总结和思考，引入现代 API 的概念，并与围绕服务和系统集成项目的实施进行对比，从而对最新的围绕 API 的架构理念有一个初步的认识。

（4）了解围绕 API 进行解决方案开发工作的具体内容，并对具体实施方法背后的深层思想进行梳理（第 9 章、第 10 章）。无论采用什么样的 API 设计和开发工具，这个过程大致都相同：从 API 的提供方看，涉及 API 开发的生命周期中的各种活动；而从 API 的使用方看，则涉及如何发现并正确使用 API。

（5）深入了解 API 与微服务（以及服务）之间的关系（第 11 章）。这个问题常常被客户问到，并且具有理论和实践上的重大意义。

（6）深入了解 API 的部署方式，特别是正在兴起的云端部署方式（第 12 章）。云端部署为 API 及集成应用的目标环境提供了一种新的选择。API 架构师的目标是采用完全不依赖于目标环境（比如本地/数据中心、云端的虚拟机、云端带有负载平衡器、集群等相关设施的部署环境，以及以上各种类型的混合体等）的基础代码，而是通过因目标环境而不同的配置上的变化来实现不同环境下的部署。

（7）在上述学习和提高的过程中，不断积累最佳实践的经验和教训（第 13 章），了解新的架构思想对企业业务发展的影响（第 14 章），加深在这方面的认识。

如果要打个比方，上面提议的路线图有点儿类似于一个从士兵到将军的计划。士兵的责任在于提高体能，掌握军事技能和武器装备；中层军官的责任在于熟悉自己权限以内的兵力调动，指挥战斗和局部的战役；而高级将领的责任在于熟知军事服务于政治,时刻牢记进行战争的最终目的,有能力指挥各兵种及各级军官并协调友军进行大规模的立体作战。

1.5　架构师应该具备的素质

要想成为一名优秀的架构师,除了高超的计算机软件专业方面的知识以外,还必须具备一定的"软实力"。有些"软实力"看似十分简单和基本,但在具体的执行过程中常常被遗忘和忽略。而错误的发生往往就是因为人们忽略了最简单明了的一些基本原则。

- 永远把解决客户的业务需求放在第一位。IT 技术是手段,不是目的。无论你掌握的 IT 技术有多先进、多"酷",如果不能解决客户具体的业务问题,你掌握的技术就会被客户看成是一无是处。所以作者经常讲的一句话就是"架构师别太把自己当回事儿"。
- 超强的逻辑性。这其中既包括分析问题的数理逻辑能力,也包括在阐述论点和设计思路过程中的一致性、连贯性和洞察力。
- 永远开放的头脑。倾听和认真分析各种意见,始终抱着一种将事情做到极致的决心。
- 广泛的知识面,对 IT 技术和业务知识有着同样浓厚的兴趣。如果对所要解决的业务问题漠不关心,是不可能使问题完善地得到解决的。
- 超强的学习能力,并学以致用。学习的内容包括 IT 技术、业务知识、管理知识、认知科学甚至心理学等人文方面的知识。
- 注重结果。无论开始和过程有多么华丽,只有结果的辉煌才是真正的成功。架构师工作的成功来自于项目的圆满完成、用户预期从项目成功中获得的价值得到实现。

1.6　对架构师的学习和培养过程的几点建议

除了以上阐述的成为架构师的路线图,以及作为一名合格的架构师所应有的基本素质之外,作者对有志成为架构师的 IT 人士还有以下几点建议。

- 在学习过程的最开始,明确说出作为程序员或者初级架构师在工作中所面临的困惑，并记录下来。在今后学习的过程中，不时拿出这些困惑来再读一读，看看是不是有的困惑已经得到了解决，同时记录下新的困惑和问题。

- 在学习过程的最开始及阶段性的开始，明确说出学习和实践试图达到的目标。这些目标必须是十分具体的，能在事后客观地进行衡量看是否达到了，并根据不断提高的现有认识水平提出更高层次的目标。

- 针对个人的具体情况，按照本书的建议列出为了达到目标所要学习的相关内容，对上面建议的路线图进行个性化的丰富和完善。

- 下棋要找高手。和其他的架构师进行交流，尤其是在特定的设计原则和方法及其实际应用上进行交流，对于一个架构师的成长和提高十分有必要。而这个过程会很有收获，也可以是很快乐的。

- 使用合适的工具。如果你也认为仅仅带上装有榔头、钳子和改锥的工具包是不可能建成摩天大厦的，那么你就肯定会同意，必定需要合适的、贯穿软件生命周期各个阶段的、成熟的软件工具，才有可能完成大型复杂系统的架构设计和具体实施。

学习、实践、总结、提高，这才是成为一名合格的架构师的必经之路。

1.7　本书的主要内容

本书由 3 部分组成。

- 第 1 部分介绍系统集成架构的基础，并对系统集成与面向服务架构（SOA）实施细节的各个方面进行介绍，理论与实践并重。

  - 第 1 章　概述：首先与读者一起建立我们讨论的共同起点，指出成为一名合格架构师的方向和路线草图，并初步勾勒出合格架构师必备的素质。同时，指导读者设立一种能够进行系统集成开发的技术环境。

  - 第 2 章　重新看待系统集成：对系统集成的历史、必要性、大原则及实施预后进行初步的讨论。

  - 第 3 章　系统之间相互作用的模式：主要探讨参与集成的各个系统之间相互作用的方式、适用范围及其优缺点。

  - 第 4 章　常见的参与集成的功能系统：列举常见的参与集成的系统本身的功能，比如数据库、客户管理系统（CRM）、企业资源计划（ERP）系统、业务流程管理系统(BPM)、复杂事件处理(CEP)等,以便读者对经常碰到的、需要进行集成的系统有一个大致的了解。

○ 第 5 章 究竟什么是服务:这是一个老话题,但常常没有说清楚。

○ 第 6 章 系统集成项目的实施步骤:介绍典型的系统集成项目的具体实施细节,包括整个生命周期的各个环节。

○ 第 7 章 具体项目与公共服务:介绍如何将每个具体项目都需要使用的普遍性的服务模块单独进行开发,并利用标准化的项目模板来对每个具体项目进行实施,从而避免公共服务功能部分的重复实施,让每个项目专注于解决各自具体的业务问题。公共服务除了与业务有关的部分外,还包括安全、监视和管理及运行维护方面的内容,但这部分内容不是本书的重点,仅仅是围绕重点涉及的话题,所以点到为止。

○ 第 8 章 SOA 在实施中的局限性:回顾 SOA 应用十几年来所产生的效果,分析其局限性,以及相应解决方法的展望。

• 第 2 部分在第 1 部分的基础上引入现代 API 的概念,并就 API 对于企业业务发展的意义、围绕 API 开发工作的具体细节、API 与其他相关技术的关系等,结合实践进行详细的阐述。

○ 第 9 章 现代 API 的引入及应用互联网:介绍 API 的概念、使用 API 后企业对业务和 IT 可期待的愿景,以及 API 与系统集成的关系。

○ 第 10 章 围绕 API 的开发工作:详细介绍 API 开发和应用中的技术细节、以 API 为主导的架构设计,以及对企业 IT 部门与业务部门之间的互动带来的影响。

○ 第 11 章 API 与微服务:从理论和实践的角度论述 API 与十分流行的微服务之间的联系与区别。

○ 第 12 章 API 与云计算:对 API 的部署环境,特别是目前迅速兴起的云计算环境及 API 的部署模式进行介绍。

○ 第 13 章 最佳实践的经验:对开发和应用 API 的过程中积累下来的经验及教训进行总结和概括。

○ 第 14 章 围绕 API 的展望:当每一个企业及企业里的每一个项目都按照 API 的架构思想进行实施,业务资源以 API 的形式系统地呈现时,就会形成一个应用网络(application network)。而这个网络也是企业价值链的网络,即以 API 支撑的经济体。这一章将对 API 经济进行初步的介绍,并引入企业数字化转型的话题。

- 第 3 部分是技术以外的随感。
  - 第 15 章　架构师的人文情怀：这部分内容天马行空，对技术方面的感悟、与人沟通的软实力、架构师的教育和职业规划，甚至学习过程的分析等都有涉及，十分随意。

第 2 版在第 1 版的基础上增加了以下内容：

- 第 7 章　具体项目与公共服务：
  - 增加了 7.1.5 节，连续集成/连续部署（CI/CD）。
  - 上述改动之后的 7.1.6 节的最后增加了一个运维监控面板的实战例子。
- 第 13 章　最佳实践的经验：
  - 13.2.2 节的末尾增加了 API 与集成的关系的论述。
  - 13.2.6 节之后增加一个新的小节，阐述 API forwarding 中常见的问题查错，如 HTTP 502 和 HTTP 503 的错误码问题。
  - 增加了第 13.3.3 节，阐述敏捷开发在 API 项目中的应用及注意事项。
  - 13.4 节总结之前增加一个小节，讨论在一个老旧 IT 系统更新改造的实战案例中遇到的关于集成和 API 架构理念的问题。
- 第 14 章　围绕 API 的展望：在 14.3 节后增加关于一个 coherence economy 的小节。

另外，所以截屏的图示都使用最新版本的相应软件进行了更新。

1.8　总结

本章首先澄清了什么是架构，什么是架构师。然后对不同阶段和不同角色的相关人员目前就大型复杂系统架构的理解所处的状态进行了分类，这些内容可以作为不同学习阶段的代表。随后，列出了一份通往架构师之路的路线图简介，同时还抛出了作者眼里优秀架构师必须具备的素质，以及针对成为架构师的学习过程的几点建议。本书各章的内容安排也是按照这个路线图展开的。

和其他很多技能一样，成功地成为一名优秀的架构师必须通过实践，没有"捷径"可走。本章最后选用（而不是推荐）了可以免费获得的一个系统集成及 API 的开发和部署平台供读者练手，并得以对抽象的设计原则利用实例进行具体的说明。

在这个历程的终点回报丰厚，而过程本身也可以是充满乐趣的。你准备好了吗？

第 1 部分　基础篇

　　软件系统之所以越来越复杂,是因为其实施所要求的业务逻辑牵涉的系统越来越多。当一个解决方案架构所包含的功能系统数目增多时,系统之间的互动自然也会增多,系统之间的协调和集成也自然会变成解决方案架构中重要的组成部分。

　　尽管系统集成、服务,以及面向服务架构都已经是老话题了,然而,很多人对这些话题中的基本概念还很模糊,做出来项目的结果依然还是点对点集成的错误架构。因此,在介绍本书的重点即现代 API 之前,我们针对这些话题作一个系统性的回顾,这样一来可以帮助新入行的开发人员从头学起、有经验的架构师复习回顾;二来也为学习第 2 部分的内容打好扎实的基础。作者相信,即使是经验丰富的系统集成架构师,也会从第 1 部分的内容中受益。

第 2 章

重新看待系统集成

2.1 系统集成历史的快速回放

只要做过几年企业级 IT 系统和应用的设计与开发,或者参与过客户公司的 IT 咨询项目,你就会发现,几乎没有一个项目是从"一张白纸"开始写起的。恰恰相反,每一个项目都需要保留和利用数个甚至数百个现有的应用和系统(作者曾经碰到过需要集成超过 50 个现有系统的客户咨询项目)。这些应用和系统有的是商业软件应用,有的是公司自己开发的,还有的本身就是一个涉及多个应用的系统,将其中的数据资源分享给其他应用和系统,或以某种标准的形式(比如 Webservices)呈现出来,或者利用这些现有的系统和应用来实施全新的业务流程。

每个现有的应用和系统可能都已运行多年,保存着大量宝贵的业务数据,并有很多的业务用户每天都在依赖这些系统和应用来完成他们的工作。如果这样还不够复杂,在这些系统和应用之上还常常二次开发出了更多的工具和应用。所以,将这些现有的应用和系统全部推倒重来是不可能的。然而,这些系统和应用盘根错节、相互依赖,给整个系统的维护和升级及新功能开发带来了不小的挑战。从软件工程的角度来说,对于如何应对这些复杂的系统和应用有什么好的办法呢?

全世界有成百万甚至上千万的程序开发人员,无论是科班出身还是半路出家,每个开发人员大致的成长之路都是从计算机硬件及软件的基础理论开始,包括学习算法和数据结构,然后挑选一至几种最广泛使用的计算机语言,比如通用的 Java,C++,. NET,Python,以及工作中遇到的特殊用途语言等,就这些语言本身的语法和功能进行学习和训练,同时了解和熟悉一些数据库的设计和开发知识。这样，就可以开发出很多的计算机软件系统和应用了。

世界上的确有大量的应用比较简单，最多也就是 3 层的"网页-Web 服务器-数据库"这类的"模型-视图-控制器"（model-view-controller）架构。事实上，多年以前 Sun 公司就发布过关于 J2EE 的架构模式（pattern）目录，来指导 Java 企业版的解决方案架构师们设计出优美的、灵活应变的应用架构。

现在，作为一个 IT 咨询公司的技术总监或是解决方案架构师，或者公司里的企业架构师，面对的是成百上千个现有的小系统和应用，包括 Java，C++，.NET，PowerBuilder，甚至 Mainframe，另外，还有大量的数据库里的存储过程（stored procedures），再加上大型的 ERP 系统、客户管理系统（CRM）、业务流程管理系统（BPM）等，还有采用上面的 3 层架构的网站，要怎么做才能把这些看似杂乱无章的系统和应用集成起来呢？

首先看看我们是怎么走到今天这一步的：

- 20 世纪 70 年代，商务运行中占绝对优势的是 Mainframe 系统，其特点是运行过程和数据都高度集中在一台机器上，专注于实现业务功能的自动化。然而，这样的系统费用昂贵，使用独家特殊的技术，对用户也绝对不友好。

- 20 世纪 80 年代，随着个人电脑和局域网的普及，各个业务部门的用户开始使用个人电脑进行文字和图表的处理，而不再过多地依赖于 IT 部门的大型机。从这时开始，原来集中在大型机上的业务流程与逻辑开始慢慢地被分散到个人电脑中，为今后系统集成的需求埋下了伏笔。

- 20 世纪 90 年代，随着网络的普及和 Internet 的出现并成为行业标准，企业的信息和资源进一步扩散到企业的各个部分，甚至跨出企业的范围，扩散到客户和合作伙伴那里，进一步带来了资源共享、集中监控和企业学习等方面的困难。这时的企业高管们已经开始意识到需要对系统和数据进行集成和整合了。到了这个时期，已经很难再找到与外界没有任何联系的、孤立的系统和应用了。

- 21 世纪初，企业变得更加大型化和全球化。企业和客户、合作伙伴、供应商、分销商及企业内部员工之间的互动愈加频繁。在这个阶段，企业高管们关心的是数据共享及如何基于及时、准确的数据做出相应的战略决策。

- 2010 年后，企业高管们依然关心数据共享和基于数据的战略决策。然而这一次，企业资源和服务的标准化成为具体实施的主题，具体措施包括软件技术和方法论,以及企业里相应的组织机构方面的调整。结合方兴未艾的云平台、物联网和大数据技术,逐渐明确了 IT 部门的作用是促进和推动企业能够快速应变,推动企业的快速创新。这个趋势要求架构师的眼界更加开阔,对 IT 技术和企业业务的认识更加深刻,并更加积极地参与到企业的业务决策过程中去。

2.2 到底什么是系统集成

"系统集成"这个词每个人都知道,或者都听说过。我们还是落落俗套,问一问这个最初级的问题:什么是系统集成?(请你先不要往下看,先把你自己对这个问题的回答写在一张纸上)

在过去的 3 年里作者曾对 200 多位服务咨询架构师职位的申请者进行技术面试。我最喜欢问的一个问题是:"你迄今为止最具挑战性的项目是哪一个?描述一下项目要求、挑战性何在及你的解决方案的关键之处。"

75% 的申请者会这么说:"是×××公司的×××项目。在那个项目里客户要求我们把 SAP 中的客户订单信息导入一个 SQL Server 的数据库,然后通过 Tomcat 的 Web 服务器由浏览器呈现给用户。"

项目出资人原本的问题是为客户提供及时的订单更新信息。他们很可能连什么是 SAP 和 SQL Server 都不知道,也不关心。我们在第 15 章会再回到这个话题上来,并更深入地阐述时时牢记"做什么"(what)对项目的方方面面产生的深刻影响。

按照维基百科的说法[①]:系统集成在工程中被定义为将各个相关的子系统整合到一个总系统之中的过程。各个子系统之间相互协作,以便总系统能够提供新的总体功能,并确保子系统作为总系统中的一部分正常运行。而在信息技术中,系统集成是在物理连接或功能上将不同的计算系统和软件应用程序组合成一个协调的整体。

还是有点儿抽象,是吧?我们来看看几个有代表性的例子吧。

- **信息更新**:SAP 系统中有些业务对象的某些属性的源头并不是在 SAP

---

① https://en.wikipedia.org/wiki/System_integration。

中，而是可能在一个 Oracle 数据库中。每当这些属性在 Oracle 数据库中被更新后，新值会通过 SAP IDOC① 的调用传入 SAP。

- **信息组合**：为了显示一个行业协会会员的个人基本信息及会费缴付现状，需要将从 Saleforce CRM 系统中调取的会员信息和从企业自己开发的会员管理系统中调取的会员缴费信息组合在一起，并用一种普遍采用的标准化的方式呈现出来。

- **连锁行动**：这种情形的系统集成有时会十分复杂。例如，一个网上新的客户订单被系统接收后可能会引发一系列的连锁事件（这些事件的顺序可能并不重要）。

  ○ 如果客户有信用额度，要检查信用额度是否超过上限并根据信用额度检查的结果决定是否接收订单。

  ○ 检查新订单是否会让该客户的 VIP 会员等级有所变化。

  ○ 检查库存。如已低于某个预设的下限，则触发新的生产或外协订购请求。

2.2.1　系统集成之信息更新

大多数系统集成项目的实施属于这一种，究其原因可能是因为"很直观，容易理解"。我们先来研究一个具体例子：如果 A 程序要跟 B 程序分享数据，都有哪些方法可以实现呢？直观地，即便没有做过任何稍具规模的系统集成项目，你也会想出以下几种方式。

- 如果 A 程序跟 B 程序运行在同一个内存空间里，A 程序将数据处理的结果放在 B 程序可以访问的内存地址上（比如通过子程序的调用所返回的数据）。只可惜，实际应用中遇到的集成问题绝大多数不是这种情形，因为 A 程序和 B 程序运行在两个不同的环境里，无法共享内存。

- A 程序将数据处理的结果存入某种格式（比如固定数据单元长度或特定字符分隔的 csv）的文件。对于大量数据批处理的情形，这样的数据分享/集成方式依然很普遍。然而，处理这样的文件的具体逻辑需要数据源和数据目标系统另外单独在系统外进行沟通，这就严重影响了数据的通用性；另外，以文件的形式传送数据（本地或映射的文件夹、各种 FTP

---

① 异步式调用 SAP 的方式。

服务器等)在强调实时的应用中具有许多明显的缺陷,最显著的缺点是数据无法"随到随走",而且处理的速度要慢些,因为输入/输出(I/O)的速度比存储器的调用速度要慢得多。

- A 程序将数据处理的结果存入某个数据库,再由 B 程序从数据库中将该处理结果调取。这种方式与文件方式相比更容易安排,且数据库的事务管理(transaction)使数据的传送更为可靠。然而,文件方式中存在的缺点,如数据无法"随到随走"及 I/O 速度的问题在此依然存在,而且也要考虑数据库本身的软件版权和支持费用。

在最近的 15 年里,计算机内存价格下降的速度远远大于硬盘价格下降的速度。而基于内存、不涉及 I/O 的系统之间的数据交换逐渐成为主流。这包括同步调用和异步调用,即调用者等待或完全不等待调用结果的返回这两种情形。基于 SOAP/XML 的 Webservices 调用和 JMS 的消息发布即是这两种调用方式具体的例子。

在具体实施上,绝大多数人立即想到的最自然的办法是定义哪些数据需要从源系统导入目标系统(比如顾客的姓名、电话和电邮);找到从源系统中调取这些数据的方法(比如 Salesforce SOAP API 调用、SAP BAPI 调用、数据库 JDBC 调用等),并取得数据;最后看怎么将数据存入目标系统(同样地,比如 Salesforce SOAP API 调用、SAP BAPI 调用、数据库 JDBC 调用等)。大功告成!

且慢! 这种"最自然的"方法存在诸多问题(顺便提一句,凡是涉及某种技能的培养,最正确、有效的做法往往和"最自然的、最本能的"方式恰恰相反,比如滑冰时正确的方式是将重心放在前脚上,恰恰与人走路时最自然的重心放在后脚上的本能相反。这样的例子比比皆是)。

(1)从头到尾都是封闭的、点对点式的调用。如果同一个源系统的信息还需要导入其他两个目标系统,从源系统中导出数据的工作就需要重复 3 次,并做 3 次不同的数据转换。如果分在不同的项目中完成,同样工作的实施可能重复进行,并且相互之间不一致。当总的系统数目超过 5 个时,整个系统集成的复杂程度就会失去控制,如图 2-1 所示。

(2)每次导出的信息只是只言片语。只看"姓名、电话和电邮"这几个指标,你知道在谈什么吗? 导出的数据完全无法重复利用。

(3)设计和实施的人员必须十分了解对源系统和所有的目标系统进行调用的有关技术细节。而通常熟悉多个企业版软件系统和企业自己开发的非标系统的技术人员很难找到。

源系统

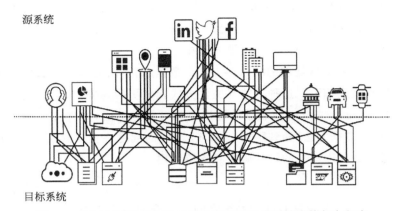

目标系统

图 2-1　"点对点"进行信息更新式的系统集成所造成的复杂程度

（4）对目标系统中那些需要从源系统中不断进行更新的数据项，永远没有100％的信心明确地知道：这些数据目前的值是准确的，而不是源系统中已被更新、马上又要有更新值进来；或者负责从源系统到目标系统不断更新的通道出了问题。如果从目标系统中调用了过时的数据在业务上并没有什么严重的后果，或者数据的更新并不频繁，那么，可能造成的问题并不会太严重。但如果使用过时的数据可能造成业务上的重大损失，那就不能再采用这样的方式了。

（5）每个企业级系统的安全措施都不一样，在这样的集成方案中要做到妥善保存和管理多个企业关键系统的保密信息非常困难。而诸如调用速率限制（throttling）等针对调用者的具体政策（policy）更是无法实施。

（6）在有些源系统到目标系统的更新十分频繁的情形里，在目标系统中的数据两次被调用之间可能发生了多次从源系统到目标系统的数据更新。从CPU、内存、网络带宽到日志文件的记录等系统资源方面来说，这些中间的更新完全是浪费。更糟糕的是，如果在这些无用的更新过程中发生了错误，还要浪费技术支持团队的时间来搞明白发生了什么，并处理那几个毫无影响的错误。

2.2.2　系统集成之信息组合

如果要保证调用数据所得到的结果永远是准确的、最新的，唯一的办法是每一条数据都是从其真正的源头系统[①]（true system of record），而不是从第二手

[①]　有一种说法叫作"一数一源"。

甚至第三手的系统中提取出来的,然后对得到的数据进行组合。这样的做法避免了数据更新,不用担心拿到过时的数据。然而,这样的做法也可能存在相当多的问题。

(1)如果信息组合涉及的源系统有多个,包括的数据过多,对所有的数据源系统进行调用并将信息进行组合,花费的总体时间可能会过长。

(2)为了尽可能地重复利用这些从多个源系统取出并经过组合的数据,往往需要花很多时间来设计最终呈现的业务数据的格式。由于涉及人员之广、调用数据的系统和应用对数据要求之多样化,这些数据资源的格式设计非常具有挑战性。我们会在2.3.3节中具体讲述这个话题。例如,每个不同调用数据的系统可能只需要(通用)数据调用结果的一小部分,而每个系统所需要的部分又各不相同。

(3)如果对某个数据源系统的调用出现了问题,如何处理每一种出错的情况可能会比较困难。比如,一个为最终通用的数据调用结果贡献 5% 数据项的源系统出了问题,那么根本不需要这 5% 数据的调用系统是否也应该受到惩罚、根本拿不到自己需要的数据呢? 对这个问题的思考和回答显然大大增加了设计的复杂性。

2.2.3　系统集成之连锁行动

这种情况是上述系统集成的 3 种情形中最复杂的一种。为了能够深入理解这种系统集成情形真正面临的挑战,我们还是先来讲个故事吧。

很久很久以前,在一个很遥远的地方只有几个小村庄。每个村庄里的人们都自己种地、捕猎、纺织,自给自足,从不与外面的世界打交道,也不需要别人的帮助。这是一幅宁静安详的田园画面,村庄之间鸡犬相闻,但村与村之间老死不相往来。

直到有一天,有的村民要拿自己吃不完的粮食、穿不完的布匹去换回他们短缺的日用品。他们计划到其他村子去看看。由于多少代人以来,大家从来不相互走动,村与村之间是没有道路的。于是,这些村民“自然而然地”在他们自己的村子与每一个他们想去走走的村子之间修一条路,然后沿着每一条这样的路去每一个村子试试运气。

过了一段时间,村子之间的交通初具规模,成了图 2-2 所示的样子。虽然还有些不便,比如村子 3 的人要到村子 6 去就有点儿麻烦,但总的来说,路线的设计“自然而然”,修起来也快,所以大家也就接受了这种做法。

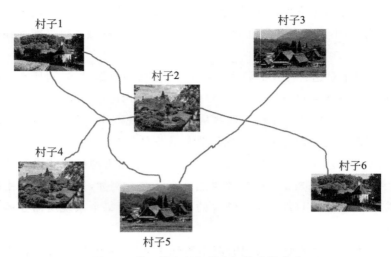

图 2-2　第 1 轮在村与村之间修建的道路

　　这些人的运气不错，引来更多的人效仿，而且他们走动的范围越来越大，去的村子也越来越多。随着时间的推移，问题来了：

- 开辟出来连接村与村之间的道路越来越多，不仅占地过多，维护费用高昂，还像迷宫一样把人给搞糊涂了。
- 如果一次想串几个村子，很难找到一条最有效的路径（村民们可没上过算法课）。
- 有些道路只有少数几个村子的村民会用到，另外一些村子的村民则很少或永远也不会用到。这就引起了村庄之间在道路的修建和维护费用分摊上难以避免的摩擦和纠纷。

　　现在村子之间的道路格局变成了如图 2-3 所示的样子，从使用、维护和扩建的任何方面看都无法长期维持下去。

　　最后各村共同决定，重新设计道路交通。这次，考虑到优化道路的数量和长度、让公共道路部分最大化、简化新的村子加入交通系统的过程，以及对将来与外地的交通系统相连的考虑，大家设计出如图 2-4 所示的道路系统。图 2-4 所示的道路系统具有以下几个特点：

- 所有村子不再直接与任何其他村子相连，而是就近连接到一条或多条高速公路上。这样，道路的总数就从 N^2 的量级降到了 N 的量级。
- 高速公路的设计、修建和维护费用由所有的村子按人口分摊。

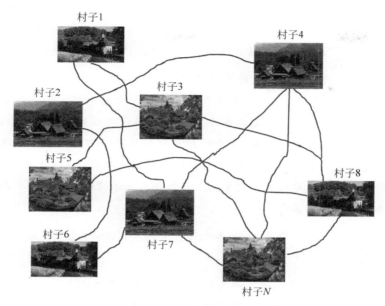

图 2-3 村子之间的道路越修越多、越修越乱

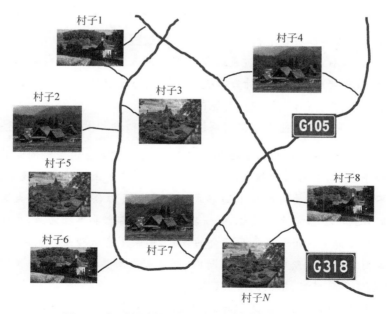

图 2-4 经过初次修改的村子之间的道路交通系统

- 各村连接到高速公路的道路及高速入口、出口的设计、修建和维护费用由各村自己解决。
- 新的村子加入这个交通系统按上述两条进行安排和实施。

　　故事到这儿并没有结束。随着使用这个交通系统的村民越来越多，高速公路又带来了外地的商人，高速公路上和进入各个村子的小路上事故不断。加上每个村子与高速相连的道路是由各村自行修建，其规格性能各异。比如，有些村子只有小型驴车和人力平板车，在修成的窄窄的与高速相连的路上其他村子的四匹高头大马拉的马车根本无法行走。同时，由于货物交易量大大增加，催生了专门为村民跑路进行货物运输的生意。而这些负责运输的人对货物千姿百态的运输形态和包装头痛不已。

　　针对这些出现的新问题，各村再次进行协调和商议，对这个交通道路系统进行了第2次修改。

- 各村与高速公路相连的道路必须满足一定的基本要求。
- 在高速上和本地道路上安装交通灯、指示牌等调度指挥装置。
- 增加道路行车记录和事故处理的公共服务。
- 制订固定的、标准尺寸的货运专柜，大大方便运输过程中对货物的处理。

　　上面这个故事作者在进行IT咨询项目的过程中至少给20个客户讲过，十分有效，尤其是对于从来没有过系统集成经验的人。当设计和实施的过程中遇到困难，或者需要对不同的设计方案进行优缺点的比较时，这个故事也经常可以很好地帮助作者进行方案优缺点对比的详细论述。

　　还可以用另外一个比方来进行系统集成基本概念和设计原则的阐述。

　　大家都不喜欢开会，尤其是程序员们，总觉得开会是在浪费时间。其实开会只是一种手段，而背后需要解决的问题是沟通，尤其是牵扯的人比较多、每个人的利益不同而你又需要所有人不同形式的支持和通力合作时，开会大概是最有效的沟通方式了。如果个别交流，每一对成员之间都需要单独沟通，总体沟通的效率就会十分低下。而如果采用开会的方式，由某个有威望的人主持会议，并将会议讨论内容限定在预定的话题范围内，那么整个群体的沟通就会变得十分有效，问题也能得到很好、很快的解决（见图2-5）。

　　会议主持者的作用就是协调与会者进行有效的交流和沟通，并就会议议程中的每一项议题达成认知和行动上的共识。由此，点对点、一对一的N^2量级的沟通复杂性变成了一对多、N量级。同时，每一位与会者都将与本次会议无关

图 2-5　系统集成的设计与开会的相似之处

的个人及所代表的团队的特点、想法和行动通通暂时掩藏起来,集中全部精力思考和解决目前手头上的问题。

系统集成的设计思想有很多都可以从上面两个比方中得到借鉴。

为了彻底解决这种类型的问题,系统集成引进了 BUS 的概念。在此,每个参与集成的系统都不再与其他任何系统直接点对点地进行连接,而是各自连接到 BUS 上。这个 BUS 就有点像山村故事里的高速公路,或者是开会时的会议桌。

每个系统在连接到 BUS 上时,需要通过一个特定的机制(图 2-6 中的灰色部分),叫作连接器(connector)或者适配器(adapter),其功能就是将每个涉及的系统与当前的用例(use case)有关的功能、数据呈现在 BUS 上。每个系统与BUS 之间的互动有 4 种形式(图 2-6)。

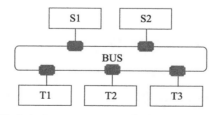

图 2-6　系统集成中涉及的各个系统通过连接器/适配器与 BUS 相连

(1) 同步,从系统到 BUS:系统将数据送到 BUS 上,并等待一个回复。系统会等到一个期待的答复(正常结果或错误信息),或者等待超时。

(2) 同步,从 BUS 到系统:与(1)相同但方向相反,这次是从 BUS 到系统。

（3）异步，从系统到 BUS：系统将数据送到 BUS 上，然后立即转去做下一步的任务而不等待任何回复。

（4）异步，从 BUS 到系统：与（3）相同但方向相反，这次是从 BUS 到系统。

有了上面这样的结构，是否就可以进行系统集成了呢？其实还缺少一个重要的部分，就是集成逻辑。回到上面开会的例子。很明显，大家都坐在会议桌旁还不够，会议还必须在那位主持人的主持下，按照事先准备好的会议议程安排对具体问题进行讨论和处理，并形成会议决议。与此类似，BUS 的作用就是会议桌加会议主持，或者高速公路加交通指挥。有人将 BUS 的这一作用称为"协同（orchestration）"，也就是指挥和协调有关各方合力完成任务的意思。

从协同的角度来看，BUS 与高速公路也有相似之处：高速公路上有不同的出口和入口（就像 BUS 上连接着不同的系统的连接器），而行驶的车辆就像是不同系统之间被传送的数据。在看似杂乱无章的车辆行驶的鸟瞰图中，每一辆车的运行其实都是一个特定的、有意义的任务中的一部分，是某个业务交易过程的一个组成部分。

2.3 系统集成的技术组成部分

在这样的一个大框架下，从技术实施的角度来讨论以下这几个部分：

- BUS；
- 系统与 BUS 之间的连接器；
- 传输数据的通用数据格式（common data model 或 canonical data model，CDM）；
- 不同系统与 CDM 之间的数据转换。

2.3.1 BUS——高速公路

BUS 是整个系统集成运行的引擎，包括支持每个系统与 BUS 进行通信协议的端点（endpoint），以及集成的过程和处理逻辑。如图 2-7 所示，大多数商业化的系统集成软件都运行着一个服务器的过程（比如一个 Java 的虚拟机，也可以在概念上理解为一个"容器"，即 container）。所开发的系统集成逻辑被定义

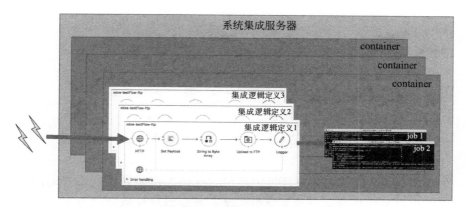

图 2-7　系统集成服务器、容器和运行中的 jobs

在一个文件里（常常是 XML 的形式），而这个定义文件与其他涉及的资源文件和配置文件一起被打包、部署到系统集成服务器中的 container 里面。

通常在集成逻辑的定义中有各种各样的通信端点，如 HTTP、FTP、JMS、文件夹、TCP、邮件等。一旦这些端点接收到了相应的调用请求，系统集成服务器中的 container 就会按照该定义产生一个新的运行过程（类似于面向对象模型中按照类的定义产生一个具体的对象），我们称之为一个 job 或者 job instance。然后，由这个 job 的执行来处理接收到的信息。当一个 job 执行完毕后，这个 job instance 就会从 container 的内存中被清除掉，不再存在。

2.3.2　连接器——高速公路的进出口

在 2.3.1 节中实际上已经涉及了这一部分，它们将 BUS 与每一个参与集成的业务系统相连。然而，再深入地研究一下这个部分，我们会发现两个有趣的问题。

- 连接器都有两个端点，A 端在 BUS 一侧，B 端在系统一侧，如图 2-8 所示。B 端由于直接与各个系统相连，无法进行统一；而 A 端由于与 BUS 相连，对其形式进行统一具有明显的意义。因此，每一个商业化系统集成软件的制造商都会围绕系统集成项目常常涉及的系统，构建将这些系统与自己的集成软件相连用到的连接器（connector），或称适配器（adapter）。有的系统集成软件厂商甚至会提供多达数百个适用于不同系统的连接器，常见的像 SAP，Salesforce，Oracle 数据库等。

B：系统端   A：BUS端

图 2-8　系统集成的连接器

　　在该厂商提供的开发环境中选用相应的连接器并进行设置的配置，就可以很快地与对应的系统相连而不需要编写任何二次开发的代码，也不需要对所涉及的系统中的技术细节有太过深入的了解，从而大大提高开发速度和开发应用的可靠性。在 4.1 节中还会将系统集成的连接器与其他信息调用的标准方式在应用开发中的采用进行各个方面的对比。

- 每一个需要集成的系统与 BUS 之间的连接部分实际上承载着各个不同的集成处理过程执行中所产生的信息交通量。从逻辑上讲，应该将所有信息交通量按照某种方式（至少在逻辑上）进行隔离，而不至于造成开发和运维过程中的混淆。这有些类似于不同的系统关心的是收音机上不同的频道。某个集成处理过程所占用的信息频道和其他任何系统的频道要分别开来。比如，采用单独一个 JMS 的队列、单独一个 HTTP 的 Port 和 URI、单独一个文件夹等。这样，信息数据的源系统和目标系统的去耦合（decouple）才能得以实现。

2.3.3　CDM——高速公路运输的集装箱

　　再来看看系统集成中使用的数据格式。在 BUS 上流动的是通用数据格式，而在每个系统内部，数据的格式是由各个系统自己决定的，各不相同；每个系统对内和对外的数据格式与该系统所使用的 IT 技术、数据处理方式及数据存储方式都有很大的关系。在 BUS 上采用 CDM 就好比在国际会议上采用世界通行的英语作为交流语言，而每个系统之间的连接器的作用之一就像是一个同声翻译。在 BUS 上采用 CDM 也类似于在海陆空运输中采用标准的集装箱，大大简化了运输过程中货物的处理。

　　在企业的系统集成项目中,CDM 的设计可以以行业标准为起点,并加入企业自身特有的运行特点。但无论如何,CDM 本身一定要对人来说简单易懂,并且能够很容易地被计算机进行处理。对人来说简单易懂,意味着即便是不懂 IT 技术的业务人员也能够很容易地看懂系统之间所传输数据的内容,并对其正确性做出判断;而对计算机来说容易处理,则意味着针对 CDM 的数据格式存在大量的解析器(parser)和生成器(renderer)。

　　最常见的数据格式包括 XML,JSON 和 CSV 等。这些数据格式的解析器和生成器具有以下特点。

- 存在大量的通用型解析器和生成器。
- 处理 XML 的解析器和生成器数量最大。对 XML 文件的解析及大部分关于数据的业务验证可以通过 XML Schema 来完成,并不需要另外的关于 XML 文件本身内容的知识。然而,由于 XML 文件大量使用 XML 标签,造成文件本身的尺寸通常较大而有效内容只占很小的一部分。如图 2-9 所示。

```
<?xmlversion="1.0"encoding="UTF-8"?>
<customer>
  <name>AllenChen</name>
  <birthdate>1989-08-28</birthdate>
  <city>Beijing</city>
  <phones>
    <office>010-2345-6789</office>
    <cell>130-9876-5432</cell>
  </phones>
</customer>
```

图 2-9　客户数据——XML 形式

- 针对 CSV 数据格式也存在大量的解析器和生成器。由于不使用任何数据标签,顶多在第 1 行指明其余各行的每一列数据项的名称,CSV 的数据形式通常很紧凑,尺寸也较小。然而,解释和处理 CSV 数据内容的逻辑往往存在于 CSV 数据之外,即必须在另外单独的程序中进行个别的开发。而这一部分的处理逻辑往往没有任何文档,全凭业务人员面对具体数据例子时的解释,很难做到全面、一致和清晰。可以想象,如果业务人员必须借助对一个一个具体的 CSV 数据例子进行观察来归纳出概括性的数据逻辑和规则,那么这样归纳出来的结果往往是不全面、不一致的,因为不可能对所有特殊情形下的 CSV 数据都进行观察。当"新的情况"出现时,就需要对以前归纳出的数据处理逻辑进行调整和补充。然而，没有人能够保证新的调整和补充将正确包含新发现的数据情形，同时也没有破坏原有的数据处理逻辑，如图 2-10 所示。

```
Name,Birthdate,City,Phone
Allen Chen,1989-08-28,Beijing,010-2345-6789
Allen Chen,1989-08-28,Beijing,130-9876-5432
```

图 2-10　客户数据——CSV 形式

- JSON 数据相对于 XML 和 CSV 是较新的一种数据形式。JSON 的解析器和生成器越来越多，主要是由于 REST API 得到越来越广泛的采用[①]。与 CSV 数据格式相比，JSON 带有类似于 XML 数据的标签，使元数据（metadata）得以保留；同时，又比 XML 更简洁。如图 2-11 所示。

```
{"customer":{
"name":"Allen Chen",
"birthdate":"1989-08-28",
"city":"Beijing",
"phones":[
    "010-2345-6789",
    "130-9876-5432"
    ]
  }
}
```

图 2-11　客户数据——JSON 形式

然而，无论是哪种数据格式，总难免有一些业务验证逻辑无法跟随数据一同携带，而必须单独在数据处理的逻辑代码中予以考虑。比如，在上面 Customer 数据的例子中，如果业务逻辑要求办公室电话的区号必须与城市的电话区号一致，这样的数据业务逻辑是无法跟随数据本身一同传送的，而是必须在解析和处理数据的逻辑代码中进行实施。这样的逻辑可能千变万化，可能被广泛使用，也可能十分特殊。然而，这些数据业务的逻辑进入数据处理代码中就可能使代码越来越脆弱和丑陋，越来越难以维护。

定义 CDM 的好处是即使不懂 IT 的业务人员也能看懂，并告诉你这样的数据模型是否存在问题。而且由于依照业务模式设计完全没有考虑 IT 技术的因素，CDM 的结构会非常稳定，这是因为企业的核心业务是稳定的。如果 BUS 是将消息传递的模式由"多对多"转换成"多对一和一对多"，CDM 就是对消息中业务数据内容的格式做了同样的事情。这两者合起来，总的结果是让各个业务功

---

① 将在第 9 章和第 10 章对 API 进行详细讨论。

能系统之间的耦合关联大为降低,从而降低了一个系统中的更改对其他系统产生影响的可能性,将任何更改的影响范围降至最小。

　　CDM 数据结构的稳定性来源于在 CDM 设计时认真参考了所涉及数据完善的业务模型。由于完善的业务模型准确地把握了业务中固有的关键概念及概念之间的相互关系,业务模型常常是非常稳定、前后连贯一致的。系统集成的 CDM 实际上是从一个特定的方面去看业务模型(想想数据库里面的表和视窗之间的关系),因此,正确的 CDM 设计会在集成架构中继承业务模型的稳定性和一致性。

　　CDM 的设计常常是一项非常重要和艰巨的任务,因为一旦在涉及不同系统的集成数据处理逻辑中被使用,任何对 CDM 的变更和修改都可能造成大范围的不良影响。

　　对于系统集成中 CDM 的使用,一直存在着不同的看法,甚至有人认为应该完全避免使用 CDM。然而,这些反对意见大多只强调了 CDM 本身设计的难度,而没有考虑到一旦使用妥善设计的 CDM 将会带来的巨大的潜在益处。前期在 CDM 设计及其相关的数据转换逻辑中的投入,将在今后对系统数据格式的修改过程中迅速做出反应,并在快速引入新的集成系统的能力中得到回报。系统集成涉及的系统数目越大,这个潜在的回报就越大。2.5.4 节介绍的解决方案中 CDM 的设计和应用就是作者主持的一个成功运用 CDM 的案例,可供读者参考。这并不是个案,作者在所主持的其他几个大型集成项目中也采取了类似的做法。

　　如果需要在现有的集成架构中引入新的系统,只需采用已有的 CDM 作为数据交换的公共格式。这样,已有的围绕 CDM 集成处理的公共逻辑部分就不需要因为新系统的引入而再次重复地实施。源自业务模型的、稳定的 CDM 将给整个集成系统带来稳定性。换句话说,由于 CDM 本身变化的可能性/速率大大低于参与集成的各个系统各自数据结构变化的可能性/速率,CDM 会将每个系统数据结构的变化限制在该系统局部,而不波及到该系统以外。

　　那么,应该如何设计系统集成的 CDM 呢?

　　首先,CDM 结构的正确性比需要包含所有的数据内容的完整性要重要得多。后期添加的数据内容如果是可选择的[①],添加起来就要稍微容易一些。

　　其次,每一个 CDM 的模型中应该包含的细节取决于该 CDM 具体使用的形

---

①　CDM 数据中必须包含的部分在 CDM 第 1 次的设计中大多就已经包括了。

式。通常有两种 CDM 的设计方式。

- 设计一个完整的 CDM 结构包括尽量多的方方面面的业务数据内容。这其中除了核心数据是必不可少的之外，其他数据，尤其是那些只涉及业务模型主题的某个独特方面的数据内容全部设计成可选择的（即"可有可无"）。这样，在某一个具体的系统集成处理过程中，这个"大而全"的框架中只有核心数据和与当前集成处理过程相关的某个/某些方面的数据属性的内容会被赋值填写，而其他数据属性内容都为空白。举个例子，在定义 Product 这个 CDM 时，ID，Name，ProductLine 和 Year 等一系列核心属性无论哪个系统集成的处理过程都需要用到，因此就将它们在 CDM 模型中设计成必须存在的数据属性。而另一方面，与制造生产过程或市场推销过程有关的数据内容只在涉及相应的业务活动的集成处理过程中才会用到。因此，在 CDM 模型中将这些数据属性设计成可选择的项目，即不一定总是存在。

  为了进一步提高 CDM 的适用性和可拓展性，还可以在 CDM 中引入一个可选择的"任意形式"的局部结构（比如 XML 中的 Any 类型），至于如何解析和处理放在这个局部结构中的数据，则完全由当前的集成过程所涉及的源系统和目标系统在集成过程之外另行约定。这样做的缺点是集成过程完全不知道这一部分数据的内容，也就无法在数据的转换和相应的业务逻辑验证上做任何事情。

- 将整体的 CDM 的内容所包括的每一个小模型都单独设计成各自独立的 CDM，然后再用这些小的 CDM 模型块组合成整体的 CDM 大模型，这种设计方式与面向对象中类（class）的设计方式相似。换句话说，一个类的某些属性可以是其他类（甚至是本类）的对象。这种方式虽然在设计过程中的思考角度不同，但其指导思想、最终结果及使用方式与上面完整的 CDM 结构设计情形是一致的。

无论是以上哪种方式设计出来的 CDM，都需要考虑集成处理过程的效率。而影响这个效率的因素主要有以下几个方面。

- 网络的带宽：集成过程处理的业务数据在不同的系统及 BUS 之间传递时需要利用网络资源。
- 系统与 BUS 之间数据转换的效率。
- 由于系统集成处理过程的存在而增加的数据延迟。

最终的要求是不能因为集成处理过程而造成整个系统效率过多地降低。

需要提醒的一点是,不要企图利用 CDM 数据格式的通用性来对企业的业务模型进行改善和标准化——这是一种本末倒置的做法。应该是系统集成的 CDM 去适应业务模型,而不是倒过来,用 CDM 来规定和影响业务模型,这样做只会使企业业务模型的自然演变和发展变得十分困难。

2.3.4　数据转换——运输过程中的货物处理

整个系统集成中使用了 CDM 之后,在通用的数据格式和系统各自的数据格式之间就需要进行来回转换。具体来讲,这些数据转换工作大致可以分为以下 4 种具体操作类型。

- **验证**:对数据的正确性进行验证。很多时候数据验证的逻辑是对应于特定系统的,还有一些验证是在 BUS 上的协同过程中进行的。数据验证的具体内容可以是关于业务逻辑、数据格式和处理过程的。验证的过程中可以尽早地发现问题,并在集成逻辑的过程中尽早地进行妥善的处理。
- **丰富**:对来自数据源系统的数据进行某些处理和添加,比如从生日推算出现在的年龄;将源系统 Salesforce 中客户张先生的客户 ID 转换成目标系统 SAP 中同一个张先生的客户 ID;从(第三方)订货系统中调出张先生的购买历史后与源数据一并送到(目标)SAP 系统等。丰富的过程可以将相关的信息数据及其语境(context)与数据一起送给目标系统。
- **标准化**:在 BUS 上"飞来飞去"的数据从内容和形式上都应该是统一的。在内容上,使用独立于具体 IT 技术之外的业务数据模型,比如 Customer,Order,Payment 等,即我们的 CDM。在形式上,应该尽量采用标准、通用的格式,如 XML,JSON 等,并尽量将数据本身及其元数据(metadata)安排在一起,让数据的意义不言自明,让即使不懂 IT 的业务用户也能读得懂数据,而不是像固定数据单元长度或特定字符分隔的 CSV 文件那样——这些文件需要程序以外的逻辑才能处理。
- **转换**:源系统和目标系统的数据形式千差万别。系统集成的协同过程需要将源系统的数据形式首先转换成 CDM 并在集成协同的过程中进行处理,然后在发往目标系统时将 CDM 再转换成目标系统中接收的数据形式。

有一点要明确，系统集成只是相当于业务数据的"搬运工"，而不应该产生全新的业务数据。换句话说，所有的系统集成业务数据处理逻辑的目的只是为了业务数据本身得以妥善地传输并被所有涉及的目标系统正确地接收。打个比方，快递公司所做的一切都是围绕着及时、准确地将 iPhone 寄到你手上，而不是在运输的过程中生产出 iPhone；餐馆里侍者的工作是将厨师做好的菜肴以最佳的形态端到食客的餐桌上。在这个过程中，侍者可以视情况在菜肴上撒胡椒粉、挤柠檬汁，但绝不可能在上菜的过程中烹制出这道菜肴。明确这一点，在决定一段特定的业务逻辑是应该放在系统集成的处理过程中还是放在业务功能的系统中时，具有重要的指导意义。

2.4　系统集成应用的考虑

第 13 章将专门讲述系统集成和 API 的最佳实践。不过在此，还是希望就一些关键性的话题做一些初步的讨论。这些话题包括：在系统集成的过程中到底要完成什么样的具体任务？如何保证系统集成过程中数据传递的可靠性？如何使用消息服务器（messaging server）？以及在数据传递和转换的过程中如何保证数据的质量？

2.4.1　系统集成的过程中到底要完成什么任务

根据不同项目的具体要求，系统集成通常要完成以下几项任务。

- 将有关数据的更新值从源系统传递到所有需要该数据得到相应更新的目标系统中去。这是最常见的一种情形。例如，Salesforce 中客户地址的改变需要被传递到 SAP 中，并将该客户的所有未完成订单的货运地址都进行相应的更改。在此，需要指出的是，尽管从表面上看起来，系统集成所做的只是将 Salesforce 中更改后的地址复制到 SAP 中，然而这种围绕系统集成设计的思维方式存在根本上的问题。
  首先，在将源系统的数据进行转换并复制到目标系统的过程中，应该由谁来保证数据的质量呢？显然不应该是目标系统，因为目标系统对从源系统来的数据更新毫无控制，对其数据验证逻辑和数据格式也毫不知情。那么应该是源系统吗？好像也不对，因为如果是那样的话，源系统就必须知道针对每一个目标系统所需要的业务对象的 ID 和数据转换逻辑,最终造成源系统与每一个目标系统之间的点对点式的超强耦合关系。

正确的思维方式应该将 Salesforce 系统中客户的地址变化作为一个事件(event)的发生,由 Salesforce 系统发送至 BUS 上,而 Salesforce 系统的介入和参与也到此为止。BUS 知道有哪些系统对这种特定的事件感兴趣,并将该事件中业务主体对象的 ID 和数据(通过 CDM)进行相应的转换后交给每一个目标系统。这样就避免了源系统和每一个目标系统之间点对点式的强耦合。

另外,在大数据/人工智能的大环境下,业务数据的地位会逐渐上升成为企业的战略资源,其重要性会被从高层管理的战略层次到基层运营战术层次上逐步加重地加以强调。点对点地进行片段式的数据复制与此大方向相悖。

- 将核心的业务数据与服务以标准的方式呈现出来,供消费者查找和使用。比如通过标准的 SOAP Webservices 将订单更改作为一种服务供消费者重复使用。这类服务的具体内容可以是对企业业务资源的调用和更新,也可以是针对某个系统完成一些具体的业务操作。这一类型的例子还有客户可以调出所有的订单历史、新客户的登记过程、订单完成后客户就积分错误提出手工纠正的请求等。

- 完成十分复杂的、涉及多系统的一系列操作。人们常常把这类系统集成的方式称为“协同”。这种系统集成类型由于涉及的系统多,有时所有相关系统中的某个数据更新必须同时发生,并且错误处理逻辑可能十分复杂等,往往很难做得十分周到。

2.4.2　如何保证系统集成过程中数据传递的可靠性

在整个系统集成的数据传递过程中,往往需要保证数据不丢失。这个要求十分自然,人们常常称之为“有保证的投递”(guaranteed delivery)。我们针对这个话题来展开讨论。

首先,在多大程度上保证数据不丢失。这个具体要求应该来自业务本身,而不是来自技术设计。例如,当航班信息数据在系统之间传送时,业务上并不一定必须保证每次送来的航班信息都准确地传送给每个需要航班信息的系统。因为如果某个航班更新的消息在传送的过程中丢失了或在处理过程中出现错误，过不了多久，下一个航班更新的消息就会到来。换句话说，某个系统错过一个或几个航班更新的消息可能没有任何实质性的影响。这种情况下，根本不需要实施复杂而昂贵的集成处理逻辑来保证每个航班更新的消息都能够正确地被送达每一个目标系统。

其次，"有保证的投递"通常只涉及数据传输（transport）这一层面，而不涉及每一个数据传输之上的具体系统和应用的层面。如图2-12所示，应用A将数据通过BUS传递给应用B。应用A和应用B通过各自的传输层与BUS相连。这个传输层可以使用HTTP、JMS或者其他通信协议。按照各自的标准，每种不同的通信协议对于数据传递的可靠性都有不同程度的保证，这部分是该传输层通信协议标准中的一部分，由系统集成的基础设施部分来负责。然而，在应用层面上，来自业务对数据传递可靠性的具体要求则必须在应用中具体实施相应的措施。比如，作为数据接收端的应用B在成功的正常处理及每一个可能出现错误的情形中都必须保证从传输层接收到的数据不会丢失。换句话说，如果应用B对收到的数据处理失当而造成数据的丢失，应用B的传输层对此也无能为力。

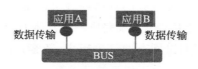

图2-12　BUS、数据传输与应用

最后，数据传递的可靠性在具体实施上还与使用同步还是异步调用有关。比如，在图2-12中，应用A如果使用同步调用将数据传送到BUS上，在应用A的传输层上就不必有太多的考虑，因为应用A会等待数据传送调用结果的返回。如果调用出现异常，应用A还持有该项数据，并可以选择重试，则可保证数据不会丢失。然而，如果应用A使用异步调用将数据传送到BUS上，则应用A在将数据送出后即马上离开，转去执行其他任务了。必须在传输层的层面上保证无论出现任何情况，传输层都会以某种方式保留这个数据，直到BUS成功地接收到该数据。

2.4.3　如何使用消息服务器

与大多数情况下使用的"调用请求-处理回应"（request/response）的"客户

端-服务器"模式不同,消息传递(messaging)是将消息(描述事件、请求或回复的特定格式的数据)交换到消息服务器。消息服务器则充当客户端程序之间消息相互交换的中心。很大程度上由于 Java Message Service(JMS)标准的广泛使用,人们对两种主要的消息服务器模型,即点对点模型(queue)和发布/订阅模型(topic),都十分熟悉了。在此不再占用更多的篇幅对 messaging 和 JMS 进行介绍,网上可以找到大量这方面的学习材料。

在系统集成的过程中,尤其是在 2.4.1 节中描述的第 1 种情形下使用消息服务器,能够允许程序共享通用消息(CDM)的处理代码,并降低系统之间的相互依赖关系(即去耦合),同时轻松应对消息量的增加(因为你可以针对一个队列增加多个消息的消费者)。

消息传递还使程序得以更容易地在不同的编程环境(语言、编译器和操作系统)之间进行通信,因为每个环境需要了解的唯一的事情只是常见的消息传递格式和协议。

市场上常见的商用消息服务器软件往往还会在消息传递的标准之外支持许多独特的功能,并支持使用多种不同的语言(language binding)来编写消息服务器客户端的应用程序。

在第 3 章讲解系统集成模式时还会涉及消息传递,并对其在集成模式中的具体应用及其影响进行详细的论述。

2.5　实战：PLM 数据与现有系统的集成

2.5.1　项目背景

2012 年,全世界最著名的一家玩具公司选用 Oracle 公司的产品生命周期管理(PLM)软件 Agile PLM 来对包括概念设计、成本估算、制造和外协、市场销售等所有的产品环节进行管理。这家玩具公司的相关职能部门分散在美国、中国和欧洲各地。选用 PLM 软件系统可以在全球范围内、公司的不同职能部门之间、公司与合作伙伴和外协厂商之间建立起统一的产品概念、开发流程和材料清单(bill of materials,BOM①),从而大大改善产品的规划和决策过程,消除只具

---

① 　https://en.wikipedia.org/wiki/Bill_of_materials。

有部分产品信息的"孤岛应用"，提高产品零部件的标准化程度，从而扩大供应商的范围，降低成本。

尽管有了统一的 PLM 软件系统可以将以前分散在世界各地、不同职能部门的产品生命周期管理的功能汇总到一处，然而还有超过 50 个现有的系统和应用提供着具体的 PLM 系统无法提供的功能，每天有工作在不同职能部门、协作厂商和合作伙伴的近 500 个业务用户依赖于这些现有系统和应用来完成他们的日常工作。在 PLM 软件系统实施落地之后，并没有计划在新的 PLM 系统中实现相应的功能来最终淘汰掉这些系统和应用。于是就产生了将 PLM 中任何关于产品的信息更新并及时地传递到这些现有的系统和应用中，使它们可以继续支持各自现有的用户的总体要求的做法。

2.5.2　业务痛点

在 PLM 软件系统实施之前，业务的痛点是缺少一个统一的、标准化的玩具产品的生命周期管理流程，但从系统集成的角度看，业务的痛点是很难将产品信息的更新及时地传送到每个系统和应用中。事实上，在这个系统集成项目实施之前，产品信息的更新是每天晚上通过运行一个批处理过程来完成的。在这个批处理过程中，包括每一个玩具的所有产品信息被从一个产品信息的数据库中取出并组装成一个巨大的 XML 文件。这个 XML 文件随后被传送到一个 FTP 服务器上，由每一个系统和应用来读取各自需要的内容。为了避免"查找并更新"过程带来的复杂性，每一次系统都是首先完全清除掉自己系统内的所有产品信息，然后再根据 XML 文件的内容逐个产品地重新建立所有的产品信息。很明显，这样的做法存在如下几个严重的缺陷。

- 即使过去的一天中只有几个产品的信息被更新，巨型 XML 的产生也要包括全部所有 5000 多个玩具产品的信息，这就造成了计算和网络资源的严重浪费。
- 每个系统录入产品信息的更新需要读取巨大的 XML 文件，但只需要其中很少一部分数据，效率低下。
- 如果巨型 XML 产生的过程发生错误，由于通常是在半夜时间发生，错误的情况通常不会马上得到关注和解决。而当第 2 天早晨发现错误时，已来不及修正，只好再等到夜间进行重新操作，结果当天所有的系统就没有最新的产品数据。糟糕的是，所有系统可能几天甚至一星期都没有最新的产品数据,使这些系统的用户对系统中产品数据的可靠性失去了信心,给他们的工作带来了极大的麻烦。

2.5.3　技术难点

围绕系统集成工作存在着以下几个技术难点。

- 需要集成的 50 多个现有系统使用的技术五花八门,包括 CSV 格式的文件、DB2 数据库、ASP. NET Webservices、FTPs、直接使用 HTTP 的 XML、Samba 文件分享、HTTP Post 上传等。

- 由于项目预算的局限,这 50 多个现有的系统不能做任何改动,否则会影响每天都依赖于这些系统完成他们的工作的 500 多个业务用户。换句话说,至少近期来自业务部门的要求只是现有系统中能够得到及时、正确的数据更新,而不是系统本身的任何改进。

Agile PLM 的集成数据输出格式十分特殊[①]。由于需要涵盖千变万化的产品类型,无论使用 PLM 软件产品的公司管理的产品是玩具还是 iPhone,或者波音飞机[②],Agile PLM 之外的系统集成所用的产品数据格式必须是通用型的。概括地说,Agile PLM 采用了一种被称为 aXML 的 XML 数据格式来对产品数据,尤其是其中的核心——材料清单(bill of materials,BOM[③])——进行建模。这一通用数据格式需要转换成用于集成的 CDM 格式,如图 2-13 所示。左边是 aXML 的 XML Schema 的局部结构,而右边是作为例子的一个具体的 aXML 中的局部结构。每一个〈Parts〉元素都有一个叫作 uniqueId 的元素属性,还有 0~n 个叫作 〈BOM〉的子元素。在〈BOM〉子元素中,又存在着一个叫作 referenceId 的元素属性。这样,每一个〈Parts〉元素下面可以存在 0~n 个〈BOM〉子元素,而每一个〈BOM〉子元素可以通过自己的 referenceId 属性指向另

---

① Oracle Agile aXML 的数据格式定义:http://docs. oracle. com/cd/E50306_29/otn/pdf/user/html_agaau/output/appendix_a. htm。

② 个人认为,这的确是一款商业软件应该做到的。真正的商业软件解决的是 IT 技术问题,其直接用户是软件开发人员。这样的软件才会由于大量用户的使用而完善起来。软件作为一个行业,需要有一批真正的商业软件厂商,而不是只有一批从事咨询和服务、解决客户具体业务问题的公司。当然,在这个意义上的软件行业的发展依赖于太多的非技术因素。15. 4 节对此有所论述。

③ 关于 BOM,参见 https://en. wikipedia. org/wiki/Bill_of_materials。

一个具有同值 uniqueId 的〈Parts〉元素。这样，形式上在 aXML 中罗列
在同一层次上的诸多〈Parts〉元素在逻辑上已经形成了一个如图 2-13 右
下方所示的树结构，从而代表业务概念中产品的 BOM 结构。

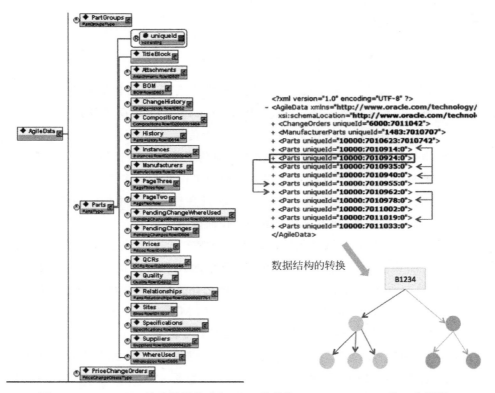

图 2-13   Agile PLM 输出数据格式向 CDM 的转换——XML Schema 和一个例子

在这个项目里，Agile PLM 中定义了 8 种围绕产品的不同主题（产品、材
料清单、加工工具、外协、项目中的产品组合、财报归类、成本和价格）。
每一种主题全都使用同一个 aXML 结构向外界通告 PLM 中产品数据
的变更。尽管可以用消息服务器上不同的队列来将这些不同主题的更
新数据分开，但是如何从一个 aXML 消息中解析主题数据的逻辑知识存
在于程序代码之外。

更糟糕的是，由于 aXML 的结构必须是通用的，PLM 中产品的设计者建
模后体现在 aXML 中为无法使用每个产品模型各自独特的属性名称（比
如 product-name，unit-price 或 create-date），只能落脚于已经在 aXML
的 XML Schema 中定义好的 XML 元素中，而这些元素的名字也是泛泛

的 Text01，Money05 或 Date12。如果套用"模型-视图-控制"（model-view-controller）的架构模型，aXML 是在用视图而不是用模型来驱动整个系统集成的设计，如图 2-14 所示。

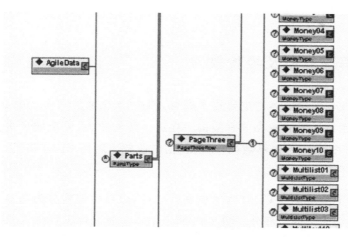

图 2-14　Agile PLM 中容纳数据属性的通用元素

PLM 的设计者根本不关心 PLM 之外的系统集成，也没有系统集成方面的技能和经验。通过 Agile PLM 设计出来的 aXML 结构中每个预设的 XML 元素最终落在哪一个产品模型主题的属性完全具有偶然性。换句话说，aXML 到 CDM 的具体转换逻辑只是 PLM 设计者工作的一个副产品，而不是其设计目标。于是，每次 PLM 的设计者更改 PLM 的数据模型时，Text01 中的数据就可能从 product-name 变成 age-grade 的值，而每次变更都没有人通知系统集成架构师。在第 1 期开发的 68 个工作日里，这样无预警的变更发生了 64 次，几乎每天 1 次；生产上线后的 62 天中发生了 22 次。由于每次出现问题都是那 50 多个现有系统的 500 多个用户在看到明显错误的数据后报告的，用户对新的 PLM 系统的信心大为降低。

- 随着被建模的产品越来越复杂，aXML 消息中的〈Parts〉元素的数量越来越多，BOM 的结构越来越复杂，在解析 aXML 并生成 CDM 的过程中需要搜索的〈Parts〉元素的数目和次数也越来越多，以至于稍微复杂一点的产品的 aXML（像一些捆绑销售的产品组合，如圣诞节女孩礼包等）的解析过程竟然连续跑了一个星期也没有结束，显然不实用。
- 尽管 Agile PLM 建议外部的系统集成使用 aXML 数据格式，PLM 系统

却并不在发出 aXML 消息之前按照 Agile PLM 自己公布的 aXML 的
XML Schema 对消息的负载（payload）进行验证。这就造成了系统集成
中的第 1 步即按照 aXML 的 XML Schema 接收 aXML 消息时，会偶尔
发生 XML 的验证错误。

2.5.4   解决方案及经验教训

针对 2.5.3 节中描述的主要技术难点，图 2-15 显示了该项目中 PLM 系统
到多个现有系统的集成解决方案架构。在这个架构中，系统集成负责接收和解
析来自 PLM 的 aXML 产品数据，转换成相应业务主题的 CDM 格式，并向各个
现有系统传递。

- 采用了系统集成 CDM 和集成队列之后，得以将架构分为与 Agile PLM
  有关和无关的两部分。图 2-15 所示中间虚线以右部分与 Agile PLM 完
  全没有关系。如 2.3.3 节（CDM）所述，所有 8 个围绕产品的 CDM 模型
  的设计都是与完全不懂 IT 技术的业务人员共同完成的，期间甚至拿不
  同的玩具及其包装来参考对照上面的业务数据。另外，CMD 是按照
  2.3.3 节中描述的完整型结构设计的办法进行的。再次指明，由于 CDM
  是按照业务模型设计的，与 IT 技术毫无关系，CDM 的模型将十分稳定，
  有利于系统集成部分的稳定和管理。

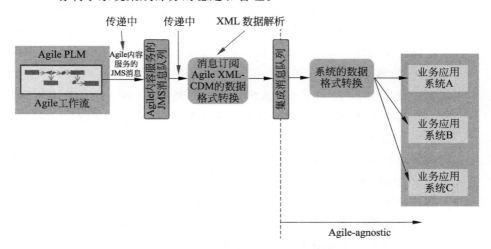

图 2-15   PLM 集成项目的总体架构

- 2.5.3 节中关于 aXML 使用的技术难点在项目中并没有得到根本的解决，只是通过加强集成代码和文档的版本管理，以及日志的监视来及时发现并纠正 aXML-CDM 解析过程中出现的问题。我们还敦促 PLM 软件厂商在 PLM 发出 aXML 消息之前按照自己公布的 aXML 的 XML Schema 对消息的负载（payload）进行验证。最根本的解决方案应该是由 PLM 设计开发团队自己将 aXML 转换成各种 CDM 之后再向 PLM 系统之外发出，而不是直接发出 aXML。但是由于多种原因，这个最根本的解决方案并没有能在项目中实现。

- 图 2-15 所示的两个队列（queue）起到了保持系统状态的作用。如果在系统集成的逻辑过程中出现错误，错误的处理顶多追溯到发生错误点的左侧第 1 个队列的地方，只需要从这里开始，对触发出现错误的处理过程的消息按照相应的纠错逻辑重新处置。同时，这两个队列在数据传输层（transport）角度保证了数据不会丢失。最后一步使用 CDM 对每一个现有系统的更新都是独立于其他现有系统的。换句话说，一个现有系统的更新过程中发生的错误不会影响其他现有系统。为了做到这一点，部分图 2-15 所示系统集成队列其实是一个一到多的队列映射，即为每一个现有系统设立一个单独的队列，将 CDM 的数据复制到这些队列中去，如图 2-16 所示。再由单独的针对每个现有系统的集成处理逻辑将 CDM 中与该现有系统有关的产品属性提取出来，并送入该现有系统[①]。

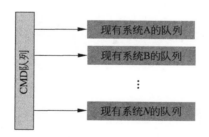

图 2-16　每一个现有系统都有自己单独的队列来接收 CDM 数据

- 如果将 PLM 的数据引入新的系统，完全不需要了解任何关于 PLM 系统的知识，而只需要理解连非 IT 业务人员都能看懂的 CDM 数据格式，并从中提取出与新系统有关的产品属性，送入新系统中。

---

① 在最后一步中，现有系统的调用方式只能依不同系统能够接收数据的机制而有所不同。在第 3 章中我们会讨论并比较连接器、服务调用、API 及非标准调用等方式。

- CDM 的使用还为两年以后该玩具公司大数据战略的考虑提供了方便——所有 BUS 上传输的产品数据已经全部经由 CDM 标准化、规范化，马上可以投入数据湖（data lake）。而将 CDM 数据引入数据湖与引入一个新的系统在系统集成的设计和实施上并没有太大的区别。

这一套 PLM 产品信息集成系统至今还在生产环境中运行，并在该玩具公司两次兼并其他同行业公司扩大产品线后，显示出系统集成部分设计的灵活性和可扩展性。

2.6　总结

本章首先对系统集成的历史进行了回顾，列举了系统集成工作在不同情形（信息更新、信息组合和连锁行动）下的具体内容，并通过打比方的办法（村庄修路、开会）力争以最直观、最清晰的方式讲解系统集成中最基本的概念。随后，对系统集成设计的主要技术部分，包括 BUS、连接器、数据格式及数据转换等技术方面进行了详细的介绍。针对系统集成设计提出了一部分需要重点考虑的问题，并将在稍后的章节中做进一步的展开说明。最后，详细分析了一个 PLM 数据与现有系统进行集成的实战案例，并对其中涉及的在本章阐述的系统集成概念和原则进行了详细的论述。

第3章

系统之间相互作用的模式

第 2 章介绍了系统集成中宏观上的重要概念,对系统集成实施过程中的几个主要技术构成部分进行了阐述。实践中,我们常常会重复地遇到一些局部的具体问题,比如第 2 章中如何将一个 CDM 消息同时传送给多个消息消费应用。这些具体问题表面上看起来各不相同,但背后经抽象之后的 IT 技术问题却是共同的。于是,人们将这些具体问题抽象出来,成为一个个的模式或称为定式(patterns)。不仅软件工程研究具有一定的模式①,围棋、国际象棋等都花费大量的精力来研究定式,以首先解决局部的问题。

在这一章中,我们重点讨论系统集成设计和实施过程中经常会用到的模式。

3.1　系统集成模式简介

关于系统集成的模式,有很多专著给出介绍。最著名的应该是 Gregor Hohpe 和 Bobby Woolf 合著的 *Enterprise Integration Patterns*: *Designing*, *Building*, *and Deploying Messaging Solutions*(2004 年,ISBN 978-0321200686)②。作者目前未能找到此书的中文版。

该书首先将每一个集成模式进行归类。按照从源系统到目标系统的每一个技术环节将各个集成模式定位在其中的一个技术环节上。这样,关于同一功能或行为的集成模式就被归入一类。如图 3-1 所示,从源系统到目标系统总共有六大技术环节。

---

① 比如面向对象设计中最著名的"四人帮定式":https://en.wikipedia.org/wiki/Design_Patterns。

② 该书官方网站:http://www.enterpriseintegrationpatterns.com。

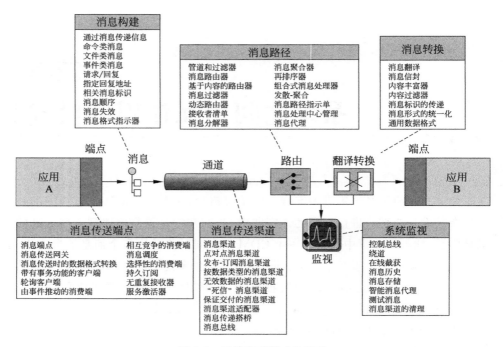

图 3-1　系统集成模式的归类

来源：http://www.enterpriseintegrationpatterns.com/patterns/messaging/

　　为了方便读者阅读和参考，在此仅用中文罗列出每个集成模式的名称及该模式企图解决的系统集成问题。对于需要仔细研究某个集成模式的读者，一定要阅读此书中的有关章节，因为书中有详细的问题陈述和解决方案分析，以及模式的优缺点和需要考虑的问题，同时大多伴有具体的模式应用例子。

　　（1）消息传送端点：围绕消息端点这个技术环节，图 3-1 中收录了 12 个集成模式，即：

- 消息端点：一个应用如何与一个消息渠道进行连接并收发消息。
- 消息传送网关：如何将对消息传递系统的调用进行封装而使调用应用看不到调用的细节部分。
- 消息传送时的数据格式转换：如何在业务数据与信息传递的基础结构之间传递数据而依然保持二者各自的独立性。
- 带有事务功能的客户端：消息客户如何控制消息传递中的事务问题。
- 轮询客户端：一个应用如何在自己准备好时才接收消息。
- 由事件推动的消费端：一个应用如何在消息出现时自动消费消息。

- 相互竞争的消费端：消息接收过程如何同时消费多个消息。
- 消息调度：连在同一个消息渠道上的多个消息接收端之间如何相互协调。
- 选择性的消费端：一个消息接收端如何有选择性地接收消息。
- 持久订阅：一个消息接收端如何在下线时避免错过消息。
- 无重复接收器：一个消息接收端如何避免重复收到同一个消息。
- 服务激活器：如何设计一个能够被消息传送和非消息传送两种方式调用的服务。

（2）消息构建：围绕消息构建这个技术环节，图 3-1 中收录了 10 个集成模式，即：

- 通过消息传递信息：应用之间如何通过消息传送渠道来交换信息。
- 命令类消息：传送的消息如何调用另一个应用中的程序。
- 文件类消息：如何在应用之间传送数据信息。
- 事件类消息：一个应用如何向另一个应用传送事件。
- 请求/回复：一个应用送出一条消息后如何从接收端收到一个回复。
- 指定回复地址：消息接收端如何知道向哪里送出回复。
- 相关消息标识：一个请求应用如何知道收到的回复是针对哪一条请求的。
- 消息顺序：如何按特定的顺序接收和处理多个消息数据。
- 消息失效：消息发送端如何标注一条消息何时失效而不应该再被接收端处理。
- 消息格式指示器：如何设计消息的数据格式才有可能允许未来的改动。

（3）消息传送渠道：围绕消息传送渠道这个技术环节，图 3-1 中收录了 10 个集成模式，即：

- 消息渠道：一个应用如何使用消息传送与另一个应用进行通信。
- 点对点消息渠道：调用应用如何保证只有一个接收端收到文件或调用请求的消息。
- 发布-订阅消息渠道：消息发送端如何向所有感兴趣的接收端广播式地发出一个事件。
- 按数据类型的消息渠道：一个应用如何发出一个数据项，使接收端知道如何处理。

- 无效数据的消息渠道：消息接收端如何妥善处理接收到的无效消息。
- "死信"消息渠道：消息传递系统对其无法发送的消息如何处置。
- 保证交付的消息渠道：消息发送端如何保证即使是在消息传送系统发生故障时，消息也会最终送达消息接收端，而不至于发生消息的丢失现象。
- 消息渠道适配器：消息的发送和接收应用如何连接到消息传送系统上。
- 消息传递搭桥：多个消息传送系统如何相连才能使一个消息传送系统上出现的消息也在其他的消息传送系统上出现。
- 消息总线：什么样的架构能够使不同的应用以松耦合的方式相互协调，可以随时添加和去掉应用而不对其他应用造成影响。

（4）消息路径：围绕消息途径这个技术环节，图 3-1 中收录了 14 个集成模式，即：

- 管道和过滤器：如何在保持独立性和灵活性的同时对消息进行复杂的处理。
- 消息路由器：如何将处理步骤之间的顺序依赖关系脱钩，以便消息可以依照一定的条件通过不同的过滤器。
- 基于内容的路由器：如何处理同一逻辑功能的实施散布在多个系统中的情形。
- 消息过滤器：一个接收应用如何能够避免接收到不感兴趣的消息。
- 动态路由器：如何使消息路由器在保证效率的同时避免依赖于所有的目标应用。
- 接收者清单：如何将消息按照一个动态的接收者名单进行传送。
- 消息分解器：如何处理含有多个信息单元而每个单元需要用不同的方式进行处理的消息。
- 消息聚合器：如何将相关但各自独立的消息组合成一个整体的消息。
- 再排序器：如何将一个由多个相关但顺序被打乱的消息组成的数据流重新进行排序。
- 组合式消息处理器：如何在一个消息的处理涉及多个需要不同方式来处理的信息单元时保持整体的消息过程。
- 发散-聚合：如何在一个消息必须送到多个接收端并期待处理回复时保持整体的消息过程。

- 消息路径指示单：如何在处理步骤的顺序处于设计时未知、运行时每个消息不同的情况下仍然让消息走过一个在设计上连续的处理步骤顺序。
- 消息处理中心管理：如何在必须经过的处理步骤处于设计时未知、运行时不一定按顺序的情况下让消息通过多个处理步骤。
- 消息代理：如何将消息的目的地与发源地分隔开来并对消息过程采用中心控制。

（5）消息转换：围绕消息转换这个技术环节，图 3-1 中收录了 7 个集成模式，即：

- 消息翻译：采用不同数据格式的不同系统如何使用消息传送进行通信。
- 消息信封：现有系统如何通过针对消息数据格式的消息信头或加密信息来参与带有特定要求的消息交换。
- 内容丰富器：消息数据源在并不拥有所有必需数据项的情况下如何向另一个系统发送消息。
- 内容过滤器：如果只需要其中一小部分数据项目，如何处理大消息。
- 消息标识的传递：如何在不放弃消息内容的情况下减少系统中消息的数据量。
- 消息形式的统一化：如何处理语义相同但数据格式各异的消息。
- 通用数据格式：在对使用不同数据格式的应用进行集成时如何降低应用之间的相互依赖？在第 2 章中已经花费了大量篇幅对此（CDM）进行讨论。

（6）系统监视：围绕系统监视这个技术环节，图 3-1 中收录了 8 个集成模式，即：

- 控制总线：如何有效地管理散布在不同地理位置、不同平台上的消息传送系统。
- 绕道：如何让消息通过一系列中间步骤完成验证、测试或错误排查功能。
- 在线截获：如何在点对点的消息渠道中查看经过的消息。
- 消息历史：如何在不相关联的系统中对经过的消息进行分析和错误排查。
- 消息存储：如何就有关消息的信息进行报告分析而不影响具有松耦合和短暂性特点的消息系统。

- 智能消息代理：如何针对一个发送回复消息的服务端按请求者指定的回复地址对消息进行跟踪（这个模式可以使对同一个服务但回复地址不同的调用重复利用同一个服务）。
- 测试消息：如何确认整个系统还在正常运行并正确地处理消息。
- 消息渠道的清理：如何清理掉消息渠道中不再需要的残留消息而不影响系统的运行和测试。

需要说明的是，本书针对大部分的集成模式都有 Java 具体实施的样本程序代码。另外，附录 A 中描述的 MuleSoft Studio 开发环境中包括了实施以上所有集成模式的工具包（palettes），使使用集成模式进行开发变得十分容易。

对于从未接触过消息传递的开发人员，还可以从 Java Message Service（JMS）入手进行学习[①]，掌握其中的基本概念。需要说明的是，JMS 的标准只是定义了一套（纸上的）标准协议来规定 JMS 服务器的客户端的应用该如何与 JMS 服务器进行互动来发送和接收消息。如果仔细看一下 javax.jms API 包里面的东西，除了 exceptions 和 annotations 是 Java 的类以外，其余的全都是 Java 接口[②]，而一个 Java 程序如果只有 Java 接口是无法运行的。事实上，与 Java JDBC 中先加载某一个具体的数据库的驱动器类似，JMS 服务器的具体细节都隐藏在由 JMS 服务器的厂商提供的 JMS 的 ConnectionFactory 的具体的子类中。附录 A.2 中指出了使用一款比较有名的开源消息服务器 Apache ActiveMQ 来进行消息传递应用开发所需的软件包和学习材料，供读者参考。

在本章以下的篇幅中，将就其中重要的、常用的一些系统集成模式在实战中的应用进行介绍和分析。

3.2　系统集成模式中几个最重要的概念

在系统集成的设计和实施中，消息传递（messaging）的使用起着重要的作用。作者在进行系统集成方面的客户咨询项目时，曾遇到过从未接触过消息传递方式的开发人员。他们表示，在了解了消息传递之后才意识到，以往习惯使用

[①]　可参考 Oracle 的官方 Java EE 6 的学习材料：http://docs.oracle.com/javaee/6/tutorial/doc/bncdq.html。

[②]　QueueRequestor 和 TopicRequestor 只是 JMS 标准为了方便实施利用 TemporaryQueue 和 TemporaryTopic 的同步调用模式而提供的辅助性的 Java 类。

的请求/回复方式与现在了解的消息传递方式其实是实施系统集成方式的"两条腿",缺一不可。在系统集成的设计中,消息传递方式似乎显得更重要一些,因为只有依靠消息传递,才能将消息的发送端和接收端的紧密耦合松开,使发送端和接收端的系统和应用得以各自独立地进行演变,从而提高整体系统的稳定性和可控性。

在消息传递的架构中,首先来深入澄清主题(topic)与队列(queue)的概念及其区别,然后再详细论述消息服务器中使用的"储存-转送"(store-and-forward)机理,并引入消息服务器的容错(fault-tolerance,FT)和高可用性(high-availability,HA)这两个概念。最后介绍 3.1 节中事件类消息模式引申出的一个广泛应用的集成复合架构:分级式事件驱动架构(staged event-driven architecture,SEDA),以及它在实际中的广泛应用。

3.2.1 主题与队列在消息传递中的区别

尽管这似乎是一个非常简单的问题,但很多技术开发人员在面试的过程中并不能对这个问题正确地进行回答。

我们来看看图 3-2 中主题与队列架构的图示对比。图左边的主题架构与图右边的队列架构相比,最显著的区别是同一条消息发出后有几个接收端可以接收到这个消息。在队列架构中,特定的一条消息只能被唯一的一个接收端收到并进行处理。重申一下,这一点是主题与队列消息传送方式之间最根本的区别;其他的任何特征,比如是否保证消息的顺序等,都不是这两种传送模式的根本区别。在针对不同的业务问题选用其中一种消息传递模式时,这个根本的区别是做出决定的最重要的依据。

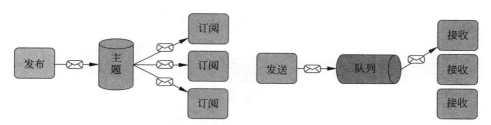

图 3-2 消息传递中主题(topic)与队列(queue)的对比

例如,一个线上订购系统在接收到一个客户订单后如果设计成由同一个 OrderEvent 的消息来驱动信用额度检查、库存确认、订单执行等多个不同的系统，OrderEvent 消息的传送就需要在主题上进行，因为有多个系统需要接收到这条消息。另一方面，如果库存确认系统发现，在这个订单执行后相关的某个或某些产品的库存水平就会降到预设的最低值以下，那么库存确认系统就会向生产调度系统或供应商发出生产或订购的请求。这时的生产或订购请求消息就应该是在队列上进行的，因为只应有唯一的一个生产调度系统或供应商接收到这条消息。

现实生活中使用主题与队列的情形也不少。比如广播和电视都是以主题的方式进行传播的（"发布-订阅"的说法也来源于此；不同的 FM/AM 频率和电视频道就好比不同的主题或队列名称），超市里购物者在多个收银台前面排成一队等待结账则与图 3-2 所示右边的队列情形完全一样。

作为消息的两种不同的传送模式，主题与队列尽管有所不同，但它们之间还是有很多相似之处的。也因为如此，JMS 标准 2.0 版将两种模式的编程界面进行了统一（例如，用 MessageProducer 和 MessageConsumer 代替分别用于主题和队列的 Publisher/Sender 和 Subscriber/Receiver）。因此，除非必要，在本章剩余部分的阐述中，不再对主题和队列进行区分，这一节中讨论的大多数话题对两者都适用。

3.2.2　消息服务器使用的储存-转送

为了对消息传送过程中围绕消息服务器的技术细节①进行深入的理解，我们来看看图 3-3。消息源的消息通过消息服务器最终传送到消息目标的过程包含以下两大步的细节。

图 3-3　消息传递中存储-转送的细节

---

① 这里的技术细节还未具体到软件厂商的具体产品的程度，而只是在 JMS 的标准及消息传送的概念上的细节。

1. 消息源将消息发送到消息服务器

消息源可以选择在每一条消息上设置 DeliveryMode 发送方式,让消息服务器决定是否将目前的消息存储到消息服务器自己的消息存储中[①]。JMS 标准指定了 PERSISTENT(默认值)和 NON-PERSISTENT 两种发送方式。尽管 JMS 标准并没有对消息服务器中各种故障是否会造成 NON-PERSISTENT 方式消息的丢失做出具体规定,但该标准对 PERSISTENT 方式消息的情形做出了明确的规定,即只有当消息存储的硬件设备(比如共享文件或数据库)被毁坏后消息才会丢失。

(1) 如图 3-3 所示,消息源将一条消息发送给消息服务器上的一个主题或队列,服务器端会根据该条消息上 10 个标准 JMS 消息信头(message header)之一的 JMSDeliveryMode 中的赋值决定是否将这条消息存入服务器的消息存储。具体来说,如果消息的 JMSDeliveryMode 消息信头中是 NON-PERSISTENT,消息服务器根本就不会储存当前这条消息,而是直接回复消息源,确认消息收到;与此相反,如果消息的 JMSDeliveryMode 消息信头中是 PERSISTENT,消息服务器会先在消息存储中保存当前这条消息,然后才回复消息源,确认消息收到。

(2) 消息源在收到这个确认后即结束整个有关当前消息发送的操作。这就意味着消息源已经将当前的消息妥善交给了消息服务器,而此后不再拥有当前消息。

以上的第 1 步中,在 JMS 标准之外,许多消息服务器的厂商还允许就消息存储操作是同步还是异步进行配置。在同步消息存储操作中,消息服务器会在消息存储的操作完成之后才回复消息源。同步存储的方式确保了在消息源收到确认时当前的消息的确已经妥善存入消息存储中。然而,由于是单线程操作,效率较差。与此对应,在异步消息存储操作中,消息服务器在启动消息存储操作的同时立即回复消息源。异步的方式由于消息存储和对消息源的回复同时进行,效率较高,但却存在着(尽管很小的)消息存储出现故障而消息源却收到了确认的情形。一旦发生这种情况,当前的消息就丢失了,消息目标再也无法对其进行重新处理。

2. 消息服务器将消息发送到消息目标[②]

在当前消息从消息源到消息目标的"旅程"中,这一部分是下半场。与上半

---

① 大多数消息服务器厂商的产品可以使用(共享)文件或数据库来作为消息存储。
② 此处的讨论对究竟是消息服务器将消息"推"到消息目标,还是消息目标将消息从消息服务器上"拉"过来不做区分。

场类似，在消息服务器与消息目标之间消息交换过程的技术细节里也包括消息的发送和确认过程。

如图 3-3 所示，消息服务器将一条消息按当前主题或队列发送给消息目标。当前的消息目标所在的 JMS Session 上的 AcknowledgeMode 将决定消息目标如何在接收到消息后向消息服务器进行确认。JMS 标准在 javax.jms.Session 中定义了 3 种 AcknowledgeMode。

（1）AUTO_ACKNOWLEDGE：消息目标一端的消息接收应用程序中 MessageConsumer 的 receive()调用或 MessageListener 的 onMessage()调用一旦结束，如果当前消息是 PERSISTENT 消息，服务器就会从消息存储中删除当前消息。至此，无论当前消息是 PERSISTENT 消息还是 NON-PERSISTENT 消息，在消息存储中当前消息都不再存在。然而，通常在收到消息后，消息接收应用程序会对消息按业务逻辑进行处理。如果此后在消息处理的过程中出现错误，则消息接收应用程序无法再依赖消息服务器来保证消息不丢失，而必须对处理逻辑进行仔细的设计，以保证在任何情况下都不会出现消息丢失的情况。

（2）CLIENT_ACKNOWLEDGE：由消息目标一端的消息接收应用程序来决定何时调用 Message 的 acknowledge()。在 acknowledge()调用之后，如果当前消息是 PERSISTENT 消息，服务器就会从消息存储中删除这条消息。至此，无论当前消息是 PERSISTENT 消息还是 NON-PERSISTENT 消息，在消息存储中当前消息都不再存在。如果消息接收应用程序的设计是在全部业务处理结束之后才进行 acknowledge()的调用，而实际运行时就发生了在 acknowledge()之前出现故障而来不及调用 acknowledge()的情形，消息服务器会向重启后的消息接收应用程序再发送一次这条消息。简单地说，最后的结果就是同一条消息被处理了两次。如果这样的后果在业务处理逻辑上无法接受，就必须在消息目标一端的消息接收应用程序中对每一条收到的消息针对其标识属性进行唯一性的检查，比如使用"无重复接收器"的集成模式。至于如何确定消息的标识属性、从哪里的标识数据库来检验重复性，限于篇幅，这里不再赘述。

（3）DUPS_OK_ACKNOWLEDGE：与 AUTO_ACKNOWLEDGE 类似，只是采用 DUPS_OK_ACKNOWLEDGE 消息确认模式的 JMS Session 上的消息接收端并不针对每一条消息都自动向消息服务器发回一个确认消息，而是在收到了设定数目的消息之后或者在设定的时间间隔之后才发送一个确认消息，对所有尚未确认的消息统一进行确认。这种方式提高了整体消息发送的效率，但有可能出现消息服务器由于没有及时收到某些确认消息而重发消息的情形，

最终造成消息接收端的应用程序重复收到同一条消息。因此，与 CLIENT_
ACKNOWLEDGE 类似，也必须在消息目标一端的消息接收应用程序中对每一
条收到的消息针对其标识属性进行唯一性的检查，比如使用"无重复接收器"的
集成模式。

　　顺便提一句，在具体项目的消息架构设计中，如果清楚地了解哪些部分是
JMS 的标准内容，而哪些部分是消息服务器厂商自己独有的属性，则可以对将
来替换消息服务器时涉及的消息源和消息目标应用可能产生的影响预先有个评
估。大部分软件厂商会在产品文档中对自己的消息服务器在 JMS 标准之外的
属性予以说明和特别标注[①]。

3.2.3　消息服务器的容错和高可用性

　　由于消息服务器在消息传递乃至整个系统集成架构中的中心地位，它也可
能变成一个致命的故障点(single point of failure)。为了提高整个系统集成架
构的稳定性和可靠性，有必要提高消息服务器的稳定性和可靠性。

　　这里重点介绍两个概念：容错(fault-tolerance，FT)和高可用性(high-
availability，HA)。从一般意义上讲，一个复杂系统中任何部件的故障和失效都
有可能造成整个系统的瘫痪和失效。容错特性是指一个系统在这种情况发生时
能够继续运行、发挥作用，而其运行的质量与发生故障的具体部分、范围及程度
有关。高可用性是指在很长的时间段内保证系统总体能够保持特定的运行性能
水平。高可用性通常用"正常运行时间"来衡量。

　　具体到消息服务器，图 3-4 显示了容错和高可用性各自配置的一种形式。

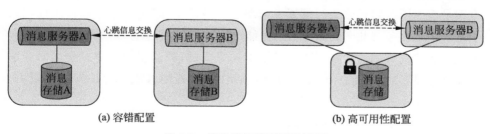

图 3-4　消息服务器的两种配置

————————————

①　比如 TIBCO 的 EMS 消息服务器在 JMS 标准之外定义的自己独有的消息信头的名称都以"JMSX"开
　　头，而独有的消息属性的名称都以"JMS_TIBCO_"开头。

在图 3-4(a)的消息服务器的容错配置中,运行在完全独立的两个实体或虚拟机器上的消息服务器 A 和消息服务器 B 互相指定对方为自己的备份。如果 A 处在运行状态(主服务器),B 就处在等待状态(副服务器)[①]。两个消息服务器的过程都在运行,只是主服务器可以正常地接收和发送消息,而副服务器只是消息服务器的过程在运行,但并不接收和发送消息。

主服务器以设定的时间间隔向副服务器发送心跳消息,如每 3s 一次。如果副服务器在设定的时间间隔中(如 10s 内[②])没有收到任何主服务器的心跳消息,副服务器就会认为主服务器已停止运行,并将自己从等待状态转入正常运行状态。至此,副服务器就完成了一次按计划进行的接手(failover),而两个服务器的主、副服务器的角色也就完成了相互对调——因故障停止运行的原来的主服务器在修复后重新启动时会自动成为副服务器。

从消息源和消息目标应用的角度看,它们使用的 JMSConnectionFactory 中的 URL 参数会包含两个消息服务器的地址和端口[③],createConnection()的调用中会轮番尝试连接两个 URL 中的一个,直到连接成功。

读者可能已经发现了图 3-4(a)消息服务器的容错配置中存在一个问题:如果消息服务器 A 还没有来得及将所有消息送出就出现故障而停机了,这时尽管消息服务器 B 会接手成为主服务器继续运行,但只要服务器 B 在主服务器的角色上一直运行,滞留在服务器 A 的消息存储中的消息就无法送出,因为即便服务器 A 在修复之后重新启动,也只能作为副服务器运行。从这一点上说,图 3-4(a)的配置只是容错,即本节开篇所说,系统在发生故障时仍能够继续运行,但其运行的质量有所降低。

为了解决这个问题,使整个消息服务器系统达到高可靠性的要求,一种解决方案是按照图 3-4(b)来进行配置。与图 3-4(a)相比,图 3-4(b)的高可用性配置中两个消息服务器共享同一个消息存储。此时,在对消息存储设备的要求中,对消息服务器高可用性的实现这一条是至关重要的,即当多个程序过程同时企图访问存储设备时,只有一个(而不是多个同时)过程能够成功地访问存储设备。

[①]　最初启动时先进入运行状态的就是主服务器。

[②]　之所以将副服务器中等待的这个时间间隔设置得比主服务器的心跳消息间隔长得多,是为了防止偶尔主服务器的心跳消息的丢失会使得副服务器在主服务器还在正常运行时就企图从等待状态转入运行状态。如果这个时间间隔设置得过短,消息服务器 A 和 B 的主、副角色就可能因网络不稳定而频繁地发生转换。这种现象常被称为"乒乓效应"。

[③]　比如 ActiveMQ 的 JMS 的 ConnectionFatory 中使用"failover：tcp://server1：61616，tcp://server12：61616"的 URL 形式。

这样的要求通常是通过"排他性的锁定"机制来实现的。具体来说,就是任何程序过程如果需要访问存储设备,就必须先尝试拿到这个排他性的锁。只要成功地拿到了锁,就可以对存储设备进行访问,否则就不能访问。当一个消息服务器启动时,进入主服务器的角色需要同时具备下面两个条件:

(1) 接收不到另一个消息服务器的心跳消息;

(2) 成功地拿到消息存储设备上排他性的锁。

这种安排既保证了只有一个消息服务器在主服务器的角色上运行,还保证了无论两个消息服务器的主、副角色如何转换,消息都不会出现滞留,从而达到本节开篇所说的高可用性的要求。

3.2.4　分级式事件驱动架构及其实际应用

在 3.1 节中有一个点对点的消息渠道模式,其基本结构如图 3-5 所示。

图 3-5　点对点的消息传送

如图 3-5 所示,消息源将消息发送到队列中;而在另一个完全独立的过程中,消息目标将消息取走并进行处理。这种结构十分直观,20 世纪 90 年代初,IBM 公司的 MQSeries 就是这种使用队列的消息服务器。对于消息服务器出现故障及消息目标不在线的情形下整体的消息传递行为,尤其是消息是否会丢失或重复,在 3.2.2 节中已经进行了详细的讨论。如果无须按照一定的顺序对消息进行处理,则可以采用增加更多的消息目标运行程序的方式来加快总体的处理速度;同时个别消息目标运行程序的故障也不至于使整个消息传递完全中断,起到了一定的容错作用,如图 3-6 所示。

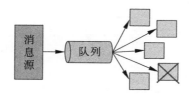

图 3-6　点对点的消息传送中的多个消息目标应用

如果将图 3-5 所示的队列和消息目标按串联形式向右进行重复，就得到了如图 3-7 所示的结构。这个结构是一个常常会用到的复合集成模式，叫作"分级式事件驱动架构"（staged event-driven architecture，SEDA）。

图 3-7　分级式事件驱动架构

在这样的分级安排下，针对一个业务对象的整个处理过程被分割成若干部分。每一个部分的处理完成之后，被处理之后的业务对象就被送到下一个队列中。直到最后第 n 级的处理部分完成之后，完全被处理好的业务对象最终被送到消息目标。

这样的消息架构与图 3-5 相比，显然复杂了许多。那为什么还要做这样的设计呢？这其中主要有两个考虑。

首先，如果复杂的业务消息处理过程中某一阶段耗时较多，可能出现业务消息的处理全都被堵在这个阶段的情况。如果将这一段逻辑放在处于相邻的两个队列之间的应用程序中，就可以通过增加这个应用程序的数目来分担这段复杂逻辑之前的队列中的消息负荷，从而加快整体上的处理效率。如图 3-8 所示，队列 1 之后有 3 个从队列 1 获取业务对象消息并进行业务处理的应用程序过程在运行，而队列 2 后有两个从队列 2 获取业务对象消息并进行业务处理的应用程序过程。当然，在实际运行的初期，必须对这两处各自需要的业务处理应用程序过程的数目通过性能调节的实验来进行确定。此处性能调节的目标是使每一个业务处理应用程序都"一样地忙"，即尽量少地出现有些业务处理应用程序超级繁忙而其他业务处理应用程序却闲着没事儿的情形。

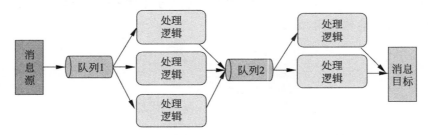

图 3-8　带有中间步骤负载分配的分级式事件驱动架构

其次,在一段业务处理之后将消息放入下一个队列,实际上是对该段业务处理之后的业务数据状态进行了存储。如果在某段业务处理过程中出现故障或者这段逻辑所处的消息处理器完全失败,甚至整个消息服务器完全失败,那么,当消息处理器和消息服务器恢复正常时,整个系统就会回到故障前紧挨在故障发生之前的队列时的状态。换句话说,系统恢复后原来发生故障的那段业务处理过程可以进行重试,只要注意上次发生故障时已经处理过的部分不会造成新的问题就好了。为了实现这一点,可以采用这样一个原则(一个企业中或项目上可以将这个原则作为最佳实践来进行推荐),即每一段处理逻辑可以包含多个对其他系统的查询调用(也就是说,不改变其他系统中的数据),但最多只能存在一个带有更新操作性质的对其他系统的调用。为了解释这个原则,我们来看看图 3-9 所示的一段带有两个数据库更新操作的情形。

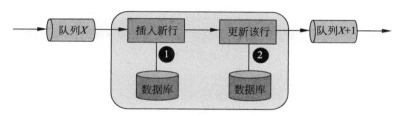

图 3-9 含有多个更新操作的业务处理程序

在图 3-9 中,除非将①和②两个数据库更新操作放在同一个数据库事务之中,才有可能发生数据库操作①成功完成而②出现故障的情形。一旦这种情形出现,待这段业务处理的应用程序恢复正常后,消息的处理在①处是肯定要出现"Unique key violation"的错误,因为之前的处理虽然失败,但却在数据库中残留了不该留下的痕迹。换句话说,现在的"Unique key violation"的错误是一个"衍生错误",与数据系统中错误的残留数据/状态有关,但却与集成系统的运行和当前的消息数据毫无关系。

关于"衍生错误"的故障排查将十分困难,要求技术支持人员对业务逻辑和系统技术细节具有充分和深入的了解。

在这种架构下,开发和技术支持人员需要意识到的是同一个队列之后到底是哪一个业务处理应用程序的过程实际上真正处理了每一条消息,是事先不知道也不可控的。例如,如图 3-10 所示,消息 A 经过的具体的业务处理应用程序与消息 B 的有所不同,而这个路径是事先不确定的。这就为技术支持带来了一定的难度。比如,要查找 ID 为 A23456 的业务消息的处理日志,可能就需要对

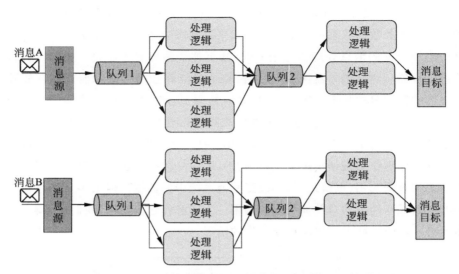

图 3-10　带有中间步骤负载分配的分级式事件驱动架构中每次"消息处理路径"
可能会有所不同

每一个队列之后的所有业务处理应用程序的日志都进行查找后，才能得到完整的日志。

其实，即使没有事件的出现，在任何一个复杂的业务处理过程中都可以使用这个复合集成模式。在概念上，也可以将每一个队列之后系统所处的状态想象成整个系统的状态机中的一个系统状态。与系统机中的情形类似，每一个状态都是可保持的，即在系统失败、再恢复运行后可以回到失败前的状态。

3.3　系统集成模式的实战应用和分析

3.3.1　消息的顺序处理

工作中常常会遇到需要顺序处理（sequencing）的要求。遇到这类要求时，先别急着下手进行设计和实施，而是要深入考虑一下顺序处理的具体要求是什么。

首先，到底什么是顺序处理？概括来讲，顺序处理一般是指消息对于某一个处理逻辑块的"先进先出"。如图 3-11 所示，中间的处理程序在任何时刻都只在处理唯一的一个消息；只有当一个消息完全处理之后，处理程序才会接收下一个消息并进行处理。换句话说，处理程序是单线程的。顺便说一下，如果从业务要求的角度必须对消息进行顺序处理，就不可能再使用多线程或相互竞争的消息消费端模式来提高总的处理效率——这两个要求是相互矛盾的。

图 3-11　消息的顺序处理

其次，是什么决定了顺序？最自然的、公认的顺序是数字、字母组合及时刻。在图 3-11 中，顺序的决定大致有两种方式。

- 按消息到达处理程序入口的顺序。如果处理程序是连接在一个队列上的 JMS QueueReceiver，则需要将该队列的 Prefetch 属性设置成 1，使 QueueReceiver 每次只能取走一条消息；同时，保证任何时候只有一个 QueueReceiver 在运行[①]。
- 按照消息的信头、属性和负载内容中的某个值或某些值的组合（作为一个数字、字母组合或时刻）来排序并进行处理。这种情况比上面那种情况稍微复杂一些，因为此时图 3-11 中处理程序前面的消息通道无法保证消息在到达时保持应有的顺序。换句话说，原本从消息源按顺序出来的消息由于种种原因，在到达处理程序时顺序被打乱了。

这里有一个顺序处理第 2 种情形的实战例子。世界著名的某石油公司的北美总部中有一个能源交易部门，在位于北美的几个能源和期货交易所进行石油、天气、电力和污染排放指标方面的交易。与这个部门进行交易的其他公司相应的能源交易部门被称为这个部门的“合同方”（counterparties）。这个能源交易部门与其他合同方的合同有两种形式。多数情况下的合同是一次性的，即合同期满之后合同就结束了。还有另一种形式的合同长年有效，称为“常青树合同”（ever-green contracts），即合同到期后按原合同的条款自动续约。无论是两种

---

① 有些 JMS 服务器的厂商，如 TIBCO，允许同时将队列的 Exclusive 属性设成 true，并启动多个 QueueReceiver。这样，就只有最先启动的那个 QueueReceiver 会真正地接收并处理消息。其他稍后启动的 QueueReceiver 会进入等待状态，起到容错的作用。开源的 ActiveMQ 中的 Exclusive Consumer 也具有同样的作用。

合约形式中的哪一种，合约在执行过程中常常会被修改。而每次合约被修改之后，合同方都会向这个能源交易部门发来一条合约修改内容的消息。

　　然而，每一个合同方发来的合约修改消息的内容有所不同，大致有两类：一类合约修改消息包含关于更改后合约的所有内容，包括被修改和保持不变的部分，而另一类合约修改消息只包含合约中被修改了的部分，没有修改的部分则不在消息中出现。我们将前者称为"不保留状态"（stateless）式的修改，将后者称为"保留状态"（stateful）式的修改。具体地讲，在"不保留状态"式修改的情形中，只需要用这个新的内容完全取代目前的合同内容（"删除-替代"）即可；而在"保留状态"式修改的情形中，新消息带来的只是现有合同中变更了的部分，因此，需要首先在现有合同的内容中找到新消息中指明的变更部分，然后用新消息中带来的更新值进行相应的、特定的更改。

　　为了在能源交易部门和合同方之间明确合同更新处理的顺序，每一个合同除了将合同号作为标识以外，还带有一个合同版本号（1，2，3 等）。在同一个合同内，合同更改消息的处理必须按照版本号的顺序进行。而关于不同合同的消息之间的处理则没有顺序上的关系。

　　在实际运行中，对这两种形式的修改在执行上也有所差别。除了上面提到的"删除-替代"和"针对性更改"的差别之外，最显著的另一点是，在"不保留状态"式的修改中，如果收到一个合同的版本 n 的消息，则尚未处理及正在处理中的同一个合同所有版本低于 n 的消息都可以直接忽略，因为版本 n 的消息已经包括了所有的合同信息，直接对版本 n 的消息进行处理即可。与此相反，在"保留状态"式的修改中，如果收到一个合同的版本 n 的消息，处理程序还必须在按照版本顺序依次、逐个地处理完所有版本低于 n 的消息之后，才能处理这个合同版本 n 的消息。换句话说，如果一个合同版本 n 的消息没有收到，所有这个合同版本高于 n 的消息即使收到了也不能进行处理，必须等待。

　　图 3-12 大致描绘了按版本顺序处理能源交易合同更新消息的解决方案。在这个方案中，处理程序并不是单线程的；恰恰相反，会有多个关于合同更改的消息同时进入处理程序。在处理之前，处理程序会首先将当前消息的合同号和版本号送到规则引擎，询问是否可以处理当前这条消息。如果规则引擎判定当前消息可以立即被处理，则它会向处理程序出示绿灯；否则，出示红灯，处理程序中处理当前消息的线程进入等待状态，直到规则引擎通知红灯变成绿灯。

　　受篇幅所限，无法详细描述规则引擎中的控制逻辑。简单地讲，规则引擎就是一台状态机，总共定义了 8 种关于每个（合同号＋版本号）组合消息目前可能

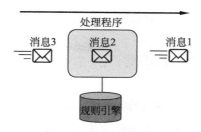

图 3-12　能源交易合约消息的顺序处理

所处的状态。

- INPROC：正在处理中。
- SUCCESS：成功处理完毕。
- SKIPPED：跳过。
- FAILED：最终失败。
- FILTERED：已在系统外处理。
- RECOVERABLE：可从错误状态中恢复。
- RECOVERED：已从错误状态中恢复。
- WAITING：等待中。

图 3-13 显示了规则引擎的状态机中 8 种不同状态及其相互之间的转换关系。这一部分的实施可以用自己开发的 Java 应用程序＋数据库[①]加以操作，也

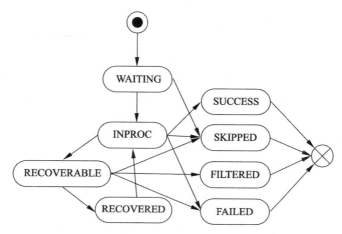

图 3-13　能源交易合约(合同号＋版本号)的状态转换图

---

① 　祝你好运！作者做过,这个任务并不简单。

可以使用开源或商用的规则引擎软件，如 Drool，TIBCO BusinessEvents 等。

3.3.2　持久订阅如何实现

3.1 节中列出的"持久订阅"集成模式可以保证已经向消息服务器登记过的消息消费应用不会错过任何一条消息。为了实现这一点，消息服务器通常是针对每一个主题保持一个所有登记过持久订阅的消息消费应用的清单。只有当清单上所有的应用全都确认收到了一个主题消息后，消息服务器才会将这条消息从消息服务器的消息存储中删掉。换句话说，哪怕只剩一个登记过的消息消费应用没有在线，消息存储中的这条消息也始终存在于消息存储之中，直到该消息消费应用(重新)启动后从消息服务器中取走这条消息。

在实际应用中，采用持久订阅的主题消息有可能带来操作管理上的一些挑战，尤其是当有很多主题都登记有持久订阅而每个主题上登记的消息消费应用又比较多的时候。一旦消息存储发生故障[①]，不仅有些登记了的消息消费应用有可能永远地错过本该收到的消息，消息服务器本身的正常运行也有可能受到影响。另一方面，消息存储的管理通常没有统一的通用工具，有些消息服务器软件的厂商甚至不公开提供任何这方面的管理工具。因而，有必要使用一种集成模式来保证类似持久订阅的效果，且同时又能避免相应的消息存储管理方面的问题。

其中一种解决方案就是为每一个登记了持久订阅的消息消费者设计一个队列，将主题上的消息复制到每一个队列中，然后让原来通过持久订阅消费消息的应用转而从各自的队列中获取队列消息。由于每个队列具有持久性，这样就保证了每个消息消费应用不会错过任何消息。同时，由于每个消息服务器产品都会提供队列管理的工具，从而避免了需要直接对消息存储进行管理操作的情形。

这种将主题消息导入队列的模式并不是 JMS 标准中的内容，而每个开源和商业消息服务器对此都有不同的名称。例如，在 ActiveMQ 中称之为"虚拟目的

---

① 尤其是使用文件作为消息存储时，频繁的读写可能使文件遭到破坏而无法修复。或者在消息被正常删除后文件的尺寸无法压缩，最终因存储文件尺寸过大而造成消息服务器无法再正常工作。

地"①,而在 TIBCO EMS 消息服务器中称之为"目的地搭桥"②。但其背后基本的概念是一致的,即将主题消息导入一个或多个队列(图 3-14),以保证所有的消息目标都能各自独立地收到每一个主题消息。

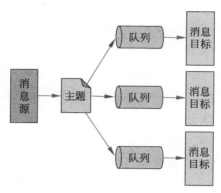

图 3-14　将主题消息导入多个队列中

2015 年,美国中部的一家中型保险公司购买了 Guidewire③ 软件,以对围绕车辆保险的业务活动进行管理。在众多的技术细节中,有一个用例要求保险处理系统在确认接收到一个索赔要求后自动启动多个业务程序,包括警察报告的调取、医疗伤害报告的调取、具体安排理赔代表、第三方车辆及财产损失评估等多个业务流程。在具体实施上,Guidewire 软件中一旦一个车辆保险事故的索赔要求在初步的内容核实后被系统接收,就会产生一个 JMS 的主题(MYCOMPANY. INSURANCE. VEHICLE. CLAIM. NEW)消息。作为消息服务器的 ActiveMQ 会通过"虚拟目的地"将这个主题与以下队列相连,从而同时驱动围绕索赔业务但相互独立的业务流程。

- MYCOMPANY. INSURANCE. VEHICLE. CLAIM. POLICEREPORT. REQUEST;
- MYCOMPANY. INSURANCE. VEHICLE. CLAIM. MEDICALREPORT. REQUEST;
- MYCOMPANY. INSURANCE. VEHICLE. CLAIM. AGENT. ASSIGN;
- MYCOMPANY. INSURANCE. VEHICLE. CLAIM. ASSESSMENT。

---

① http://activemq. apache. org/virtual-destinations. html。

② https://docs. tibco. com/pub/ems/8. 4. 0/doc/pdf/TIB_ems_8. 4_users_guide. pdf(page 85)。

③ https://www. guidewire. com/。

3.3.3　命令类消息的应用

　　大多数情况下,消息传递模型的应用是在不同的系统和应用之间传递业务信息。换句话说,这些业务消息都是文档型的。在目标系统中,这些消息所包含的业务信息内容被作为每个消息消费应用的处理流程的输入信息。

　　与此相对应,还有一类消息包含的是对目标系统中处理程序的调用指令。这类消息的内容直接导致目标系统中对有关处理程序的调用。这种调用方式类似于 RPC 或者 SOAP Webservices。

　　命令类消息还有一些变种。我们在此讨论一个实战的例子。北美最大的二手汽车销售连锁店在美国和加拿大有近千家店面进行销售和服务业务(类似于汽车生产厂商的 4S 店)。尽管总公司有统一的业务管理系统供各个分店使用,每个分店还是运行着统一系统的一份拷贝以使分店自己可以对系统进行个性化的调整,并保证在与总公司的联网出现问题时不致影响业务工作的进行。由于系统更新和新促销的推出等原因,运行在总公司的系统常常需要更新。举个最简单的例子,圣诞节促销活动的价格表要在这一年结束的两个星期前送到每一个分店的系统中,并在节日之后撤下来。

　　虽然总公司有统一的 IT 部门,但各个分店由于人员有限,并没有足够的技术力量来完成如此频繁的系统更新。2011 年,作者所主持的为这个客户进行的服务项目的要求是在总公司开发一套中心式的分散部署系统。客户已经为这个系统起好了一个名字,叫作"盒子里的商店"(store-in-a-box)。

　　图 3-15 显示了"盒子里的商店"的粗略架构。如图所示,总公司的 IT 开发人员先就一次部署任务的具体执行内容编写 ANT[①] 脚本。在测试和验证了 ANT 脚本的正确性之后,由技术支持人员执行固定的管理命令,将 ANT 脚本本身的内容作为一条消息发到位于总公司 IT 中心的消息服务器上特定的队列中,并设置该消息的 JMSReplyTo 消息属性。从那里,该消息以消息搭桥的模式复制到每个分店各自的消息服务器上相应的队列当中。至此,总公司 IT 方面的部署任务中的发送部分即已完成。剩余的任务就是连接到 JMSReplyTo 消息属性中设置的队列,等待关于每一个分店中部署结果的回复消息,最终汇报总体的执行结果,并对出错和未在预设时间段内收到回复消息的每一个分店进行有针

---

① 　关于 ANT,参见 http://ant.apache.org/。

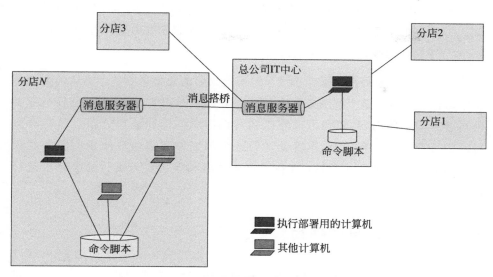

图 3-15　"盒子里的商店"的粗略架构

对性的个别处理。

　　而在每个分店里，都有一台负责具体执行 ANT 部署指令的计算机。这台机器还运行着接收部署 ANT 脚本消息的消息消费应用程序。当这个消息消费应用收到消息后，就直接将消息的内容存到一个分店里所有相关计算机都能访问的公共存储文件区，然后让每台相关计算机开始运行 ANT 脚本，并监视 ANT 脚本的输出。当 ANT 脚本输出中出现特定的输出内容时，消费应用会探知 ANT 脚本的运行已经结束，并了解运行是成功还是出现故障。运行结果会被消费应用发回到 JMSReplyTo 消息属性指定的队列中，并经由消息搭桥返回总公司 IT 消息服务器中相应的队列中。

　　这样的设计架构除了结构简单、逻辑易懂以外，还具有以下优点。

- 可靠性高。如果每天运行时间固定（比如凌晨 1 点[①]）并在运行前首先查看全部分店 IT 基础设施运行情况的显示情况，总的部署成功率会相当不错。
- 实际部署任务的执行充分利用了每个分店的 IT 资源，避免了过度使用总公司 IT 中心的计算资源，加快了总体部署的完成。
- 每个分店的消息消费应用完全无须解析消息内容，处理起来效率高，而且消息消费应用的逻辑简单不变（存储 ANT 脚本、执行 ANT 脚本）。

---

① 还要照顾分店所在的不同时区。

- 同样地，在总公司 IT 中心的部署命令发布应用方面，也不需要解析每次不同的消息内容（即 ANT 脚本），因而处理起来效率高；而且发布应用的逻辑也简单，不发生变化。

这个应用至今仍在这家二手汽车销售连锁店的总公司和各个分店的生产环境中运行着。由于这个解决方案中每一部分都是通用的，没有涉及任何行业和公司业务的具体内容，完全可以照搬到其他组织结构和地理分布上具有类似特点的行业中去。事实上，作者设计的这个解决方案很快被作者所服务的软件公司包装成一个新的产品，并在零售连锁店和零售业务银行的客户中进行推广。

3.3.4　事件消息的使用

在 3.2.4 节中介绍了分级式事件驱动架构之后，有必要再对事件的概念进行一些补充说明。在架构设计时一定要明确：事件是历史，是事实，是发生了的事，是不能改变的。比如，在股票买卖后交易结算系统收到的一个 TradeEvent 可能具有以下的结构（JSON 格式）：

```
{
    "TradeEvent": {
        "id": "XYZ123ABC",
        "symbol": "BABA",
        "volume": "200.00",
        "price": "350.35",
        "currency":"USD",
        "exchange":"NYSE",
        "timestamp":"2017-08-18T13:19:55-05:00"
    }
}
```

在分级式事件驱动架构中，第 1 级消息消费应用一定不要改动这个事件，因为上面所示的这个 TradeEvent 不仅是历史，不能再更改，而且同一个事件还可能被用来驱动其他采用事件驱动架构的业务流程。不能让一个消息消费应用对这个 TradeEvent 进行改动，而对随后需要用同一个交易事件进行驱动的业务流程产生错误的影响。

正确的做法是每一个由这样同一个 TradeEvent 驱动的消息消费应用都首

先建立一个新的业务对象（比如 TradeObject），将 TradeEvent 中的有关数据复制过来。如有必要，还可以将原始的 TradeEvent 作为 TradeObject 的元数据携带到后面的流程处理中。

3.3.5 回复地址的使用

刚刚了解了消息传递作为一种与传统的询问/回答模式相对应的调用方式的开发人员可能会错误地认为，消息传递只能实施那些单向的、"有去无回"式的互动方式。其实不然，消息传递同样可以实现系统和应用之间询问/回答的互动模式。这种方式其实是由两个方向相反的异步调用组成的。如图 3-16 左侧所示，消息源首先对消息中的如下部分进行赋值。

- JMSReplyTo 消息信头设为 REPLY. QUEUE[①]。
- 由消息源应用或者消息服务器对 JMSMessageID 信头进行赋值。
- 由消息源应用将 JMSMessageID 信头中携带的值赋给 JMSCorrelationID 信头。
- 由消息源应用对消息内容进行赋值，并对其他必要的消息信头、属性、附件等进行赋值。

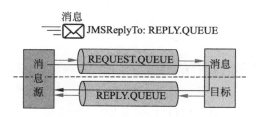

图 3-16 异步式的询问/回答

然后，消息源将消息发送到 REQUEST. QUEUE 队列中，并同时在 REPLY. QUEUE 队列上等待回复消息。

在图 3-16 右侧，消息目的应用收到上面这个消息后，在执行设计好的业务处理逻辑的同时，还对消息的如下部分进行赋值。

---

① 这一步消息源应用还可以选择先创建一个 JMS 的 TemporaryQueue，再将这个 TemporaryQueue 赋值到 JMSReplyTo 信头。这种情况下，信息源就没有必要再设置 JMSCorrelationID 信头了，因为只有创建这个 TemporaryQueue 的应用程序才能访问这个 TemporaryQueue。

- 由消息目标应用将收到的 JMSCorrelationID 信头中携带的值赋给回复消息的 JMSMessageID 信头。

- 由消息目标应用将收到的 JMSReplyTo 信头中携带的值赋给回复消息的 JMSDestination 信头。

- 由消息目标应用对回复消息的内容使用业务处理逻辑的结果进行赋值，并对其他必要的回复消息的信头、属性、附件等进行赋值。

然后，消息目标将回复消息发送到 REPLY. QUEUE 队列中。

在 REPLY. QUEUE 队列中等待回复消息的消息源应用在收到回复消息后，通过将回复消息上的 JMSMessageID 信头与原来询问消息的 JMSCorrelationID 信头相对应来断定当前的回复消息是具体针对哪一个询问消息的。这样的安排可以使原来发出询问消息的消息源应用不必长久地一直等待回复消息，节省其系统资源。

在 3.3.2 节中作为例子的保险公司的项目中，警察报告的调取部分就是用异步式的询问/回答方式进行实施的。由于从交通事故的发生到关于该事故的警察报告的完成并对外公布通常需要一周到数周的时间，没有办法使用同步式的询问/回答方式进行实施。而异步式的询问/回答方式在这一方面的应用十分合适。一旦带有警察报告的回复消息返回并进入 Guidewire 软件系统，就会自动推动相关索赔案件的处理工作流程进入下一个步骤。

3.3.6   消息传递搭桥的使用

在图 3-14 中已经看到了"消息传递搭桥"的集成模式——总公司 IT 中心的消息服务器上一个队列中的消息被同时映射到多个分店里消息服务器上同名的队列中。在这样的安排下，从抽象的架构概念上看，所有在各个地方连接在不同消息服务器中同名队列上的消息源和消息目标的应用就仿佛都连接到同一个消息服务器上一样。图 3-17 显示了消息服务器 1 和消息服务器 2 在 MY. QUEUE 队列上设置的消息搭桥状况。有了这个搭桥设置，出现在参与搭桥的任何一个消息服务器上的 MY. QUEUE 队列中的消息都会被与参与搭桥的任何一个消息服务器上 MY. QUEUE 队列相连接的消息目标程序所获取。

读者可能会问，在图 3-17 中，为什么不让消息目标直接连接到消息服务器 1 上呢？其中的一个原因是，如果那样，消息目标到消息服务器 1 之间的连接由于

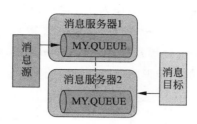

图 3-17　不同消息服务器的同名队列之间的消息搭桥

可能需要跨越不同的局域网(subnet),连接的稳定性会受到影响,从而因频繁的业务消息及确认消息传送的故障而降低整个系统的可靠性。而通过建立消息服务器 1 与消息服务器 2 在 MY.QUEUE 上的搭桥,可以从网络连接的稳定性和安全性方面在这个搭桥连接上做很多文章。

很多开源和商业消息服务器软件,比如 ActiveMQ 和 TIBCO EMS 都支持消息搭桥。这一部分不在 JMS 标准之中。注意,消息搭桥是在每个具体的队列或主题上设置的。完全有可能出现一个消息服务器上有的队列或主题参与了搭桥设置,而其余的队列或主题完全隔离,不参与和任何其他消息服务器之间的搭桥设置。

那么,这样的架构有什么意义和应用呢?

为了回答这个问题,先来看一下系统集成架构的最基本的组成部分。图 3-18 显示了常见的两种基本构成方式,即总线式(BUS)和中心辐射式(Hub/Spoke)。其实,这两种构成方式只是在所使用的消息服务器的具体实施方式上有所不同[1],在逻辑架构抽象的程度上可以同样加以对待[2]。

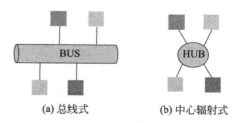

(a) 总线式　　　　　　(b) 中心辐射式

图 3-18　系统集成的基本组成结构

————————————

[1]　近年来,似乎由于 JMS 标准的广泛采用,中心辐射式的消息服务器使用得更普遍一些。

[2]　概念上讲,如果将图 3-18(a)中的 BUS 长筒"压缩"成一个"点",图 3-18(a)就和图 3-18(b)是一样的了。

　　如果将图 3-18(a)或图 3-18(b)作为一个整体，当成一个应用来对待，是否可以将其"挂到"另外一个 BUS 或 HUB 上呢？答案是完全可能的。其结果如图 3-19 所示。这其实就是分形几何（fractal geometry）中用一个形状的基本构成部件来组成越来越大的同样形状的总体结构的方法。

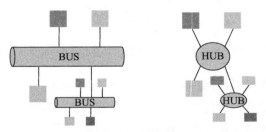

图 3-19　按照分形几何原则将系统集成的基本构成进行组合

　　更进一步地，在一个复杂的带有多个系统集成基本组成的总体结构中，如果只关注那些 HUB，就会看到一个树结构[①]，如图 3-20 所示。这样的结构作为一个系统集成结构来说有以下几个特点。

- 每一个 HUB 上传递的消息分成了两类。其中一类只在"本地"传播，即不会出现在其他 HUB 上；另一类则会被"映射/搭桥"到一个或多个其他 HUB 上同名的主题或队列中去。
- 通过适当的消息"映射/搭桥"设计，可以让一个消息传播到任何需要得到该消息的系统和应用中去。

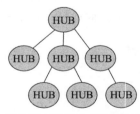

图 3-20　复杂集成系统中 HUB 组成的树结构

　　现在就可以来回答本节前面提出的问题了：这样的架构有什么意义和应用？简单地讲，这样的架构使消息在复杂的集成基础设施结构中的传播范围得以很直观地进行设计、控制和理解。

---

① 　其实，按照分形几何原则得到的应该是一个网络结构。然而，网络结构的集成系统对于操作管理和技术支持来说太复杂了。限于篇幅，详细描述从略。

我们还是来看两个实例吧。

2002 年,一家世界著名的石油公司投入大量的资金和人力设计和实施系统集成的基础设施。其中的技术难点之一是该公司是大型跨国公司,有钻探、生产、石化、能源交易、新能源、液化天然气等多个业务部门,遍布全世界几乎每一个角落,且部门重组的事还常常发生。我们负责的系统集成基础设施的架构设计部分就采用了上面描述的分形几何以基本结构进行组合的办法,最终实现了如图 3-21 所示的结构。

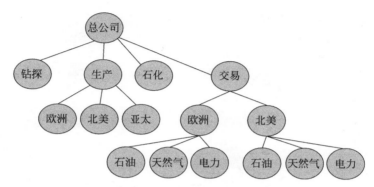

图 3-21　某著名石油公司的系统集成基础设施的(不完整)逻辑架构

例如,在"/总公司/交易/北美/石油"节点上产生的新交易消息会送到同节点上的结算、风险评估等应用,也会被送到"/总公司/交易/北美"节点上提供给北美区交易的财务应用,还有"/总公司/交易"节点上的全公司交易的财务应用等。

当公司的业务、组织结构发生调整时,大多数情形下可以通过对消息映射/搭桥的重新配置,以便在系统集成基础设施上完成相应的调整。而在源代码中,由于每一部分处理逻辑都只是按名称用一个逻辑上的队列来进行消息的发送和接收,源代码此时不需要进行任何修改,从而保证了系统和应用总体的稳定性和可支持性。

该系统集成架构经过几次改动和软件升级后,依然保持了原有的逻辑架构,至今仍在该公司的生产环境中被广泛地使用。

在 2006 年的一个客户项目中,总部位于纽约的某世界著名的投资银行投入大量的资金和人力来建立一个"全球交易管理系统"(global transaction management system,GTM)。这家投资银行的业务遍布全球。为了描述方便,举例来说,位于纽约、伦敦和东京的交易员既可以在本地的交易所上进行股票和证券交易，也可以在其他两个交易所进行交易[1][2]，如图 3-22 所示。所有本地交易的消息都在本地的集成消息系统范围内，而在其他交易所进行的交易，由于监管的要求，也可能由于需要当地系统的某些协作或其他原因，需要被同时送到另外一个相关的消息系统中。通过对消息映射/搭桥的配置，消息的最终业务处理逻辑部分不需要知道消息传递的具体细节，从而保证了系统和应用总体的稳定性和可支持性。

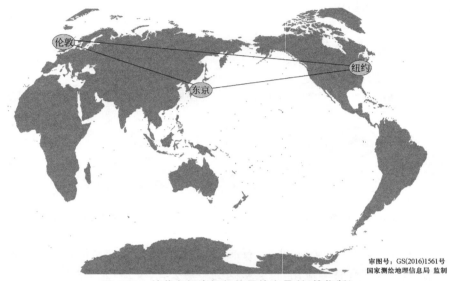

审图号：GS(2016)1561号
国家测绘地理信息局 监制

图 3-22　某著名投资银行使用的交易所(简化版)

3.3.7　消息信封的使用

在 3.1 节中列出的"基于内容的路由器"是有关消息路径的一个集成模式，即通过消息的内容、信头、属性和附件等部分中的内容来决定消息的处理需要经过哪些处理逻辑。

一般来讲，查看消息的信头和属性比查看消息的内容要快得多，而且查看消息内容往往需要对消息内容的负载进行解析。因此，在使用"基于内容的路由器"这个集成模式时，尽量让消息源先将集成处理中消息转运逻辑所需的数据都放在消息信头或消息属性中。这种做法类似于信件投递过程中信封的用途。邮

---

① 　全天 24h，用机器交易，为了多赚钱。

② 　受篇幅所限，很多技术细节和设计无法展开详细说明。

局和邮差仅凭信封上的内容就可以将信交到收信人的手中，他们不需要也不应该拆开信看过内容后才能够完成投递任务。

3.4　总　结

本章首先介绍了系统集成模式的概念。然后对 Gregor Hohpe 和 Bobby Woolf 搜集的几十个集成模式，按照从源系统到目标系统的每一个技术环节将这些模式定位在其中一个技术环节上，以这样的归类标准进行分类，并简单列举了每个集成模式想要解决的问题。随后，对系统集成设计中几个重要的概念进行了详细的阐述。

- 主题（topic）与队列（queue）的概念及根本区别。
- 消息服务器中使用的"储存-转送"（store-and-forward）机理。
- 消息服务器的容错和高可用性的概念。
- 由事件类消息模式引申出来的一个广泛应用的复合架构模式——分级式事件驱动架构。

最后，挑选了 7 个系统集成模式，结合实战案例对本章阐述的系统集成模式的概念和原则进行了详细的论述和分析。

第4章
常见的参与集成的功能系统

在了解了系统集成的基本原则和指导思想及战术层次上的系统集成模式之后，我们把眼光向外扩展，看看通常需要进行集成的系统都有哪些，属于什么类型或功能，以及在与这些功能系统打交道时，一般应该采取什么样的方式和办法。为了和我们正在设计的集成系统区分开来，在本章，我们将这一类系统称为"功能系统"，因为它们都是用来完成某一类特定的业务或者 IT 功能的。

如果对常见的、需要进行集成的功能系统比较熟悉，不仅在系统集成项目的初期就可以针对项目的范围、内容及工作量做出比较准确的估计，帮助项目经理安排具有相关技能的项目团队成员，还可以在架构设计的初期就对项目实施过程中可能遇到的技术难点提早做出应对方案。

为了方便讨论，将图 3-18 再次呈现于此，即图 4-1。图中所有的小方块都代表一个参与系统集成的功能系统。在本章中，首先来看看每一个功能系统是通过怎样的方式连接到集成基础设施（也就是 BUS/HUB）上的，以及在集成架构的设计上就此有什么需要考虑的因素。然后就常见的开源或商业软件的功能系统，从系统集成的角度进行非常粗线条的介绍。

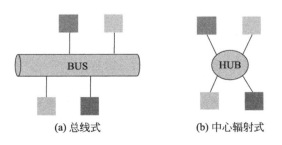

(a) 总线式　　　　　　　(b) 中心辐射式

图 4-1　参与系统集成的应用

4.1　功能系统与集成基础设施的连接

如果站在系统集成的基础设施的角度去看所有的功能系统,一个系统集成架构师可以将功能系统的作用归纳为以下 4 种情形。

- 事件的来源:信息/情况发生变化的源头。而发生的事件可以直接造成以下 3 种发生在其他功能系统中的效果。
- 事件消息的目的地中的信息更新。
- 以上两种情况导致的情况变化可能产生的"连锁效应"。详见 2.2 节。
- 提供部分数据给最终组合后回复给调用的系统或应用。

在这 4 种情形中,只有第 1 种情形是从功能系统到集成基础设施,其余 3 种情形都是从集成基础设施到功能系统。然而,无论是哪一个方向,集成架构师关心的都是如何"进出"这些功能系统。每个功能系统的软件厂商通常都会提供它们公开支持的、标准化的调用机制,比如 SOAP Webservices,REST APIs 等。系统集成架构师需要深入了解这些调用机制的特点和局限性、应用范围、调用背后所实现的功能、安全方面的考虑等技术因素,然后在系统集成逻辑的步骤中恰当的地方对相应的机制进行配置和调用。如果将系统集成处理逻辑想象成一步步需要具体执行的任务,那么每一步的任务都可以是对任何相关功能系统的调用。

功能系统"进出"的具体技术细节通常都是由该功能系统的软件厂商提供的[①]。比如,Oracle 数据库支持 JDBC 调用,Salesforce 的 CRM 客户管理系统支持(实时及批量处理方式的)SOAP 服务及 REST API 调用,SAP 支持 BAPI 同步调用和 IDOC 异步消息传递等。所有这些机制都是由该系统的软件厂商指定的。在项目实施的现实中,常常找不到那么多熟悉这些功能系统的专门技术人员。因此,需要使用某种方法(特别是在功能系统采取非标准的调用方式时),将每个功能系统特有的调用技术细节包封起来,使不熟悉该功能系统的开发人员也能够编写这部分调用程序。这就是连接器(connector)或者称为适配器(adapter)的概念。在本书的概念阐述部分统一用"连接器"一词来指代"连接器"和"适配器"。

———————————
① 少数情况下也由合作的第三方提供的。

开发过程中，在系统集成流程中需要对某个功能系统访问和调用的地方放入针对该功能的系统连接器，并对连接器的参数进行配置。配置这些参数只需要对调用该功能系统的调用机制有概念上的了解，而无须是该功能系统方面的专家。这样的安排在速度和质量上比全部用代码来编写集成程序而不借助任何集成软件工具包的开发方式要好得多。

举例来说，某段集成逻辑需要对数据库中的一个表格进行查询。如果全部使用 Java 代码，需要逐行编写和测试 JDBC 代码，还需要对数据库连接池的管理编写代码。而使用了系统集成的连接器后，只需要在数据库连接器的配置页上输入所有的 JDBC 和数据库连接池的参数即可，而配置页上还有实际测试连接是否成功的按键来检验所输入的参数是否正确。

需要说明的是，连接器与系统集成基础设施连接的另一端采用什么技术是和系统集成基础设施的软件厂商有关的。比如，Oracle，MuleSoft，TIBCO 等软件厂商都有上百个不同的连接器或适配器。换句话说，连接器或适配器的作用是将各式各样的功能系统的调用机制统一到一致的方式上，方便开发工作，但这个一致的方式只是在特定软件厂商自己设定的范围内——一个 Oracle 的适配器是无法放到 MuleSoft 或 TIBCO 的集成应用程序中使用的。

最近 5～10 年出现的软件、系统和云端平台几乎全部都支持标准化方式的访问和调用，比如 SOAP Webservices 和 REST APIs。同时，越来越多老牌的软件商也在它们的产品中加入了对标准化调用方式的支持。如果有这样的调用机制，一定要作为首选，因为其一，大多数开发人员熟悉诸如 SOAP Webservices 和 REST APIs 这样的标准化方式；其二，在遇到问题时可以在厂家和网上的技术社区中得到技术支持。

那么，在设计和实施系统集成项目的过程中，针对其他功能系统的调用，到底应该用连接器还是服务和 API 呢？在此，提出以下几个考虑因素及相应分析，供集成架构师们参考。

- 首先，服务和 API 都是运行时独立的一个部署部件，而连接器是设计和实施时存在于集成过程中的一个技术细节。这个区别对下面描述的多数具体区别有很大的影响。
- 服务和 API 是从标准通用的编程领域连接到功能系统，而连接器是从特定集成软件厂商的编程领域连接到功能系统。
- 隐含着不同的视角、出发点和方法——服务和 API 是从信息资源和服务的消费者的视角看问题，出发点是如何获取资源和服务，而不关心这些资源和服务来源的具体细节;而连接器是从信息资源和服务的提供者的视角看问题,出发点是如何将功能系统中的资源和服务呈现到特定集成软件厂商的编程中。这就是为什么一般在服务和 API 中看到的只是业务信息,而在连接器中还会看到很多功能系统特有的东西。

- 安全考虑:在服务和 API 中采用的安全策略,比如安全令牌的使用等,都是标准的做法。而在使用连接器时,密码的使用有时不可避免,但密码的管理会有一定的难度。

- 成熟度:有些连接器由于有大量的客户使用,十分成熟。比如,各个集成软件厂商的数据库连接器、SAP 连接器、Salesforce 连接器等,在实际中存在着成千上万个运行中的应用;而且在连接池管理、安全通信通道(TLS)、错误处理方面都有额外的连接器特性可供选择和配置。这些可能是倾向于使用连接器的因素。

- 最近,越来越多的功能系统是在云端部署的,而用户的软件许可也是按照订阅模式而非传统的拥有模式,有的甚至是按照调用的次数和频率来付费的,因此,可能需要对功能系统调用情况进行分析和优化。这些则是服务和 API 之所长,并可能是倾向于使用服务和 API 的因素。

- 最重要的是,项目中是谁在使用这一部分?是业务用户、业务部门的开发人员还是 IT 中心部门的开发人员?他们最关心的是什么?目标明确了,选择往往就会自然而然地做出了。

无论采取哪种功能系统的调用方式,千万不要绕过功能系统厂商所提供的机制,使用未被公开、没有文档的方式直接进入后台来对功能系统进行调用。这种做法不仅得不到厂家的技术支持,还很有可能在功能系统的软件升级后看到这样的调用完全失效的情况,因为任何软件厂家从来都没有义务保证这样"走后门"方式的调用会在软件升级后"向下兼容"。

另外,所有的连接器软件厂商都会提供开发工具包,让系统集成的实施者可以自己开发针对特殊系统的自定义连接器。

4.2 常见功能系统的功能和类型

尽管一个系统集成架构师可以将所涉及的功能系统在架构上通通看成只是某种调用机制,但是如果对功能系统及其调用机制有较深入的了解,肯定会对架构师做出高质量的设计大有帮助。出于这一想法，在附录 B 中将实际工作中常常遇到的一些需要进行集成的功能系统罗列出来，并对每一个系统的主要功能、调用机制、文档地址等进行简单的说明。目的是为了使读者在集成项目开发过程中遇到这些系统时能够尽快上手，少走弯路。

4.3 总结

本章首先对集成系统与功能系统之间连接方式的选择进行了阐述和对比，同时引入了连接器和适配器的概念，并就连接器与标准的服务和 API 在集成系统与功能系统之间连接上的选择进行了对比。

附录 B 中列举了实际工作中经常遇到的功能系统的基本信息，供读者参考。

至此，已经介绍了围绕系统集成的几乎所有的设计和实施上的基本技术概念。尽管还有许多系统集成设计中的原则和最佳实践的总结还没有来得及介绍，但我们已经可以在第 5 章中开始介绍"服务"的概念了。在我们一起通往架构师的旅程中，这里是第一个"里程碑"。

第 **5** 章
究竟什么是服务

　　在第 2 章～第 4 章，对系统集成需求的来源、实质、指导思想和实施原则进行了深入的探讨。在进一步的思考之后，我们发现，系统集成的真正需求并不是来自 IT，而是来自企业的业务要求：随着企业的业务流程越来越复杂，不同业务流程之间相互依赖的程度越来越高，很难在不需要其他系统的协助也不影响其他系统的状态的情况下，由单独的一个应用或者系统来完成一个完整的业务流程。在这种情形下，每个系统在完成各自设计功能的同时，还要将自己的某些特定的功能呈现给系统集成的协同逻辑，从而参与系统集成逻辑的执行。每一次稍微复杂些的业务流程的执行都是这样完成的。

　　架构设计和程序编写中一个永恒的主题就是可重复使用性（简称重用性）。在实施了一个个业务流程后，我们也毫无例外地希望在设计和实施新的项目时，能够重复利用这些（现有的、运行良好的）业务流程。在本章中，我们将首先深入介绍作为业务流程重用机制的"服务"的概念，然后引入著名的面向服务架构（service-oriented archiecture，SOA）的方法，即通过对服务进行组合产生新的服务，完成新的业务流程的实施。

　　尽管服务和面向服务架构似乎已经是尽人皆知的名词了，但我们仍然希望通过本章的详细论述，读者可以对这两个概念获得全新的认识。

5.1　什么是服务

　　服务作为一个经济学概念存在已久。维基百科对于经济学中的服务概念是这样定义的：

　　在经济学中，服务是一种没有实物从卖方转移给买方的交易。这种服务的好处被买方的交换意愿所证明。公共服务是社会（民族、国家、财政联盟、地区等）作为一个整体而付出的代价。使用资源、技能、聪明才智和经验，服务提供商将有益于服务消费者[①]。

商业服务是经济服务的一个可识别的子集，并分享其特点。商业服务与通用服务概念的基本区别在于企业关心的是建立服务体系，以便向客户提供价值，并以服务提供商和服务消费者的角色采取相应的行动[②]。

从上面的定义可以总结出，服务概念的重点是：

- 服务的提供方通过服务来执行其业务流程。
- 服务给服务的消费者带来价值。
- 服务的提供方可以将服务提供给不同的消费者。这是服务重用性的基础。
- 服务的消费者（很有可能）可以从不同的服务提供方得到同类的服务。
- 各种不同的服务可以按照特定的时间顺序和方式组合在一起，产生新的服务。这是服务重用性的另一个基础。

举个例子，你休假一天，决定放松享受一下，先去理个发，然后做一个足疗，最后去餐馆吃个晚饭。如果用业务流程和服务的眼光来看这一天，对照上面服务概念的重点，我们可以说：

- 发廊、足疗店和餐馆各自通过执行自己的业务流程来为你提供服务。
- 3 种服务分别给消费者带来不同的享受，即实现了价值。
- 发廊、足疗店和餐馆各自都还有众多其他的客人。
- 消费者可以选择不同的发廊、足疗店和餐馆来享受每一种服务。
- 我们将剪发、足疗和餐饮这 3 个独立的服务组合起来，满足了美好一天的享受。

经济学和商业服务中服务概念的这些特点可以帮助我们深入理解作为业务流程重用机制的服务的概念。尽管服务这个概念在 IT 圈子里尽人皆知，然而真正搞清楚同时说明白这个概念，并在系统集成和面向服务架构的项目中真正落实服务的概念及其设计原则，其实是一件非常困难的事。这就是为什么作者要重新论述这个老话题的缘由。

在面向服务的架构中，服务的目的是将业务流程的执行过程进行标准化并加以呈现，以达到重复利用的目的。如图 5-1 所示，图中左侧所示企业内部的业

---

①   https://en.wikipedia.org/wiki/Service_(economics)。

②   https://en.wikipedia.org/wiki/Service_(business)。

务流程经过标准化以后,右侧所示通过服务的方式呈现给企业外部的服务消费者。在这个标准化的过程中,所有与消费服务无关的业务流程的细节都将被掩盖起来。比如你来理发,根本就不需要知道也不必关心理发师使用的是什么理发工具、洗头时的水温多少等。这样做的好处有 3 点:其一,服务的消费者不需要变成服务业务流程的专家就能够享受服务;其二,服务的提供者可以不断地对业务流程进行优化、提高服务质量,以不断改善服务消费者的体验和获得的价值,而无须改变服务消费的方式;其三,标准化的过程促进了行业标准的产生,从而对服务进行规范化,通过竞争来降低服务的成本和价格。

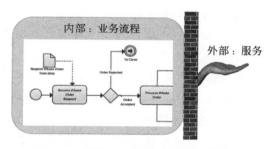

图 5-1 服务是业务流程的标准化及呈现

有的读者可能很快就从图 5-1 联想到面向对象编程和设计的界面(interface)和类(class)。的确,从对外和对内的作用来讲,两者确实十分相似:界面和服务定义是调用的合约,类和业务流程则实现服务的具体实施。因此,很多面向对象设计的原则、模式(patterns)和思想都可以应用到服务的设计和实施中。其中,最重要的一个原则就是将服务的定义/合约与服务的具体实施分离开来,使它们能够各自独立地进行演变,具有自己独立的生命周期。与面向对象设计的情形一样,只要服务的定义/合约没有变化,这样的分离可以使通过调用现有服务来进行实施的新的业务流程完全不受现有服务的业务流程变化的影响。

5.2 是谁在推动服务的重复使用

每一个服务都带有提供者和消费者两端。在 5.1 节中提到,服务是业务流程的标准化和重复使用的机制。不过服务是被谁重复使用的呢[1]? 似乎并不是

---

[1] 这个问题在第 11 章对 API 和微服务进行对比时会被再次提出。

被服务的消费者：消费者关心的只是服务的合约（包括价格、如何消费等）；如果服务可以替换，消费者甚至不关心是哪一个服务提供者来提供这个服务。然而，重用性在服务的提供者这一端却十分重要：新的业务流程的具体实施可以对已经定义的服务直接进行调用，而无须从头开始重新实施服务背后的业务流程，从而提高了新服务的实施速度和可靠性；另一方面，由于服务的界面和服务的具体实施相分离，而前者的稳定性远远高于后者，服务的具体实施部分可以相对独立地进行演变并不断完善，但却完全不影响服务的界面，因而不影响服务的消费者。因此通过对现有服务的调用来实施新服务，可以保证现有服务在新服务眼里的稳定性，从而保证整个面向服务架构的稳定性。

当然，服务的界面相对稳定这一假设是基于在服务界面设计的过程中进行了全面、充分的思考。由于面对服务界面的是服务的消费者，而服务消费者所关心的服务界面中的具体内容应该只和业务逻辑有关，而与决定业务流程具体实施的系统和应用的技术方面的内容无关。记住了这一点，在设计服务界面时就应该多向业务人员了解，明确服务界面设计的最终目的是要满足业务功能方面的要求。只有企业的业务模型相对稳定时，设计出来的服务界面才会相对稳定。要知道，当业务流程和服务的具体实施发生变化时，服务的界面不一定也要发生改变；而反过来，服务的界面发生变化时，业务流程和服务的具体实施必然需要发生相应的变化。因此，在服务设计的初期阶段多花一些时间和精力是非常值得的，可以避免在项目后期的实施过程中遇到需要反复修改服务界面的情形。

5.3　服务的操作

一个服务的完成需要执行的一系列任务被称为这个服务的操作。一个服务通常是由多个在业务功能上紧密相关的服务操作组成的。例如，如果将银行的自动提款机（ATM）视为一个服务，则这个服务可以包括几个紧密相关的操作，如图 5-2 所示。

- 使用密码登录；
- 查看账户余额；
- 存款；
- 提取现金。

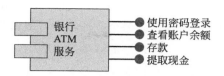

图 5-2　银行 ATM 的服务操作

仔细观察之后会发现，一个服务的操作其实和一个面向对象中的对象的方法或者一个数学函数的调用没有任何区别，都是将零到多个参数作为输入，通过操作或者调用完成需要执行的任务和步骤，并可能产生一个输出。如果非要说这两者之间有什么区别的话，后者是任何简单或复杂操作的具体逻辑，而前者常常包含复杂的业务逻辑执行，而且常常需要其他系统的介入来完成其中的某些逻辑步骤。所以大多数情形下，服务的操作并没有直接执行业务逻辑所要求的所有任务，而是将其中的一部分或者全部任务的执行转交给其他相关系统来完成。服务的操作因此对某些任务的具体细节并不了解，在整个服务操作的执行过程中也会有相当一部分时间花在系统之间的通信和协调上。这一部分时间在总的服务操作的执行时间中所占的比例应该控制在一个较低的水平，否则就应该在系统性能的调试阶段进行有针对性的性能优化。

除了少数不需要任何外界其他系统介入的服务，比如纯粹的数据格式转换、数据值的单位转换，以及业务和技术规则的验证之外，服务操作的执行往往需要利用其他系统来完成业务逻辑中的一些任务。即便是数据格式转换和规则验证，也常常需要参考数据、查找和数据内容的替换，以及不同系统中同一个业务概念对象的标识符的转换所需的参考对应表等。其结果是服务的操作往往带有指向其他对象的引用参考。然而，由于这些对象存在于其他系统中，其生命周期大多不受服务操作的控制，为了避免因某个系统的状态变化而可能造成的在不同时间对同一服务进行调用却得到不同结果的情形，提供的服务最好是不保留状态的(stateless)，即每一次对一个服务操作的调用本身就是一次完整的服务，而不是保持状态的(stateful)，即服务端在多个对其调用之间保留调用的结果，供后面调用的处理逻辑使用。

举个例子，订单服务中的 changeOrder 操作可能会在 SAP 里改变所涉及订单中的货运地址，而客户信息服务中的 updateAddress 操作会在 Salesforce 里改变所涉及的客户的地址信息。于是问题来了：客户信息服务中的 updateAddress 操作是否应该同时修改 SAP 里所涉及的订单中的货运地址？要回答这个问题，设计相关服务的集成架构师需要考虑以下几个方面的因素。

- 从业务客户的角度来看，updateAddress 和 updateShippingAddress 应该是两个不同的服务操作。一个业务客户可能具备多个地址，对工作地址的修改会对送货到工作地址的订单产生影响，而不会对使用家庭地址为货运地址的订单产生任何影响。因此，对 updateAddress 服务操作的调用并不意味着该业务客户有意改变其订单的货运地址。换句话说，该业务客户必须针对希望改变货运地址的订单明确无误地对 updateShippingAddress 服务操作进行调用。

- 如果业务逻辑要求 SAP 里涉及的订单中的货运地址必须是 Salesforce 里该订单的客户所具备的地址之一[①]，那么，Salesforce 里该客户的地址就变成了一项参考数据，必须在 SAP 里涉及的订单中选用其中之一作为货运地址。仔细研究一下这一条业务验证逻辑，我们会发现，客户信息服务拥有 Address 数据，而订单服务引用这个 Address 数据。一旦前者发生变化，那么就需要存在某种机制使后者产生同步的更新。

- 如上所述，我们无法在每次 Salesforce 里的客户地址被修改时都自动地对 SAP 里相应订单的货运地址进行修改，SAP 里存储的订单的货运地址此时实际上就是 Salesforce 里客户 Address 数据的一个快照（snapshot）。如何在 Address 数据被修改后对快照进行相应的更新，这就成为一个系统集成的问题。而这个系统集成问题同样也是服务操作的一部分，不会影响服务界面，因此不会影响服务的稳定性。

- 读者可能会想到，只在 SAP 里的货运地址中存储 Address 的标识（ID）而不存储整个 Address 数据，就与在规范化（normalized）的数据库中设计 Address 和 Order 两个表并以外键约束相互联系的情形类似。然而，这样的做法至少存在两个潜在的问题。其一，订单服务的 getOrder 操作每一次都需要调用客户信息服务来提取货运地址的具体内容，才能显示给订单服务的消费者，这不仅有可能影响订单服务的响应速度，还有可能对客户信息服务造成访问量过载。其二，如果一个业务客户选择注销自己的账户，由于订单服务在货运地址这个数据上对客户信息服务中客户地址数据的引用，我们将无法在客户信息服务中删除这个业务客户。

---

① 这可能是一个糟糕的例子——客户应该可以指定任何地址和人作为订单的货运地址，比如订购的东西可以作为礼物直接送货到收礼人。

上面这一类服务操作的实质是在所涉及的不同系统中产生相应的变化,是业务逻辑的执行,通常用动词来描述。还有一类服务是用来管理服务本身和其他系统所拥有的业务对象的,具体来说,就是对这些业务对象的数据进行建立、查询组合、更新和删除(create、read、update 和 delete,CRUD),而没有更多其他逻辑操作。例如,上面订单服务中的 getOrder 操作的具体执行逻辑可以是对 SAP,Salesforce 及其他任何系统中相应的业务对象数据进行查询,并对查询的结果进行适当的组合;而订单服务中的 submitOrder 操作不仅要在 SAP 系统中插入一个新的订单记录,如果下单人是一个新的客户,还需要在 Salesforce 系统中插入一条新的客户信息。这一类服务的操作往往可以用 createXXX,getXXX,updateXXX,deleteXXX 等来命名,而这里的 XXX 部分都是名词,实际上代表的是业务对象/数据的状态。在第 10 章介绍 API 的概念之后,我们会发现这一类服务其实与 API 做的是同样的事情。

需要澄清的是,上面的阐述初步涉及了一些服务的设计原则,但更重要的意图是提醒设计服务的架构师,需要深入研究服务操作所涉及的业务对象数据的结构和拥有的所属关系,才能够清晰地界定每个服务的范围。而在这个过程中,服务架构师对每一个服务的概念和理解会持续地发生演变。这里,前期的思考和设计工作的质量会在很大程度上影响服务实施阶段工作能否顺利进行。

5.4　服务的界面

从图 5-1 中的后台走到前台,我们再来看看服务的界面。与面向对象编程的界面(interface)概念一样,除了消费者调用服务必不可少的数据之外,其他所有的信息在这里都不需要。换句话说,服务的界面是服务业务流程的抽象。在服务界面中,所有底层的实施细节都被掩盖起来了。这一点是服务稳定性的直接来源。

服务的稳定性还来源于服务可以被广泛采用。用越多的服务消费应用来调用一个服务,这个服务才会不断完善,得到更多的技术支持,进入良性循环的生命周期。要做到吸引更多的服务消费应用,该服务必须能够让消费者从不同的地点、不同的操作系统和平台进行调用;而服务本身也应该能在尽量广泛的操作系统和平台上运行。因此,服务的实施技术,包括数据格式和通信方式的选择非常重要。二者都必须是众所周知、标准化的方式。用一个通俗的说法，"服务不能说方言"。

在通信方式上，如果一个服务只能运行在 Windows 操作系统上，并且只能用 FTP 文件传递的方式来调用，那么这样的服务就不会有太多的人使用，最后连服务本身的生存都成问题，就像一家餐馆，没有顾客迟早是要关门的。要吸引消费者来使用，服务就必须存在于消费者能够很容易到达的地方。HTTP(s) 协议在互联网通信中被广泛地理解和使用，往往是服务所采用的通信方式的首选。

决定或影响服务是否容易使用的还有其他方面的因素。举个例子，如果你在北京开一家餐馆，但却只提供希腊语的菜单，只有说希腊语的侍者，那么即使你把餐馆开在王府井步行街上，生意也不会好。在 IT 服务里，这方面体现在通信的数据形式上。比如，XML 和 JSON 是目前使用最为普遍的数据形式，几乎每一种语言和相关的软件工具都支持 XML 和 JSON 的解析和组装。然而，在对服务进行调用时仅仅使用 XML 或 JSON 本身，并不能完全保证该服务就一定能够做到容易被使用，就像使用中文来制作上面例子中的餐馆的菜单并不一定能够保证方便顾客点餐一样；菜单的格式和内容也一定要精心制作，并且直观、易懂。同理，对服务进行调用时的输入数据一定要简单明了，没有不必要的业务数据和技术特征，完全是消费者享受该服务所必须提供的最基本的指令信息。而服务调用的回复也必须是关于服务调用结果的最基本但却完整的信息：如果调用成功，明确指示成功地调用；如果调用失败，将原始的出错信息转换成最基本但完整的服务消费者可以理解的错误信息，并尽量提供给服务消费者关于下一步行动的指导。

在 2.3 节中介绍了 CDM 在系统集成设计中的应用。这里，服务调用请求和回复的具体数据格式的设计也可以采用 CDM 的指导思想和设计方式。如果服务的消费者和提供者都是同一行业里的工业用户，那么就应该考虑使用相关的行业标准，尤其是所涉及的服务是"涉外服务"，即专门为合作伙伴和客户所设计的情形时，服务的双方更容易在行业标准中找到"共同语言"。

尽量不要使用二进制形式的数据信息作为服务的输入和输出，因为在输入和输出数据的传送过程中没有办法对二进制数据进行通用化的验证和处理；而且任何信息中一位二进制码的损坏都可能造成整个输入或输出数据无法处理。在使用文字的输入输出数据时，尽量使用 Unicode 的文字符编码，使输入输出的文字信息可以在大多数系统中被正确地处理。近年来出现的"多用途互联网邮件扩展"(multipurpose internet mail extensions,MIME)可以将多种不同的字符集和非字符集组合在一起,而 XML 和 JSON 的模式(schema)也可以赋予一些数据规则的要求。然而,无论采用哪种格式来设计服务的输入输出,都应尽量将所有有关数据的规则全部与数据本身放在一起,而不是通过服务调用以外的其他途径在服务和服务消费者之间分享数据规则。举个例子,如果图 5-2 所示的银行 ATM 服务中的查看账户余额操作 getAccountBalance 采用如下 XML 服务操作调用请求[1][2]:

```
<get-balance-request>
        <account-number>123456789</account-number>
</get-balance-request>
```

及如下 XML 服务操作调用回复:

```
<get-balance-response>                    <! -- 正常情况下的回复 -->
        <status>success</status>
        <body>
                <account-number>123456789</account-number>
                <balance>123456.78</balance>
                <currency>CNY</currency>
        </body>
        <error />
</get-balance-response>
<get-balance-response>                    <! -- 出错情况下的回复 -->
        <status>failure</status>
        <body>
                <account-number>987654321</account-number>
                <balance />
                <currency />
        </body>
        <error>
                <code>BUS-1007</code>
                <message>Invalid account number</message>
        </error>
</get-balance-response>
```

---

[1]　作为讨论,这里忽略了安全信息和 XML 信头等技术细节。
[2]　为了直观起见,这里使用了服务请求和回复的 XML 例子,而不是各自的 XML schema。

有些架构师为了使服务调用的请求（还包括回复）通用化，不需要修改，同时还可以包容以后出现新服务的情况，则将服务的调用请求设计成如下形式：

```
<request>
    <xml-body>
        <! -- 这里可以容纳任何形式的服务调用请求？-->
    </xml-body>
    <error/>
</request>
```

这样的设计存在几个严重的问题。

- 这位架构师错把"让代码通用化"这个手段当成了目的，在思考方式上出现了根本性的问题，并且在错误的地方使用了这个手段。

- 服务的请求和回复是服务协议中重要的一部分。正常情况下，如果一方对服务的请求进行修改，该修改是否违反服务协议，在业务流程启动之前就可以在服务中进行断定。如果采用上面这样所谓的"通用的"服务请求和回复，关于如何解析服务调用的请求和回复内容的知识在请求和回复本身完全看不出来，在服务中对服务协议是否被遵守的认定这一部分就被完全短路了。换句话说，服务和调用两方面在互动的过程中不再理会服务协议。这会给服务的执行带来诸多问题，使相应的业务流程执行过程中出现错误的可能性大为增加。另外，由于服务协议根本形同虚设，允许任何形式的服务调用请求，服务的提供方也就根本无法在如何对错误情形进行处理，比如哪一方应该做什么等方面，提供任何指导和帮助。

- 服务消费者完全无法在服务调用请求的 XML Schema 和 XML 例子中看出如何组织对服务进行调用所需的数据。这位架构师可能会说，"可以看文档啊！"然而，服务是为了给消费者带来价值，且容易调用本身也是该价值的一部分。即使可以阅读文档，文档与代码的一致性、文档是否容易调阅，甚至服务调用者是否会去看文档，都不在这位架构师的控制范围之内。结果将是不会有人使用你的服务来构建自己的应用。

在服务的设计中，尽量不要采用过多种类的数据形式，否则会给服务和消费者之间的信息交换和解析带来麻烦。另外，服务设计中一项很重要的工作就是对服务界面中涉及的所有数据信息进行必要的标准化。XML 和 JSON 格式已经成为大多数系统和应用中默认的标准数据格式，也完全可以胜任在大多数服务的界面中作为标准的数据格式来使用。然而,在某些特殊情形下,例如,通信带宽有限而 XML 和 JSON 格式中大量的元数据(XML 和 JSON 的标签)在总的服务请求或回复的数据量中占据了过高比例时,可以考虑使用以下方法来减少数据量。

- 压缩:由于 XML 和 JSON 格式的数据一般压缩比都很高,压缩后可以大大降低数据的总体大小。
- 采用固定数据格式的 CSV 文件格式:这样做的话,服务请求或回复的数据中将不再含有元数据(XML 和 JSON 的标签)。当然,如何解析请求或回复数据的逻辑也无法再放在一个 schema 中作为服务协议的一部分,而是需要服务的双方根据存在于代码之外的文档逻辑各自遵守。

无论采用哪种方式,所涉及的额外处理逻辑均会造成额外的服务响应时间。需要将其与减少数据大小所带来的服务响应时间的减少进行比较,来决定是否采取非标准化的数据格式。

需要强调的是,尽管标准化是一个重要的话题,但千万不要企图将数据格式的标准化工作扩大化。例如,如果现有的两个系统之间存在一个专用的、特殊的二进制格式数据交换通道,那么,将这个数据格式进行标准化就没有任何意义。另外,目前讨论的是服务的数据格式,还有大量与业务流程有关的数据没有体现在服务的数据中,不要企图对企业的系统数据进行所谓的标准化。切记:是服务对业务流程和业务数据进行抽象和呈现,而不是本末倒置地反过来用服务来限制业务流程。

总之,服务的请求和回复都必须使用服务消费者所能理解的业务上的语言,并以最核心、最简洁、标准的数据形式进行呈现。只有这样,才能保证服务能够被正确地、广泛地使用,真正为服务的消费者带来价值。

5.5　服务操作的粒度

服务操作的粒度指的是一个服务所涉及的业务范围的大小。尽管目前还没有一个客观的、定量化的量度,在银行服务的例子中,账户余额查询显然比转账操作更具体,粒度更小一些,因为前者涉及的是一个账户,而后者不仅涉及两个账户和更多的具体操作步骤,还牵扯到更多的可能出错的情形及每个错误情形处理逻辑的复杂性。而贷款申请与转账操作相比,不仅具体操作步骤和可能出错情形的数目更多，每个错误情形的处理逻辑更加复杂化，还另外包括了审批流程的手工操作步骤。因此，贷款申请服务操作的粒度比转账操作还要粗些。

一般而言，细粒度业务操作变化的可能性更低一些①，因为操作步骤很具体，通常涉及的范围也较小。与此相反，粗粒度业务操作的变化一般会更频繁些。如果将变化频率各不相同的不同的业务操作捆绑在一个服务包中一起进行部署，那么细粒度业务操作的运行常常会受到不必要的部署工作的影响。为了减少不必要的部署工作及其对服务可靠性带来的影响，架构师们常常将粒度相似的服务操作捆绑在一个部署单元里。这样一来，由于一个服务包②中所有的服务操作的粒度全都相似，人们也经常将"服务操作的粒度"称作"服务的粒度"。

区分服务的粒度有什么实际意义呢？除了指导服务包和部署单元的设计之外，了解和区分服务的粒度还具有以下现实意义。

- 服务的粒度在很大程度上内在地决定了服务被重复使用的可能性。粒度越细，由于作用单一，会有更多的机会被重复使用。
- 粗粒度服务的业务流程的实施可以利用已有的细粒度的服务。利用现有的服务进行组合来实现新的服务，这实际上就是面向服务架构的基本思想。如图 5-3 所示，粗粒度的服务可以通过调用其他细粒度的服务来实现。在 5.7 节中会给出一个实战的例子来有重点地介绍服务架构的基本概念和原则。

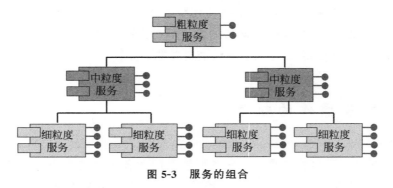

图 5-3　服务的组合

---

① 虽然服务与服务下面的业务流程相比更稳定，但这一段关心的是业务操作，而不是服务。

② 部署单元往往与架构中服务包的设计相对应，但又不一定完全相同。

- 粒度相似的服务,其业务流程的变化频率也相似。不同变化频率的服务如果捆绑在一起进行部署,低变化频率服务的在线运行常常会由于其他高变化频率服务的重新部署而受到影响。因此在服务运行时,这样粒度相似的服务常常捆绑在一起进行部署。

5.6　服务的组合——SOA

关于 SOA 已经有太多的专著进行了论述,在此不再赘述。初步接触面向服务架构概念的读者可以参考有关的书籍和网上的文献。简单来说,在面向服务的架构中,服务可以被重复使用,不依赖上下文的语境,不保留状态,并且可以在企业或者合作伙伴的系统中(包括云端)被动态地发现。这些特性使服务具备松散的耦合性,因而可以根据面向服务架构的原则来设计新的服务和应用程序。

服务可以从现有的 IT 资源中衍生出来,也可以通过编写新的代码完全从头开始实施。在前一种方法中,业务逻辑、数据和传统系统中的信息资源被转换为服务,然后再被其他服务调用,以创建组合出新的服务和应用程序。在理想情况下,首先要利用现有信息资源来创建新的服务。但在特定情况下有时也需要完全从头开始实施。

业务服务是完成企业特定业务功能的服务,也称为应用程序服务。这一类服务可以通过组合用于开发业务的组合服务和应用程序。如果再进一步来分,有的业务服务负责公开存储在后端数据库或其他系统中的业务信息;而有的业务服务使用执行业务逻辑的组件来实现业务能力,提供通用的业务功能。在此基础上,流程服务通过服务协同将业务信息服务和业务功能服务耦合到一起,以创建组合业务服务。

还有一类服务即基础设施服务,是实现管理功能的基础架构组件,提供了在面向服务架构中实施业务流程所需的技术功能,例如,SaaS 集成服务、身份验证服务、事件日志记录服务和错误处理服务等。基础设施服务可以进一步分为通信服务和公用服务。通信服务主要关心的是在企业内外的消息传送,公用服务则提供与消息传输无关的其他技术功能。

从重用性的角度来讲,基础设施服务一般会具有更多重用的可能性。而业务服务直接转化为业务流程,其重用的可能性一般根据设计方式的不同而有所不同。

为了更好地了解服务在面向服务架构中所起的作用，可以从不同的抽象层次上进行考虑，如图 5-4 所示。

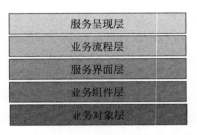

图 5-4   面向服务架构中服务的层次

最底层是业务对象层，由现有系统及其包含的信息资源组成，这其中包括二次开发的应用程序和包含业务资源的数据库。这些传统的业务对象可以被用来进行组合，以构建组合式的服务，而不是一切推倒重来。在业务对象层之上就是由业务对象组件组合而成的业务组件层，负责实现业务服务的功能。

中间一层是服务界面层，这里是呈现服务（包括业务服务、技术服务和组合式服务）业务功能的地方。服务界面层是下面两层（业务对象层和业务组件层）和上面两层（业务流程层和服务呈现层）之间的桥梁。业务组件可以在这个层面上作为服务被公开呈现，真正使服务的重用性成为现实。

接下来是业务流程层。在这里，服务界面层中对外公开的服务通过协同逻辑进行组合，以创建每一个实现业务流程自动化的应用程序。最上面一层是服务呈现层，这里是最终用户访问组合式企业架构的入口。

需要说明的是，尽管在服务项目的实施过程中希望对服务的数目进行量化，以便对开发工作的工作量有一个估计，然而，由于服务往往是由其他服务组合而成，因此很难在服务数目的认定上达成共识。

总体上来说，面向服务的架构是从技术人员的视角进行服务设计的一种方法，在不同的层次（或者是粒度）上将或粗或细的业务资源的行为对外呈现出来。这一点与面向对象架构中利用界面（interface）来将业务对象（object）的行为呈现出来是一样的。二者在行为呈现的同时都通过进行抽象来掩盖业务资源和业务对象的其他细节，而共同的目标是对业务资源的重复利用。在第 9 章中引进 API 的概念时，会将 API 方法论的视角和信息资源的呈现与此进行对比。

5.7　实战：数据

5.7.1　项目背景

2015 年,美国很有名的一个全国性的行业工会需要对它的会员信息管理系统进行更新。当时,该工会有近三百万名会员,已经有在各个时期、使用不同技术进行实施的各种系统,如 PeopleSoft,WebLogic 和 .NET 的二次开发系统等,以此实现围绕会员信息管理的功能。为了加强会员信息管理,增进会员之间的互动,新的项目实施架构中 Salesforce(见附件 B.4.1)具有核心功能,提供所有会员和潜在会员的个人信息。然而,会费计算和收缴、投票历史和政治倾向、会员的社交网络和活动、基层(州、县及单位一级)工会组织与总工会的信息互通等其他包罗万象的信息和功能都必须在 Salesforce 之外、新的会员信息管理系统中,或者其他现有的二次开发系统中实现。

5.7.2　业务痛点

在本项目实施以前,每一个二次开发的现有系统都是各自为政,完成一小部分特定的功能。所谓的系统集成大多是每个系统从所需数据的"源头系统",即唯一的、最原始的、拥有该业务对象属性的系统中,定期地进行数据复制。在第 2 章中详细阐述了使用数据复制方法进行系统集成的严重问题。这些问题在原有的会员信息管理系统中也同样普遍存在。

5.7.3　技术难点

由于 Salesforce 在新的系统架构中起着举足轻重的作用,Salesforce 的解决方案架构师与系统集成和服务的解决方案架构师之间常常有着对立的不同视角。尤其是 Salesforce 的 SalesforceConnect[①] 可以将存在于其他系统中的数据在视觉上累加到 Salesforce 中对应的 sObject 上,而无须将数据的实体复制到

---

① 　https://developer.salesforce.com/docs/atlas.en-us.apexcode.meta/apexcode/apex_connector_top.htm。

Salesforce 中，于是 Salesforce 的架构师认为他们才是整个解决方案架构的中心，根本无须采用任何 ESB 或者任何面向服务架构的设计。

与此相反，系统集成和服务的架构师认为，正如第 4 章中所指出的，Salesforce 只是参与系统集成和服务实现的众多功能系统之一，必须要有系统集成和服务这一层来对其进行协同和管理。只有这样，为重用而设计的服务才能广泛地被更多的系统和应用所利用，真正实现服务重用的所有好处，而不仅仅限于只在 Salesforce 系统的用户群中共享。另外，如果有一天 Salesforce 被新版本甚至其他 CRM 系统所代替，参与集成与服务架构的其他系统应该不受影响。

这个难点既是技术难点，也是项目技术成员之间相互协作和组织协调的难点。

5.7.4 解决方案及经验教训

如图 5-5 所示，作为集成和服务解决方案架构师，我们提出的总体架构和指导原则如下。

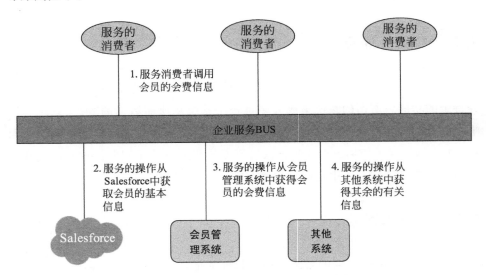

图 5-5 行业工会会员信息管理系统中服务的设计和使用

- 采用 ESB，使每一个系统都能在保证其设计功能的同时各自独立地进行演变，并在协同逻辑中被适当地调用，以便对系统集成及服务的具体实施进行业务逻辑上的协同，以避免重蹈点对点集成错误的覆辙。

- 每一项业务数据只应该有唯一一个作为系统记录的最初源系统。这个系统对该数据的正确性和即时性负责；任何其他系统中的同一项数据都是最初源系统中该数据的复制品；而最初源系统中的数据不应该为任何该数据的复制品所覆盖。
- 在新项目的初期，曾使用了点对点的数据复制方法。这样的做法实际上将每个系统保持在一个孤岛状态上，并尝试制作任何所缺数据的复制品。所以，数据复制从根本上是违反 SOA 原则的。
- 系统之间同一业务对象的不同标识之间的相互参考和对照不应该由每个系统来各自保存。这样的做法在数据的层次上又进一步将各个系统以点对点的方式更紧密地捆绑在一起，使整个解决方案架构失去了灵活性。
- 系统集成整体解决方案架构的设计应该从业务服务出发，而不是成为系统 IT 方面的"补丁"。每一个系统在提供各自设计功能的同时还应该作为总体架构中的一员，为企业服务的实现做出贡献。这些系统是手段，而不是目的。

建立了以上这些架构指导思想和原则之后，系统集成和服务实施工作的重点从对每一个系统进行修改以便提供和接受点对点的数据更新，转变到了实施相应的协同过程和服务操作，并对所涉及的系统进行适当的调用。也就是说，从让每个系统进行转变来适应集成和服务需要的陈旧思维方式，转变为通过协同让集成和服务去调整和适应每个现有系统的新思维方式，从而解除因点对点而造成的系统之间不必要的强耦合关系。

5.8　总结

在本章中首先通过生活中熟知的例子介绍了服务的概念，并对服务界面和服务操作的具体内容进行了阐述。服务的界面是服务的提供者和消费者之间的协议和合同，其定义应该仅仅包括消费一个服务所需的最少量的输入信息；而服务的操作是实现服务调用的具体实施，所采用的通信方式和数据格式都对服务的广泛采纳有着重大的影响——服务一定要好用！在面向服务的架构中，好用的服务都具备以下几个特点：

- 服务的合约定义完整。

- 服务的结果是一系列工作的完成。
- 服务的呈现采用标准化的通信方式和数据格式。
- 服务无处不在。
- 服务的调用简单易行。

服务重用的一个最主要的方式就是利用对其他（细粒度）服务进行组合来完成新的服务实施。面向服务架构研究的对象就是服务组合的过程中涉及的基本原则和指导思想。

SOA 中的服务大致可以分为业务服务和基础架构服务两类。将服务放在业务对象、业务组件、服务界面、业务流程和服务呈现这 5 个抽象层次的架构中，有利于对服务在面向服务架构中所起的作用进行理解。

第 6 章
系统集成项目的实施步骤

在前 5 章中,就系统集成、服务和面向服务架构中最核心的基本概念进行了深入而详细的阐述。对这一部分内容及相关的参考资料进行学习并结合实践不断深入地思考,是一个解决方案架构师有效提高自己水平的唯一途径。绝大多数关于软件的架构设计思想和开发理论在系统集成和服务的项目实施中都依然适用。然而,由于这类项目一般牵涉的系统数目、技术种类和人员比较多,因而通常在技术和非技术方面都比较复杂。而且由于往往牵扯到整个企业在 IT 技术战略方面的重大决策和指导方针,项目无论成败都会十分引人注目。因此,主持这一类项目的解决方案架构师常常会面临非常大的压力,需要考虑很多的技术和非技术因素,也需要参与协调多方面人员和资源的工作。

我们知道,即使是完善的、系统化的理论体系,在实践的过程中也可能由于受到多种因素的影响,而无法达到期望的效果。打个比方,我们在前几章中介绍的就是中医里的"方"。有了正确的药方并不一定能药到病除。这后半段的故事就是"法",即按药方炮制药物的具体步骤。烹饪中的"菜谱"一般都会给出烹制一种菜肴的配料和具体步骤。然而中餐的菜谱由于对烹饪的温度、时间及配料分量的量化描述不够精确,制作结果很难保证高度一致。从这两个例子中我们都看到了具体执行中的方法和细节可能与指导思想和方针同样的重要。因此,本章对系统集成和服务项目实施的具体步骤进行论述,其中包括项目所处的 IT 战略的大环境、项目实施的主要阶段、每个阶段中的主要活动、阶段的输入和产出及相关人员之间的互动。

关于软件架构的指导思想和项目实施的方法论已有不少论述,这一部分的内容不是本章的重点;这里所有关于项目实施具体步骤的描述与采用瀑布式还是敏捷式的方法论没有关系。作者在曾经主持的几十个大型的系统集成、服务和 API 的项目上采用过这些实施步骤,有些当时就已经是 IT 部门相当完善的客户公司已有的项目实施标准,还有的是我们在项目初期引进和建立的。参考和利用这些经过时间检验的实施步骤及相应的文档模板，可以帮助读者在此基础上进行调整与改进，并在自己的项目中很快地建立起一套切实有效的项目实施步骤。

6.1 系统集成与服务项目概述

图 6-1 显示了系统集成和服务项目中的不同阶段及每个阶段涵盖的主要活动。

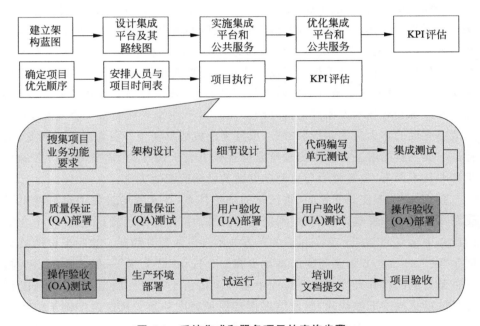

图 6-1 系统集成和服务项目的实施步骤

最上面一行从左到右是整个企业围绕 IT 技术的战略方向的活动。如果一个企业还处在 IT 系统和应用各自为政，没有建立起横跨整个企业的关于系统集成和服务的愿景、IT 战略、架构蓝图及相应的技术基础设施和人员组织机构的初级阶段，这一部分的工作必须首先开展。它的正确实施也会给整个企业 IT 战略的健康发展提供保证，因此具有十分重要的意义。这一阶段主要包括以下活动。

- 建立架构蓝图：由于系统集成和服务项目的涉及面广，影响深远，在第 1

个这类项目实施的初期,不要急着一头扎进具体的业务项目实施工作中,而是应该退一步,看看整个企业 IT 战略的现状和发展,建立起横跨整个企业范围的 IT 战略和架构的健康生态,然后在这个大环境下实施一个一个具体的业务项目。这样做可以保证每一个业务项目的实施都能够得到一致的架构和方法论上的指导,并充分利用现有的基础设施、公共服务和业务资源。这一阶段工作的结果常常会包含一些高度抽象的参考架构和蓝图、解决某些局部问题的模式方案及方法论上的指导原则等。这些虽然还是高层次上的抽象的东西,但在形成这些东西的过程中,各方面的人员已经进行了深入的交流和充分的讨论,实现了战略大方向上的统一。这一部分的前期投入会在今后项目的各个阶段显现出丰厚的回报。

- 设计集成平台及其路线图:在架构蓝图的基础之上,结合具体的软件和技术,设计出更加细化的系统集成及服务的平台和框架结构,并对其未来的发展和走向进行初步的定义。这样做的目的是对系统集成和服务项目的实施方式进行限定和标准化,并与支持该平台的基础结构进行沟通,以保证该平台在未来的生存环境里依然存在并得到优化和发展。这个阶段的活动还常常包括与相关的软件和 IT 解决方案的服务供应商进行交流,并进行具体的概念验证实施(PoC)。本阶段工作的结果是确定服务于整个企业的集成和服务平台的高层次设计方案,以及所涉及的具体软件工具。

- 实施集成平台和公共服务:在集成平台及其路线图确定之后,进行系统集成和服务平台的实施。在这个阶段,在确定了使用具体的软件和工具的基础上,集成平台的设计方案得到细化,业务项目所需的公共服务和基础设施同时完成细节设计,中心 IT 部门的资源得到安排以完成这两部分内容的开发、测试和部署工作。由于本阶段工作的结果是所有将来实施的业务项目的基础,在设计工作中需要与企业的数据中心、网络管理、安全、CIO/CTO 办公室、业务部门熟知业务流程和业务逻辑的主题专家(subject matter expert,SME)及软件和解决方案服务供应商的架构师们打交道,力图最大限度地了解所有集成平台和公共服务的设计和实施中的影响因素。这类平台项目的实施比具体业务功能实施项目的难度更大,影响也更大。

- 优化集成平台和公共服务:在集成平台和公共服务初步实施之后,这一部分的技术支持工作被移交到相应的技术支持团队。进入生产环境运行的这个平台，与任何一个软件实施项目一样，进入了运维和技术支持这个生命周期，所以也同样会产生监控、故障排除、程序修补、新功能增强等一系列相应的活动。至此，集成平台本身的生命周期就变得完整了。

- 定义和使用评价指标（key performance indicator，KPI）：贯穿以上所有集成平台的生命周期阶段，对关于各项活动的关键性指标的期待值进行定义，并以此来对执行过程和实施结果进行评价。设立目标对检验执行和实施的结果、为指导决策提供反馈及控制项目实施的费用等具有现实的意义。

图 6-1 所示第 2 行从左到右是业务 IT 项目实施过程中的活动。初步建立起来的横跨整个企业的关于系统集成和服务的愿景、IT 战略、架构蓝图及相应的技术基础设施和人员组织机构为每一个业务 IT 项目提供了统一的、规范化的高起点，可以避免今后 IT 项目的技术、架构和实施千变万化的混乱局面的发生。这一阶段主要包括以下活动。

- 确定项目的优先顺序：在业务部门提交的长长的企业 IT 项目的清单中对项目进行时间上的排序，并安排相应的资金和人员。至于如何对不同项目的时间顺序进行安排会有不同的考虑。
  - 从企业本身的角度出发，需要考虑的是项目对企业业务成绩和发展的潜在影响、项目所依赖的 IT 基础设施及相关的其他业务功能和系统是否已经到位、项目的复杂性，以及项目的风险。对企业业务成绩和发展具有巨大的潜在影响而且所依赖的 IT 先决条件已经具备的项目应该先行。复杂的项目、高风险[①]的部分应该先行——如果项目注定要失败，那就尽早确认失败，汲取教训，减少损失。
  - 从软件和服务供应商的角度出发，需要考虑的是如何快速建立企业对他们所建议的平台架构和解决方案的理解和信任，并在企业中扩大影响，推广企业对其平台、架构和解决方案的采纳。容易实施、立竿见影的项目的关注度高，尤其是来自企业高层的关注度高的项目应该先行。有可能产生更多的软件许可和服务合约销售额的项目应该先行。

[①] IT 项目的风险主要来自 3 个方面：①业务要求不清楚；②技术老化、超前或应用不当；③企业内部和项目中的钩心斗角。

- 　○　无论是上面哪一种情形,主要负责的架构师必须对设计和实施过程中可能遇到的技术及其他方面的难点和障碍具有高度的前瞻性,并尽早安排相应的概念验证活动,尽早发现问题、解决问题或绕道而行,对设计和实施方案尽早进行相应的调整。

- 安排人员与项目时间表:这指的是围绕每一个业务项目的技术和项目管理的资源安排,以及不同项目之间的资源协调。有些项目之间是可以共享项目资源的。

- 项目执行:这一部分才是本章的重点内容。图 6-1 所示下面的部分列举了企业业务 IT 项目中涉及的具体工作的活动内容。每一项活动的具体内容会在 6.2 节中详细地进行讨论。

- 定义和使用评价指标:贯穿以上所有业务 IT 项目执行的生命周期阶段,对相关的关键性指标的期待值进行定义,并以此来对业务 IT 项目的执行过程和实施结果进行评价。这些关键性指标常常通过项目的非功能要求的指标,比如服务端点单位时间的处理能力、安全要求等形式来体现。同样地,设立目标对检验业务 IT 项目执行和实施的结果及为项目提供反馈具有非常重要的现实意义。

　　集成和服务平台的项目活动(如图 6-1 的第 1 行所示)及业务 IT 项目的前期准备工作都十分重要。加上其中牵涉的组织结构、人员配置、工作流程等因素,其本身就是一个很大的课题,我们就不准备在本章中再做更多的展开说明了[①]。

6.2　系统集成与服务项目的具体实施步骤

　　图 6-1 所示下半部分大致可以分为 3 个阶段,恰好与该图下半部分企业业务 IT 项目执行流程细节中的 3 行相对应。第 1 行是设计和开发阶段,第 2 行是测试和验收阶段,第 3 行是运维、培训和交付阶段。在 6.3 节～6.5 节这 3 节中,我们将详细论述和列举每一个阶段和每一个步骤中需要考虑的问题、达到的目标、完成的工作、交付的技术资料和涉及的工作流程细节。目的是让读者能够有所借鉴,尽快上手并建立起适合自己的一套技术和项目执行上的体系。

---

① 　在第 8 章和第 10 章中将就 SOA 项目和 API 项目在组织结构、人员配置、工作流程等方面再进行深入和具体的探讨。

6.3　设计和开发阶段

这个阶段是业务 IT 项目的初始阶段。此时，业务项目的方向、资金、人员、大致时间表及将要采用的技术平台和架构蓝图都已经基本确定。负责此项目的解决方案架构师在这个阶段的职责就是澄清和梳理项目业务要求，将其转化成项目的架构设计和实施细节设计，并负责监督代码开发、单元测试和集成测试的完成。

6.3.1　搜集项目业务功能要求

无论做什么事情，第一步都应该是明确该做什么。不知道要解决什么问题，自然也就无法正确地解决问题。而明确了要解决什么问题，才可能建立起项目中所有人员讨论和决策的共同基础，并对项目的后续活动产生深远的影响。说得通俗一点儿，这一活动的目的是搞清楚要做什么，而不是怎么做。作为一个解决方案架构师，此时应该忘掉你所掌握的技术，专心了解问题本身及问题存在的环境、该问题目前对企业业务所造成的影响，以及此项目实施后对企业业务的意义。就像一个建筑架构师一样，此时应该做的是将你的工具包和以前项目的图纸文档统统收起来，认真倾听并深入理解项目具体的业务要求，并开始建立项目功能要求的文档。千万不要犯"手里有个榔头就看哪儿都是钉子"的错误。

为了完成这项活动的具体工作，负责项目的解决方案架构师需要认真阅读该项目的业务项目建议书。但很多企业的业务 IT 项目并没有业务项目建议书，也没有关于该项目的范围和业务要求的任何文档。所以，在大多数情况下，解决方案架构师需要与项目涉及的相关业务分析员面谈，了解和梳理项目的具体要求，然后逐渐明确项目的内容和范围。为了更好、更有效地完成与业务分析员的面谈活动，解决方案架构师可事先将一份问卷发给业务分析员，并明确说明问卷的目的和填写的具体要求。这份问卷可以包括以下内容。

- 概括地描述总体的业务目标。
- 描述目前遇到的困难和挑战。
- 描述目前已有的业务流程、所涉及的系统、目前已有的集成方式及存在的问题。

- 列举此业务项目需要完成的每一个用例(use case)。每一个用例的名称①要使用"谓语"或者"谓语＋宾语"的形式,并指明用例的启动者②(actor)③。
- 针对每个用例,回答以下内容。
  - 指明所涉及的主要信息的源系统和目标系统。尤其要注意在用例文档和其他文档中使用这些系统名称时要前后一致。
  - 指明所涉及的具体应用和系统所使用的技术和操作系统。
  - 指明所涉及的数据类型、数据模型和数据类型模式(schema)。
  - 数据通信方式:
    - 列举所使用的通信协议和标准(比如 SOAP,REST,EDI,JMS,MQ 等)。
      - ❖ 数据输入:提供示例数据,包括状态最小值/最大值、数据有效载荷的平均大小和格式、特定的安全要求等。
      - ❖ 数据输出:提供示例数据,包括状态最小值/最大值、数据有效载荷的平均大小和格式、特定的安全要求、适用的信息安全等级(如 PCI④)等。
      - ❖ 关于数据的任何其他特性的特殊说明。
  - 业务数据量的平均值和高峰值。
  - 业务数据量在以下时间段变化的典型模式。
    - 24h 之内。
    - 工作日与周末。
    - 不同的季节。
  - 描述任何适用的数据转换逻辑。
  - 提供任何描述性的图表和说明,例如:
    - 业务流程图。

---

① 用例的名称中千万不要带有 IT 上的名词,而必须全部使用业务语言。比如,"通知订单状态更新"是合适的用例名称,而"更新 SAP 订单内容"就不合适。

② use case actor 常常被译作"参与者"。作者认为不恰当,因为没有体现出 actor 的两个关键特征:其一,actor 启动用例;其二,actor 在用例定义的过程范围之外。

③ "用例的启动者＋用例名称"读起来应该是一个完整的句子,而这个句子应该能够清楚地告诉不懂 IT 的业务人员这个用例是做什么的。

④ PCI DSS(Payment Card Industry Data Security Standard)是金融行业处理信用卡交易时采用的信息安全标准。

- 数据流程图。
- 网络与部署图(注意标明系统边界、VPN/VPC、PaaS[①] 提供商等)。

○ 系统的目标客户：描述整合用例涉及的地理区域及具有特定安全和监管限制的国家和地区。

○ 后台服务描述。

- 除了源系统和目标系统外，列举出本用例涉及的所有现有的后台系统。针对每一个涉及的后台系统，说明其：
  ❖ 操作系统。
  ❖ 任何应用服务器、数据库、消息代理服务器、HTTP 服务器等及各自的版本和供应商。
  ❖ 使用的特定语言(比如 Java，C♯ 等)。

○ 通信协议(比如 SOAP，REST/HTTP(s)，JMS 等)和数据负载的格式，包括：

- 目前使用的与后台服务进行通信的协议。
- 这些后台系统另外还可以支持哪些协议。

○ 描述已实施的与后台系统进行通信安全方面的措施。

○ 描述对已实施的与后台系统的通信方式必须修改的地方。

○ 提供后台服务涉及的系统集成部分的基本架构、网络连接图和系统部署图，并标注出系统的地理位置和边界及与其他系统的边界。

○ 如果存在任何后台系统升级和二次开发项目的计划和时间表，则要进行适当的说明。

- 现有的部署环境图：提供目前解决方案的网络架构文档。每个环境(比如 DEV，QA，UAT，PRD 等)应针对网络系统、地理位置、子网、地理边界和网络带宽进行相应的说明。

- 性能要求：就上述"工作负载"信息内容说明本用例的性能要求。

○ 最大容许延迟(最坏情况)。

○ 平均延迟。

○ 除去 10% 最坏情况之后的最大延迟。

---

① Platform as a Service，平台即服务，是云计算服务的一个类别，提供了一个允许客户开发、运行和管理应用程序而无须建立和维护通常与开发和运维有关的基础设施的平台。

- 安全要求：对以上未谈到的任何与本用例相关的安全方面的特殊要求进行说明。
- 可靠性要求。
  - 对此集成用例的可靠性要求使用"几个9"来定量说明，比如，"正常运行的时间不少于99.9%"。
  - 说明集成服务的运维是否可以包含正常维护的时间段，还是需要"高可用性"式的不间断运行。
  - 对企业现有的灾难恢复策略和相关标准进行说明，比如灾难恢复的状态点目标(recovery point objective,RPO)和恢复时间目标(recovery time objective,RTO)的要求。
- 监控要求。
  - 对目前正在使用的任何系统和应用监控的框架进行描述。
  - 对本集成用例所需的事件通知类型进行概括性的描述。详细的具体要求可在下一阶段的工作中进行搜集。

在收到了业务分析员对上面问卷的回答后，负责此项目的解决方案架构师应该对回复内容进行整理和确认，起草并完成《项目业务需求用例文档》，其内容如下。

- 概要：对整个需求用例文档的内容进行概述，包括用例文件的目的、范围、名词定义、缩略语和缩写的说明，以及参考文献和用例文件的总体概述。
- 目的：阐述此需求用例文档的作用和目的，并简要描述文档的结构、读者群及应该如何使用此文档。
- 范围：此文档的适用和影响范围。比如，列举出项目范围内所包含的所有最高层次的用例。
- 术语、缩写与省略语：提供正确解释需求用例文件中所使用的所有术语、缩写与省略语的定义。
- 参考文献：提供需求用例文件中引用的所有参考文献的完整列表，按标题、报告编号、日期和出版机构列举出每一份参考文献，并指明如何获得每一份文献。
- 基本假设：列举本文档书写过程中所依赖的基本假设。
- 每一个需求用例的详细内容。

- 用例名称：这个名称会被作为此用例的正式名称在项目的技术和项目管理工作中统一使用。
- 主要启动者：此用例中执行主要活动的人或系统。
- 次要启动者：此用例中其他执行有关活动的人或系统。
- 源系统：系统集成流程中有关信息产生的源头系统。
- 目标系统：系统集成流程中有关信息流向的目标系统。
- 触发点：激发此用例执行的活动或条件。
- 前提：激发此用例执行所必须满足的先决条件。
- 后置条件：用例执行完成后可以达到的状态。
- 假设：用例执行得以完成所必须满足的条件。
- 备注：任何其他需要说明的事项。
- 用例描述的流程图：比如泳道图。
- 用例所依赖的人或系统及被依赖的人或系统出现问题时所造成的影响。
- 验收标准：描述每个用例执行的确切结果。这一部分的内容非常重要，必须与项目出资方的业务人员在用户接收测试阶段所使用的测试步骤文档直接对应。

《项目业务需求用例文档》是项目的根本大法，其重要性无论怎么强调都不为过。其中，用例的定义对于项目的圆满完成具有决定性的重要作用，但却往往被忽视。

- 经项目出资方的业务代表人签字的用例文件对此项目的范围进行了明确的界定。在项目进行的过程中，任何业务要求的更改和增加都需要各方以"根本大法"为依据来协商决定。
- 项目经理应该以"根本大法"为依据，将项目的具体内容列成一项项的具体工作，落实人员和时间表，并以此为依据不断报告项目进度。否则，项目出资方可能连项目进度汇报都看不懂。
- 所有用例可以直接转化成测试用例，指导质量保证测试和用户验收测试工作的进行。

再次强调，用例的定义一定要牢记是定义做什么（what）而不是怎么做（how）。作者曾遇见过经验不足的架构师用 UML 中的序列图（sequence diagram）来定义用例，以及书写项目业务需求用例文档。图 6-2 就是这种做法

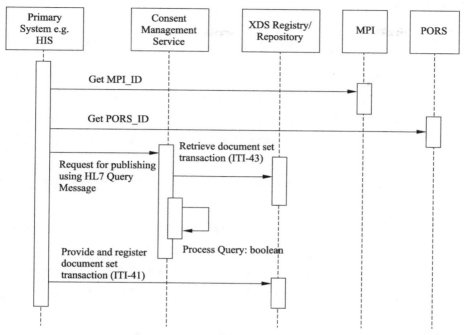

图 6-2　UML 的序列图是用来描述怎么做，而不是做什么的

的一个例子。首先，系统集成和服务的序列图常常只是用例中涉及的业务流程的一部分，尤其是服务，常常是为重用性而设计的。你总不能让用户验收测试的业务人员用 SoapUI 和 Postman 去测试吧？其次，当前序列图代表的解决方案可能会被重构（refactor），造成序列图总数目发生变化，从而造成用序列图建立的用例文档中用例数目的变化。这个变化会在项目经理和项目出资人那里产生极大的混乱，因为他们的项目计划是按照那个错误的用例文件做的。

再次重申一遍，只有正确地理解和定义了项目的业务问题，才有可能保证项目的圆满完成。

6.3.2　架构设计

在这个阶段，架构师需要针对用例文件中的每一个用例进行分析，并找出初步的解决方案的框架。这中间常常会需要与现有系统和技术支持的相关人员进行板书讨论，并就某些系统连接和关键的技术环节进行深入的讨论和概念验证。

这个阶段的目标是就项目解决方案的大致架构进行定义，并充分征求现有系统、技术支持，以及本项目开发人员的意见和建议，为下一步的细节设计打下基础。

　　这个阶段工作的结果是《项目的高层次设计文档》，其内容如下。

- 简介：提供整个系统架构文档的概述，包括文档的目的、项目概述和范围、名词定义、简称与缩写及文献引用等。

    ○ 目的：概述系统的全面架构，并使用多种不同的架构视图来描绘系统的各个方面。旨在记录并明确表达在系统设计上做出的重大架构决策。

    ○ 范围：对此文档的适用范围及对某些方面产生影响的具体形式做出简要说明。

    ○ 术语、缩写与省略语：提供正确解释高层次设计文件中所使用的所有术语、缩写与省略语的定义。

    ○ 参考文献：提供需求用例文件中引用的所有参考文献的完整列表，按标题、报告编号、日期和出版机构列举出每一份参考文献，并指明如何获得每一份文献。

    ○ 基本假设：列举此文档书写过程中所依赖的基本假设。

- 现有系统架构的描述：介绍当前系统的软件和体系结构，列举出必要的用例图、逻辑图、流程图、部署图与具体实施示意图，并对每个视图中所包含的建模元素类型进行解释。

- 架构设计的制约条件与目标：介绍对架构决策具有重大影响的软件需求和目标，如人身和系统安全、隐私、对使用现成的商业软件产品的要求（"buy vs. build"）、不同操作系统和平台上架构的互换性及部署和重用性方面的要求；还应该记录可能适用的特殊限制条件，包括设计和实施战略、开发工具、团队结构、时间进度表、现存的二次开发代码、同时并行的此项目依赖的其他项目等方面的限制条件。

- 用例视图：如果用例模型中的一些用例或使用场景代表最终实现的系统中的某些重要的核心功能，或者这些用例的体系结构具备普遍性、涉及太多的架构元素，或者是需要彰显某个特定的架构要点，那么就需要列举出用例模型中的用例或使用场景。

    ○ 用例的实现：选择几个用例或使用场景，说明用到的软件工具是如何实现所设计的架构的，并解释设计模型中的各个元素是如何通过所设计的架构为需要实现的业务功能服务的。

- 逻辑视图：介绍设计架构模型中的重要组成部分，如子系统和软件包等。如有必要，将每个重要的软件包分解成业务类和工具类，并重点介绍其中对架构起重要作用的类，包括其职责、与其他类之间的重要关系、可调用的操作方法及其属性。
  - 概述：在包的层次结构上描述设计模型的分解结构。
  - 针对架构设计有重大影响的包进行论述。
    - 对每一个重要的包进行简单的描述，包括其名称、简要描述及显示包本身和包中所包含的所有重要的类的 UML 视图。
    - 对每一个包中重要的类进行简单的描述，包括其名称、简要说明，有可能的话还应包括其主要职责、可调用的操作方法及其属性等。
- 流程视图：将系统分解为轻量级进程（单线程控制）和重量级进程（即轻量级进程的组合），并按照有联系或互动的关系对流程组进行整理。对进程之间的主要通信模式进行描述，比如消息的传递、中断和会合等。
- 部署视图：介绍如何在一个或多个网络/硬件配置上部署和运行此项目的软件，即部署模型的一个视角。对于每个配置，应至少标明执行软件所在的机器（实体或虚拟机、CPU 及内存的规格等）及其所连接的总线、局域网、特殊的点对点连接等，并将流程视图中的每一个流程相应地标注在机器节点上。
- 实施视图：介绍实现架构模型的总体结构，并将软件分解为不同的层次和子系统及任何其他在架构上具备重要意义的组件。
  - 概述：对每一个架构层次及其中的内容、架构中包含某个层次所隐含的规则、层与层之间的边界等进行定义。附上显示层与层之间关系的组件图。
  - 层次介绍：对每个层次的名称、层中所包含的所有子系统进行列举，并附上一个组件图。
- 数据视图（可选项）：对系统使用的永久数据存储系统进行描述。如果永久性数据的量很小，或者根本不存在，或者设计模型和永久数据模型之间的数据转换工作是微不足道的，那么这一节的内容可以省略。
- 系统规格确定及性能要求：对影响架构的软件和系统规格进行描述，并对所设计和实施的目标系统的性能指标要求进行定义。

- 质量保证：针对所设计的软件架构如何帮助实现系统的所有非功能指标的要求进行说明，包括可扩展性、可靠性、操作系统和平台的互换性等。如果这些特性有特殊的影响，如人身和系统安全、隐私等，也必须一并加以说明。

这些架构设计的文档还不足以提供本项目开发人员进行代码编写的全部细节内容，很多非功能要求的描述也没有到位。这些暂缺的内容会在下一个活动环节"细节设计"中完成。

6.3.3　细节设计

在上面的架构设计完成之后，项目的相关技术人员对项目的总体架构和主要的、有代表性用例的实施方案有了一个大致的印象。然而，在细节程度上还不足以让开发人员开始动手编写代码。包含足够的技术细节、可以指导开发人员编写代码的《项目细节设计文档》将是这个设计环节的目标，其内容如下。

- 介绍与概述。
  - 此文档的目的即满足项目要求的解决方案实施的技术细节；指明本文档所包括和涉及的系统及其业务功能，以及相应的架构技术决策、假设和其他有关的考虑事项。
  - 文档的读者群：基本上应该是该集成或服务设计内容的开发、测试和技术支持的相关人员。
  - 相关的文件。
    - 技术方面关键文件的链接，比如 XML/JSON schema，WSDL，API 等。
    - 有关技术标准的链接，比如企业已建立的系统集成、服务、安全等方面的标准。
  - 技术方案概述：对本项目技术解决方案中关键的软件、工具和平台的设计环境、运行环境及其主要的解决方案模式进行描述。
  - 对于每一个参与集成和服务实施的系统，对其调用方式进行描述。
    - 调用机制：输入和输出的数据格式、通信方式及同步还是异步。
    - 安全机制。
    - 出错处理机制。

- ○ 日志和可跟踪性，可以包括：
    - ■ 关于在实施的流程中何处放置日志记录的建议；
    - ■ 对每次代码和此文档进行修改时，在签入代码管理系统（比如 SVN）和文档管理系统（比如 Sharepoint）之前都要标以新的版本号、记录改动历史的建议或规定；
    - ■ 关于在系统启动时的日志里明显地打出应用版本号的建议或规定；
    - ■ 对任何中心式、企业标准化的日志系统进行集成及使用方式的描述。
- ○ 关于安全性的一般性指导原则和企业标准，比如[①]：
    - ■ 系统和服务的调用必须经过身份验证和授权。
    - ■ 所有 HTTP,JMS,FTP 的通信方式必须建立在至少 TLS 1.2 版本以上。
    - ■ 关键系统之间的相互信任关系必须使用 SAML 协议。
    - ■ 敏感的业务信息（如身份证号码）在传送的过程中必须加密或以"∗∗∗"代替。
- ○ 关于通用配置的具体内容及使用方式的描述：比如与数据库的连接池、密钥库的密码、属性文件的内容和地址、属性文件里的敏感信息如何加密等。
- ○ 关于错误情形处理的原则、方法、工具和步骤的描述。
- 用例实施的细节设计：针对项目范围中的每一个用例，包括以下内容：
- ○ 用例名称和简略描述；
- ○ （可选项）围绕此用例的关键决定及尚未解决或决定的问题；
- ○ 针对设计的每个主业务流程和分业务流程，描述：
    - ■ 端点规格；
    - ■ 消息的主题或队列名称及其属性；
    - ■ 实施中的每个步骤及其数据格式和数据转换细节；
    - ■ 流程中需要产生日志的位置、优先等级及日志的内容和格式；
    - ■ 任何适用的业务逻辑验证规则。
- ○ 非功能性的要求，比如：
    - ■ 在线时间和维护时间窗口；
    - ■ 平时、高峰期的处理量或响应时间的要求；

---

① 这里仅仅通过几个例子来说明需要填写哪些方面的内容，并非所列举的项目都是适用于读者的项目。

　　■ 灾难恢复方面的特殊要求。

　　○ 任何开发和运维方面的工具或步骤，比如消息服务器、历史数据库、日志文件的清除，参考数据的添加、运行情况分析报告的产生步骤等。

　　在以上内容全部落实到《项目细节设计文档》中并由负责设计的架构师与相关的开发人员进行充分沟通之后，开发人员就应该获得了代码编写工作需要的绝大部分的信息。判断一个《项目细节设计文档》是否合格，就看开发人员能否依靠阅读该文档就能够只需少量要求澄清的询问便可进行代码编写工作了。

6.3.4　代码编写和单元测试

　　这个阶段是我们通常在传统意义上所说的软件开发活动阶段，是开发员们最喜欢的阶段。除了按照 6.3.3 节中的细节设计文档进行代码编写外，开发员还需要编写各种单元测试的模块。与常规项目的开发工作不同，系统集成和服务项目中会涉及其他各种系统。有些系统可能存在对其调用的各种限制；有的系统年代久远，只有生产环境；有的则正处在并行开发之中但目前尚无法正常使用。另外，由于单元测试的频率很高，即使所有相关系统在开发的过程中都可以正常使用，但是每一次单元测试的执行对所有系统实际进行连接所花费的时间加起来就可能非常可观。需要注意的是，以后的每次修改都需要多次的迭代测试。因此，如果能以某种方式模拟每个系统针对测试数据的响应，就可以避免对实际系统进行调用时花费在网络上来回的时间。毕竟单元测试的对象是业务功能和数据处理逻辑的正确性，至于所有系统的连接性将在紧接下来的集成测试阶段得到验证。

　　代码中的单元测试模块应该归入自己单独的一个部分，比如一个 Eclipse 项目中的 test 文件夹中（其中包括所有与单元测试有关的数据样本、目标结果、数据格式、属性文件、服务定义（WSDL 等）、二次开发的代码等），并且在手动部署和自动部署脚本中都能够自如地控制是否在实际部署中包含测试代码的部分。

　　这个阶段一般不会再产生大部头的正规文档，但作为项目技术具体负责的架构师，还是应该定期地、较为频繁地听取开发人员对细节设计的反馈，以及对单元测试和集成测试的建议，并认真记录。这些都为测试文件的形成提供了素材。

在进入集成测试工作之前,需要将需求用例文件中的每一个用例转换成一个测试用例。每一个用例中的每一种执行情况(也称为测试场景),包括正常运行情况和每一个出错情形,都会被列入测试用例文件。一份完整的测试用例文件一般应包括以下内容。

- 概述,对以下内容进行描述:
  - 项目背景介绍;
  - 测试活动的阶段和目的,比如是集成测试还是用户验收测试,是业务功能测试还是性能测试等;
  - 项目中所要测试的软件部分,详细列出需要测试和不在此次测试活动范围之内的测试项目;
  - 任何特定的测试要求;
  - 采用的测试策略;
  - 对测试工作的设计、开发和实施具有重要影响的先决条件;
  - 测试活动所需的软件、工具和人员方面的要求,以及工作量的估计;
  - 测试工作的设计、开发和实施过程中的限制及可能面临的风险和应对方案;
  - 测试活动完成后要交付的测试工具、测试报告文档、需要进一步工作的内容等;
  - 参考文档。
- 测试的具体要求,包括用例文档和非功能性的具体要求项目。
- 测试的具体方式,包括具体测试方法和测试步骤、如何判断测试结束及测试是否通过。
- 不同的测试种类,比如数据库及数据存储测试、业务功能测试、出错场景测试、用户界面测试、性能分析测试、负载测试、压力测试[①]、调用安全测试、系统失败及恢复测试等。
- 测试工具的具体描述。
- 测试活动所依赖的系统和资源。
- 测试报告的交付,内容包括:
  - 测试模型、工具和步骤的概述;

---

① 负载测试测量系统在不同负载量和负载模式下的行为,而压力测试测量系统在系统资源(内存、CPU、硬盘、网络带宽等)快要耗尽时的行为。

    ○ 测试日志：针对每一个测试场景的详细测试记录，包括：

- 测试场景编号；
- 测试用例编号；
- 测试用例描述；
- 测试操作编号；
- 测试步骤和具体执行的描述；
- 测试的输入数据；
- 预期的结果；
- 实际的结果；
- 测试用例的测试结果——计划中、测试中、通过、失败、重新测试等；
- 计划的测试日期；
- 实际的测试日期；
- 测试人；
- 备注和评论。

6.3.5　集成测试

在开发团队完成了每一部分的单元测试以后，所有的代码模块都被部署到开发环境（DEV）中，并妥善地进行配置。端到端的集成测试从这里开始，这一部分的测试不再使用单元测试中可能采用的模拟系统输入和输出的办法，而是真刀真枪地与每一个调用的系统相连，并对相关的系统功能和操作进行实际的调用。

集成测试的依据是测试计划文件，而集成测试活动结束后要交付的是测试报告。如果涉及的某些系统正在构建，或者由于任何其他原因尚不能使用，可以在集成活动中做出适当的安排，并做出当那些系统上线后重补相关的系统测试的计划，说服项目出资方现在按计划接收集成测试的结果，保证项目计划的按时完成。

6.4　测试和验收阶段

这个阶段是项目实施内容从开发完成到生产上线的中间过程。这个过程包括 3 个部分。

- 质量保证测试（quality assurance test，QA[①]）：在这一阶段中，由专门的测试人员按照测试计划逐步执行测试操作和步骤，并填写测试记录，最后在所有测试场景的测试步骤和操作都完成后进行汇总，做出 QA 报告。这些测试人员通常是开发组的成员，但一定不能是那些编写被测试应用的代码的开发人员。测试计划中所有指定的测试场景都必须进行测试，无论一个场景是直接面对业务用户还是只涉及系统之间的互动。

- 用户验收测试（user acceptance test，UAT）：在这一阶段中，由项目出资方的代表（通常是系统上线后依赖此系统完成他们日常工作的业务人员）按照用户验收测试计划的文档进行测试，并填写测试记录。这份记录可以作为最后签字的项目验收报告中的一个附件。

- 操作验收测试（operation acceptance test，OAT）：项目交付上线后会将系统的运行和维护转给技术支持团队。而技术支持团队需要了解的第 1 项事情就是如何安装、部署和配置项目中的各个软件组件，包括指明操作系统或云环境；安装项目软件组件所依赖的其他软件和工具包，比如 Java、开源和商用的软件及工具、共享的网络存储文件夹、消息服务器、数据库等；项目软件的安装和配置；任何初始数据的植入；安装之后任何的配置和安装验证测试等。这些内容应该由开发人员在项目运维和技术支持文档中详细地进行描述，而这里操作验收测试活动的目的就是由项目上线后的运维团队来验证项目运维和技术支持文档的准确性。换句话说，如果一个对项目技术细节完全不熟悉的运维团队成员可以不费力地仅凭严格按照项目运维和技术支持文档的描述就可以完成项目软件的安装、配置、部署和成功启动，那么，操作验收测试就是成功的。

6.4.1　质量保证部署

为了质量保证测试的顺利进行，通常项目会给这项工作安排一个专用的环境。理想的情况下，项目牵扯到的所有其他系统、应用、服务等也都应该有各自的一个相应的专用环境。这样做是为了排除其他活动对质量保证测试活动可能

---

① 是的，简称不是 QAT，大概是因为质量保证工作的具体内容就是测试吧。

产生的干扰。通常，这个环境也就被称为质量保证（QA）环境。

如果资金允许，QA 环境中的每个技术细节和配置应该与生产环境中的一致，尤其是与基础设施有关的部分，比如负载平衡器、容错和高可用性的配置等。这样可以尽早发现系统实际运行时可能遇到的问题。当然，如果受到资金的限制，也可以在这方面只做最基本的配置，但是一定要在 QA 测试报告中指明这一点，并提醒如有必要，在用户验收测试的过程中要有针对性地安排重新测试。

6.4.2　质量保证测试

QA 可以分成多轮进行。每次 QA 可以根据本次测试所要求的项目，从测试计划文件中挑选具体的测试场景，作为 QA 报告中测试记录的内容。其测试过程与集成测试过程类似。

6.4.3　用户验收部署

为了保证用户验收（UA）测试的顺利进行，一定要给这项工作安排一个专用的环境。理想的情况下，项目牵扯到的所有其他系统、应用、服务等也都应该有各自的一个相应的专用环境。这样做是为了排除其他活动对用户验收活动可能产生的干扰。通常，这个环境也就被称为 UAT 环境。

UAT 环境中的每个技术细节和配置必须与生产环境中的完全一致，尤其是与基础设施有关的部分，比如负载平衡器、容错和高可用性的配置等。这样可以尽早发现系统实际运行时可能遇到的问题，并且可以保证用户所验收的的确是和最终生产环境中一模一样的系统。另外，当正常生产运行过程中出现问题和故障时，可以想办法在 UAT 环境中首先重复生产环境中的问题和故障，然后再进行故障排查和解决方案验证的工作。

6.4.4　用户验收测试

UAT 的项目应该包括项目用例文件中所有的测试场景。参与 UAT 的业务人员需要填写测试记录中测试结果部分的内容，作为最终用户验收报告的附件。测试过程中发现的所有错误和问题、功能变更和增强的提议等都必须在企业作为标准的软件质量管理体系中登记并进行跟踪。

6.4.5　（可选项）操作验收测试

OAT 测试的不是系统功能，而是项目运维和技术支持文档的准确性。所以，OAT 也必须在一个可控制的环境中进行。另外，最初始的那些一次性的安装和配置步骤无法在 QA 或 UAT 甚至 DEV 中进行。因此，常常需要在单独的一个环境里进行操作验收测试。在 OAT 环境中安装、配置和部署项目应用过程执行的本身就是 OAT 测试的内容。

6.5　运维、培训和交付阶段

这个阶段是项目上线的执行阶段。在生产环境中的安装、配置和部署的具体操作步骤方面，是在 QA 和 UAT 之后的第 3 次执行。生产环境在部署后一般不能再运行任何用例场景，但如果有安装后在系统连接方面的检查项目，也应该在此时进行。由于是生产环境，任何对环境和部署配置的改变，包括项目组件和基础设施软件的启停等，都需要严格的记录和审批手续。

6.5.1　生产环境部署

按照经 OAT 验证后的项目运维和技术支持文档，技术支持团队在生产环境中（可能还同时在灾难恢复环境中）进行安装、配置和部署，并完善监控等相关服务的设置。

6.5.2　试运行

在生产环境投入使用的初期，有一段由项目所有的开发、运维和管理人员高度关注和投入的时期，目的是争取对出现的问题立即进行解决，保证系统的正常运行。随着项目的进行，这个时期中出现的问题应该越来越少，系统的运行也趋于稳定。这时，才有可能将生产环境中的整个项目进行交付。

如果目前实施的项目是针对某个现有系统的替代和升级，而系统的正常运行又至关重要，不允许出现任何空白期，在这种情形下可以安排新老系统同时运转，并对各自的运行结果进行对比。只有当新系统的运行趋于稳定并且产生的数据与老系统中对应的数据一致时，才会安排停掉老系统，让新系统完全独立地继续运行。

6.5.3　培训及文档提交

在生产环境运行并逐渐稳定的过程中，可以开始用户培训和文档签收的工作。本章中涉及的所有文档都应该是用户培训内容的一部分。针对用户团队中架构师、开发人员、运维人员、业务分析员等不同的角色可以就以上文档中的相关内容，安排提供有针对性的培训。

所有的文档应该请用户就形式和内容及完整性进行共同审核，并存放在客户的文档门户中。

6.5.4　项目验收

做完 6.5.1 节～6.5.3 节中的工作之后，就可以要求客户在项目验收报告上签字，然后圆满地结束项目。

6.6　总结

本章首先描述了系统集成和服务的业务项目实施之前的大环境和横跨企业有关 IT 技术战略方向方面的活动及其内容，以及围绕业务项目开展的前期工作内容。然后，对系统集成和服务项目实施的 3 个阶段做出了比较详尽的介绍，其中包括设计和开发、测试和验收及运维、培训和交付阶段，并对每个阶段中的具体活动内容及相关文档应包括的内容进行了详细的列举。本章并没有什么高深的理论，但却具有极强的参考价值。这里描述的流程和步骤都是经过无数实战项目验证的；每一个文档应该包括的内容也是可以直接引用的，具有很强的可操作性。

第 **7** 章

集成项目与公共服务

在系统集成和服务的项目及本书后面即将重点介绍的现代 API 项目中,每一个业务项目的具体实施里都有一些重复出现的部分,比如:

- 日志记录和管理。
- 出错情形的通知和对错误的处理。
- 不同系统中同一个业务对象的不同体现之间的相互关系和转换。
- 某些集成消息的顺序处理要求。
- 系统和应用的监视和管理,包括项目运行组件所依赖的运行环境中各个部分的运行状态和相关资源的使用情况;项目运行组件本身的运行状态及其系统资源的使用情况、危险情况的预警;与项目运行有关的统计数据,例如,服务和 API 被调用的次数、时间和频率,调用应用的地域和操作系统,调用的每个关键步骤和整个调用过程的响应时间,每次调用处理的业务数据保存(对应行业审计和故障排查方面的要求),自定义的任何有关项目运行的统计数据等。

以上这些内容并不是每一个项目核心业务功能中的内容,但却直接对项目的设计、实施和运维起着重要的作用。如果每一个业务项目都需要自己来设计和实施上述内容,不仅会重复浪费大量宝贵的时间和资源,而且每次的实施五花八门,根本没有办法保持一致。如何将以上这些方面变成公共服务(即对项目运行进行支持的基础设施方面的服务,以及经一个又一个业务项目的重复使用而不断完善的业务服务),而让每个新的业务项目专注于解决自己的业务问题,这是本章中要讨论的话题。

7.1 公共服务的具体内容

图 7-1 所示的上半部分显示了公共服务常见的主要内容。除此之外，每个企业还可以增加新的公共服务，包括 IT 基础设施、软件功能，甚至常用的业务功能，只要是可以被不同的项目重复利用的，都可以添加到公共服务的内容中来。图中下半部分显示的是一组项目的代码模板。一个代码模板可以作为某一类 IT 项目实施代码开始编写时的起点。一般地，一个代码模板里应该已经包含了业务流程实施的基本框架、预先配置好的与外界系统（如数据库、SAP、JMS 服务器等）连接的组件及对公共服务进行调用的连接和示范，其作用是尽量将项目实施中重复出现的部分预先包括在模板中，使不同的开发人员、不同的项目做出来的实施结构尽量保持一致。模板的内容可以作为例子让项目的开发人员学习和效仿，也可以将与每个公共服务的实际连接完全配置好（只需再在属性文件中对

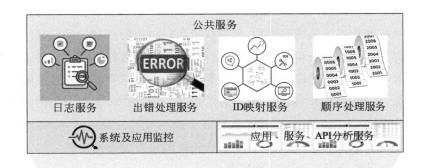

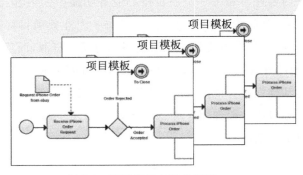

图 7-1 项目模板与公共服务

相应的公共服务系统参数赋以适当的值），而使项目的开发人员只需要在模板中填入项目本身独特的业务逻辑。如果能做到后者，不仅所有业务项目的实施高度一致，开发人员和技术支持人员在面对新项目开始时的上手过程也会大大缩短。

读者可以想象，模板本身的设计与所使用的技术会完全依赖于采用什么样的软件包和软件工具。作为系统集成和服务项目的模板，如果使用 Oracle，IBM，TIBCO 或 MuleSoft 等具体的软件工具，每一种软件工具所实施的项目模板都是不一样的。不过有一点要说明的是，在面对真正的企业级的复杂系统和应用问题时，千万不要以为仅凭 Java、.NET 或任何其他基本的计算机语言就可以实现成功的解决方案，工具包里只有钳子、改锥、榔头、手锯等基本工具是绝对没有办法盖成摩天大楼的。

7.1.1　日志服务

无论一个软件系统有多么简单，运行时都需要了解其运行的状态，包括整体运行是否正常、一次运行的具体执行路线、出错信息及错误的通知等。对日志的详细解读是了解情况和解决问题的第 1 步。作为开发员，我们都写过 system.out.println 和 cout <<。这些在开发和单元测试中甚至在生产运行中都为我们提供了很大的帮助。然而，当一个业务用例的执行涉及很多个组件和系统时，翻看每一个系统、组件和应用的日志是一件相当麻烦的事情。其次，每一个系统的日志都有自己的格式，如果不能自动处理日志的内容，人工阅读日志记录又是一件非常烦琐的事情。另外，业务程序中日志记录的活动不能深刻地影响业务程序本身的运行性能；而如果日志活动失败或出现问题，也不应该影响业务程序本身的正常运行。

关于图 7-1 中日志服务的设计可以考虑如下几个方面的问题。

- 为了降低日志记录活动对业务程序性能的影响，应尽量采用异步方式调用日志服务来执行日志记录，比如使用另一个线程或使用消息服务器。

- 为了保证整个项目的可靠性，可以尽量使用最基本的日志记录方式，比如写入本地文件。然后由日志处理软件，比如 Splunk[1] 或 ELK[2] 等来处理这些本地的日志文件。也可以通过调用日志服务将其中的日志记

---

[1]　https://en.wikipedia.org/wiki/Splunk。

[2]　https://wikitech.wikimedia.org/wiki/Logstash。

录送往公共服务系统中。

- 日志内容应采用统一的格式，比如最流行的 JSON 格式。这个格式的定义主要是为了今后所有的日志记录可以统一格式、统一处理，无论是解析后放入数据库还是引入日志处理软件，比如 Splunk 或 ELK。例如，一个日志格式可以包括以下内容（图 7-2）：

```
{
    "Timestamp": 2017-10-04 17:01:41,506",
    "TransactionId": "d63d13a0-9a69-11e7-ac0d-acbc327b74ff",
    "Severity": "INFO",
    "AppName": "MyApp",
    "Process": "WebOrderEntry",
    "Activity": "ValidateOrder",
    "WorkerIP": "192.168.2.3",
    "CorrelationID": "f2b69048-885f-465c-969a-f385a75772e0",
    "Message": "This order entry is good to go."
}
```

图 7-2　日志记录样本

- 日志记录的相关性：在处理一条业务消息的系统集成的业务流程中，该条业务消息的处理可能需要顺序地经过多个系统或应用，比如在图 7-3 中，一个电商网站上进来的客户订单会被转化成一个 OrderObject 后依次送到支付系统、库存系统、外协订购系统、货运系统、积分奖励系统、售后客户反馈和跟踪系统等进行处理，也可能被同时送到多个系统进行并行处理。比如在图 7-4 中，一个旅行社网站上进来的航班查询请求被同时送到多个航空公司的订票系统进行询问，然后将所有返回的查询结果汇总后返回给最开始的查询请求。无论是哪种情形，处理同一个客户请求的业务逻辑的执行分散在各个系统中，对执行情况的了解及对出现的

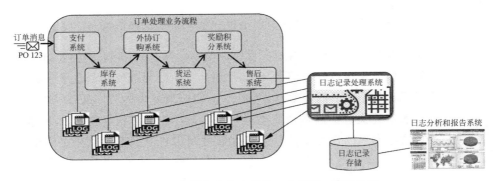

图 7-3　日志服务实施方案的一个例子：顺序处理

错误的处理都需要将所有相关系统中关于同一个客户请求的日志记录
联系起来。图 7-2 中的日志记录的样本中的相关标识(CorrelationID)就
是出于这个目的而设计的。有了它,可以将所有相关的日志记录汇总到
一起,立即了解业务逻辑执行情况的全貌。这个 CorrelationID 可以根
据业务信息中的数据产生(如图 7-3 所示的 OrderID),也可以完全是独
特的一个标识符(如图 7-2 所示的 CorrelationID 就可以在图 7-4 所示的
情形中使用)。

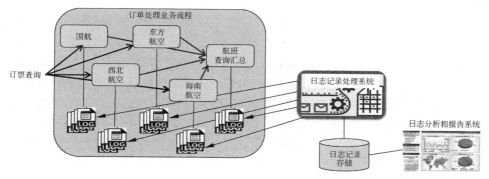

图 7-4　日志服务实施方案的一个例子:并行处理

- 在编写业务流程代码时,应该在哪些地方使用日志记录:总的原则是只要
  对了解业务逻辑的执行情况有帮助,就应该进行日志记录;至少应该在业
  务处理逻辑的"关键点"上进行日志记录,这样,事后的日志记录中就会清
  晰地显示出业务逻辑的执行轨迹,对故障排查起到很大的帮助作用。
- 日志的记录等级:日志记录也是要占用系统资源的,比如日志记录本身
  的处理时间和存储空间。因此,日志的使用要在清晰地提供系统运行情
  况与资源的使用之间进行平衡。最常见的做法是对日志记录分等级(如
  图 7-2 所示的 Severity),可以根据日志内容的范围分为 DEBUG,INFO,
  WARN,ERROR 等级别,并根据运行环境很容易地在全局上选择一个
  特定的日志记录等级。按照上面 4 种记录等级由低到高的顺序,一旦选
  择了某一个记录等级,运行时程序中所有比设定等级低的日志记录都不
  再执行。在开发初期和测试阶段,为了便于工作,可以将日志等级设成
  INFO,甚至 DEBUG;而在进入生产环境时,为了减少日志活动占用的系
  统资源,可以将日志等级设成 ERROR 或者 WARN。

再次强调,在业务流程中何处放置日志记录、记录的内容都包括些什么,其

决定因素是这些记录能否帮助事后读日志记录的人（及系统）快速地搞清楚业务流程的执行中到底发生了什么，以及是否有足够的数据对处理时出现错误的业务信息重新进行处理。

7.1.2　出错处理服务

如果一切顺利，所有的业务逻辑处理步骤都成功地得以执行，一个用例的执行就会圆满地完成。然而，每一个逻辑处理步骤都有可能出现错误：电子商务网站上进来的订单缺少某个必要的信息、所订购的产品暂时断货、需要连接的数据库出现故障等。往往在出错情形上的考虑是否周全及每一种出错情形的处理是否合理是决定所设计的系统和应用是否可靠的重要因素之一。好的出错处理设计会让系统或应用回到正常状态，继续下一步的逻辑步骤，而不至于因一两个错误就使整个系统或应用无法再正常运转；同时，能够及时通知有关方面的负责人员进行自动或手工故障排查以解决问题。

大多数时候人们说"出错处理"，其实只是将错误信息及出错时的相关信息记录在日志中，而所设计的业务流程中并没有"处理"这个部分。所谓处理，是指错误的情况得到纠正、当前正在处理的业务信息随后得到妥善安置，系统或应用继续正常运行。具体来讲，如图 7-5 所示，一个用例的业务逻辑实施有 3 步。如果第 2 步的执行出现错误，业务流程就会将相关的错误信息送给出错处理服务并可以选择等待处理结果。

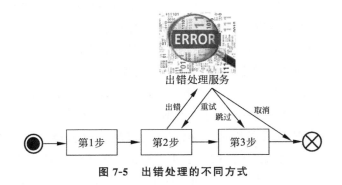

图 7-5　出错处理的不同方式

出错处理服务在收到这条错误处理请求后，可以根据其中的信息决定采用何种错误处理逻辑[1]。错误处理的结果中除了业务信息外，还应该包括指示还

---

[1]　每一种错误处理逻辑都事先在出错处理服务中进行了登记。

在等待的"第 2 步"下面该如何继续的指令。这个指令可以是下面中的某一个。

- 跳过：如果导致原本第 2 步执行出现错误的情况已经得到纠正，那么图 7-5 所示的业务逻辑处理流程将从此直接进入第 3 步。例如，第 2 步中能源交易内容验证无法核实交易伙伴，因而调用出错处理服务。出错处理服务在收到这个请求后启动相应的错误处理流程，通知有关的业务人员在第 2 步中出现了问题；业务人员知道这是一个新的交易伙伴而其信息尚未在公司的所有系统中正确无误地体现出来，选择在相关系统中手动输入该交易伙伴的信息（实际上是使原本出错的交易内容验证的执行得以通过），然后指示还在等待的其他所有步骤"跳过"，进入下一步的执行。

- 取消：如果在上面"跳过"的情形中，出错处理服务不仅纠正了第 2 步中遇到的错误，还顺带完成了第 3 步，那么原本出错的业务处理流程也就没有必要继续下去了。出错处理服务因此指示还在等待的第 2 步就地退出，停止业务处理流程中当前业务信息的处理①。

- 重试：这是最普遍的一种情况，由出错处理服务对业务处理流程遇到的导致出错的外部不正常因素进行纠正，然后由业务处理流程重新进行处理。比如，一个数据库访问失败后②，业务流程向出错处理服务提出请求，出错处理服务通知数据库管理员修复后指示业务处理流程重新进行该数据库的访问。在这种情形中，还可以指示从原来的业务处理流程中的哪一步进行重试。

业务流程处理过程中出现的错误可以分成系统错误和业务错误两大类，二者的性质不同，由谁来处理存在不同，在业务处理流程中的应对也有所不同。系统错误的出现不仅仅限于业务信息的处理时，比如数据库故障；而业务错误完全仅限于处理某一个具体的业务信息时才可能发生，比如上面提到的无法核实能源交易伙伴。换句话说，在业务处理流程"空转"时绝不会出现业务错误，而系统错误任何时候都有可能出现。系统错误应该由 IT 的技术支持或 DevOps 人员来处理，而业务错误应该由相关的业务人员来处理。由于业务人员往往不懂IT，让业务人员来处理业务错误的界面应该十分友好。在出错情况的应对方面，系统错误的情形得到纠正后，业务处理重试会自然地顺利通过；但如果是业

---

① 　如图 2-7 所示。这里只取消处理当前业务信息的 job，而不是停止 container 中定义的业务流程。
② 　为了增加整个系统和应用的可靠性，通常对其他系统的访问可以安排尝试多次、中间间隔直到成功的方式。

务错误,简单的重试是永远无法顺利通过的,而必须将业务数据中的有关问题加以解决才行。

在出错处理服务的界面之后可以有任何简单或复杂的错误处理逻辑,错误处理逻辑可以去调用其他系统,或者启动 BPM 工作流,以实现任何需要的手工错误处理逻辑。然而,错误处理逻辑本身也可能再发生系统错误或者业务错误(这里的业务信息就是原本出现错误的流程送来的错误处理请求)。对于这里发生的错误(可以称为二次错误或衍生错误),一般就不要再调用出错处理服务了,而是直接送到"死信队列",等待专门处理。

7.1.3　ID 映射服务

由于每个系统使用的 IT 技术不同,一项业务资源在不同的系统之中往往有着不同的标识(即 ID)。比如同一个企业里,同一个客户"李先生"在 Salesforce 客户关系管理系统中的 ID 是 5003000000D8cuI,在 SAP 订单系统中的 ID 是 88890,而在作为积分奖励系统的 Oracle 数据库中是 102569。5003000000D8cuI,88890 和 102569 就仿佛是李先生在不同城市所拥有的不同的身份证。我们无法改变任何一个系统中的 ID 形式,但我们的确需要将李先生作为企业客户的个人信息在 3 个系统之间关联起来。

最自然、最直接的做法就是让每一个系统中的每一条客户信息都附加存储同一个客户在所有其他每一个系统中的 ID。然而,这种做法会产生诸多问题。

- 每次引入一个新的系统,不仅新系统中的每一条客户信息可能需要额外存储 N 个现有系统中同一个客户的 ID,现有 N 个系统中的每一个系统里的每一条客户信息也都有可能需要加存相应的新系统中的 ID。
- 每一个系统都存储其他系统中相应的 ID 将导致在数据这个层次上所有系统之间的强耦合关系。详细的论述请再次参考 2.3.3 节。
- 各个系统中的 ID 往往只是技术上的一个标识符号,跨出系统范围之外将没有任何意义。如果让这些 ID 进入并"污染"了每一个其他系统的数据存储部分,对运行维护、将来功能的增补及系统的升级和替换都会带来很大的困难。
- 即便你就是想在每个系统中都存入李先生作为一个客户在所有其他系统中的 ID,技术上也未必可行。想象一下将 Salesforce 的 ID 存到 SAP 里,或者将 Oracle 中的 ID 存到 Salesforce 里会牵涉到的技术细节。

比较好的设计方案是将系统之间的 ID 关联及转换全部交给 ID 映射服务来

管理。先来看看最开始时系统之间的 ID 关联是怎样建立起来的。如图 7-6 所示，李先生在某个电子商务网站上登记成为一个新客户并下单订购了一些商品。涉及新客户和新订单的业务处理逻辑需要在 Salesforce 中存入基本的客户信息，在 SAP 中存入订单信息，并在 Oracle 数据库中设立该新客户的奖励积分账号。业务流程中有关客户 ID 关联的部分详解如下（订单 ID 的关联与此类似，限于篇幅，在下面的论述中省略）。

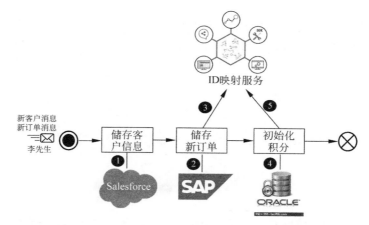

图 7-6　使用 ID 映射服务对不同系统之间的 ID 关联进行管理：新客户

（1）将李先生的新客户信息存入 Salesforce，并拿回 Salesforce 为李先生生成的客户 ID。

（2）将李先生的新客户、新订单的信息存入 SAP。

（3）将李先生在 Salesforce 中的客户 ID 和在 SAP 中的客户 ID 之间的关联性关系存入 ID 映射服务①。

（4）将李先生的新客户信息存入 Oracle 数据库，初始化李先生的奖励积分账户，并拿回 Oracle 数据库为李先生生成的客户 ID。

（5）将李先生在 Oracle 数据库中的客户 ID 和在 SAP 的客户 ID 之间的关联性及李先生在 Oracle 数据库中的客户 ID 和在 Salesforce 中的客户 ID 之间的关联性存入 ID 映射服务。

至此，3 个系统中关于李先生各自的客户 ID 之间的关联即已在 ID 映射服务中存储妥当。

---

① 由于篇幅所限，我们没有讨论这种映射关系是单向的还是双向的。实施时具体的选择有多种因素的考虑。

我们再来看看，如果李先生对自己的客户信息和订单信息进行修改，围绕 ID 映射这个话题在业务处理流程中将会发生什么。这里，假设有关李先生的客户 ID 和订单 ID 的关联性均已存在于 ID 映射系统中。如图 7-7 所示。

（1）在 Salesforce 中找到李先生的客户 ID，对李先生相关的客户信息进行更新，并拿回 Salesforce 中李先生的客户 ID。

（2）根据李先生在 Salesforce 中的客户 ID，调用 ID 映射服务以获取李先生在 SAP 和 Oracle 数据库中各自的客户 ID。

（3）根据第 2 步得到的李先生在 SAP 中的客户 ID 和所查询的订单号，在 SAP 系统中找到相应的客户和订单记录，并进行对应的更新，之后返回 SAP 中的订单号。

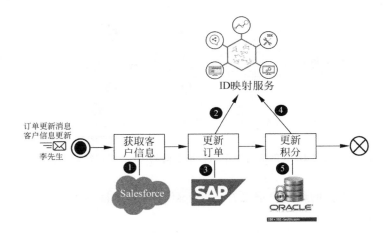

图 7-7　使用 ID 映射服务对不同系统之间的 ID 关联进行管理：客户信息更新

（4）根据第 3 步得到的 SAP 中的订单 ID 及第 2 步得到的 Oracle 中的客户 ID，将李先生的客户积分信息在 Oracle 数据库中进行更新。

有了 ID 映射服务，所有系统之间的 ID 关联性的管理全部交由 ID 映射服务来管理，每个系统不再需要存储其他系统中业务数据的 ID，这才真正做到了系统之间在数据这个层次上的松耦合。

7.1.4　顺序处理服务

在 3.3.1 节中作为一个案例对"顺序处理"进行了详细的介绍，在此不再重复。

7.1.5 连续集成/连续部署(CI/CD)

在多个程序员参与的软件应用开发项目中,有很多开发人员和运维人员每天都要重复进行的工作,比如代码签入/签出、代码审核、单元测试、部署和迭代测试等。这些具体任务应该尽量使用各种不同的商用、开源或自己开发的工具来自动完成,以便将团队成员从繁重的、重复的任务中解放出来,并保证工作的质量。

这些任务可以归为两大类:

(1) 将所有的开发员在某个开发阶段(比如敏捷开发中的一个冲刺周期/Sprint)中的代码更改经过审核后全部合并到一起,成为下一次部署的代码内容。这一部分的工作如果全部自动化,一般就称为连续集成(continuous integration,CI)。这个概念是面向对象的权威、UML[①] 的制定人之一 Grady Booch 于 1991 年提出的,尽管他并没有主张过 CI 频繁到一天数次。

(2) 将 CI 合并好的代码编辑成可供最终部署的部署单元,对部署单元进行单元测试和代码覆盖测试,并最终针对目标环境进行部署。这一部分的工作如果全部自动化,一般就称为连续部署(continuous deployment,CD)。

图 7-8 显示了从 CI 到 CD 端到端的主要任务。每个任务的具体内容及可供选择的工具解释如下:

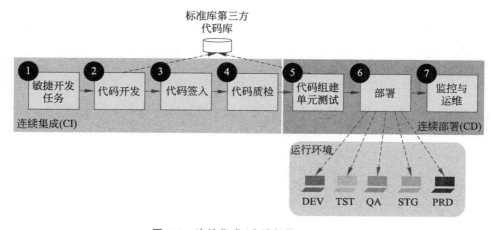

图 7-8 连续集成/连续部署(CI/CD)

---

① Unified Modeling Language:https://www.uml.org。

（1）由敏捷开发的项目管理分派任务。这一步是后面任务的由来，但并不是后面代码开发任务的先决条件。代码开发工作完全可以直接进行，只不过有了这一步的任务记录和分派，开发任务的由来（比如是新功能、运行性能提高还是纠正 bugs 等）、工作量的估计和完成情况等都可以从项目运行的角度进行跟踪和管理。在大多数施行敏捷开发方式的公司里，这个任务是使用 JIRA^① 来完成的。

（2）开发任务的完成。这一部分是软件项目开发的核心内容，使用的开发工具也是五花八门。通常，开发工具都与代码管理系统直接相连，而不需要程序员离开所用的开发工具就可以直接签入、签出代码。在开发工作中不可避免地要利用一些标准库和自己开发的工具库。与每个开发单元甚至每个开发人员都各自复制一份标准库和工具库的拷贝这样的方式相比，使用外部或内部的公用开发库具有明显的优点。例如，如果你的开发项目使用 Maven^② 来管理标准库和工具库，最常见使用的标准库和工具库的管理工具就是 Nexus^③ 和 Artifactory^④。更常见的标准库内容则可以从 Maven Central^⑤ 上获得。

（3）代码签入：开发工作的阶段性成果在代码管理系统中进行保存、分支和合并。

（4）代码质检：主要的方式是通过技术主管或同事的代码审核。审核的内容通常是在《项目技术标准和开发最佳实践》文档中已经定义了的项目，比如命名规则、日志方式、错误处理方式等。很多时候这些审核内容可以用某种代码分析工具或者自己写个工具来自动进行检查，而只把代码在架构上的相关问题留待代码审核会议上人工进行。

以上这四步就是连续集成（CI）任务的基本内容，主要由团队里的开发成员完成。而以下三步是连续部署（CD）的基本内容，主要由团队里的运维人员来完成：

（5）组建相关代码的部署单元，并运行单元测试项目和代码覆盖测试。组建部署单元与第 2 步一样，会遇到需要利用一些标准库和自己开发的工具库的情形。这时，使用的是同一个库。单元测试和代码覆盖测试各自都是可选项，可以通过命令中的一个控制参数来选择跳过这两个测试项目（比如 Maven 中的 -DskipTest＝true）。单元测试常常是由开发员根据测试要求来定义的，比如

---

① 　https://www.atlassian.com/software/jira。

② 　https://maven.apache.org。

③ 　https://www.sonatype.com/product-nexus-repository。

④ 　https://jfrog.com/artifactory。

⑤ 　https://mvnrepository.com/repos/central。

JUnit 中的测试案例;而代码覆盖测试一般需要针对具体使用的代码开发工具的特殊工具,测试的是所有定义的单元测试情形的数量占该代码单元所有可能的执行路线情形总数的百分比。这两项测试的结果可以决定下一步的部署任务是否还要进行。一般来讲,如果单元测试不是 100% 通过的话,部署任务就不再进行,整个 CI/CD 的流程宣告失败。但是,对于代码覆盖测试,出于成本的考虑,一般不会像单元测试那样将测试通过的门槛设在 100%,常见的多设在 80%。

(6) 如果 CI/CD 的流程执行到此依然决定继续进行,实际的部署任务就会被执行。如果使用专门的软件开发工具,这些工具往往带有自己的部署执行命令。如果有多个需要进行部署的目标环境,同时又想避免其他任务的干扰,往往会安排一台专门的机器来执行 CD 的任务,同时使用像 Jenkins① 或 Bamboo② 等部署管理工具来进行 CD 任务的安排和结果的报告。

(7) 当成功地完成了部署任务之后,剩下的任务就是监控、报告等运维工作。这一部分其实已经超出了 CI/CD 的范围。

7.1.6　系统及应用监控服务

当业务应用、服务及公共服务在线运行时,我们希望各个部分正常运行。然而,故障和出错的情形在所难免。一方面,当发生故障和出错的情形时,我们希望有关人员能够及时得到通知,尽早进行排查和处理;另一方面,我们更希望系统和基础设施本身具有一定的自我纠错能力,并根据现状和运行趋势及可能出现的情况进行预警,及时采取行动,以避免严重事故的发生。因此,系统和应用的监控方面存在"向后看"和"向前看"两个类型。本节的监视内容属于"向后看"类型。在 7.1.7 节中,我们会讨论"向前看"的监控类型。

无论采用何种系统和应用的监控软件,监控架构大致可以包含以下几个组成部分,如图 7-9 所示。

- 监控服务器:负责与所有的监控代理进行通信,以获取监控数据和发布控制指令;与监控存储相连进行监控数据的存取,为监控显示提供所需的数据,以及对监控功能具体内容的配置和管理。这里是一个"间谍总部"。
- 监控存储:监控服务器可以选择将从所有监控代理收集来的监控数据在

---

① https://www.jenkins.io。

② https://www.atlassian.com/software/bamboo。

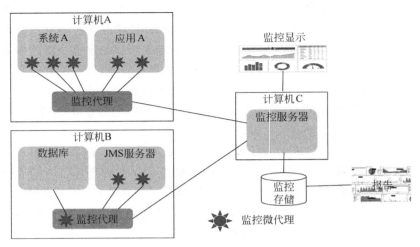

图 7-9   监视系统的简单架构

这里进行存储，以供给监控显示的调用及相应报告的产生。

- 监控显示：这是监控数据的查询和显示及对监控功能具体内容的配置和管理的用户界面。
- 监控代理：每一台计算机（无论是实体机、虚拟机还是云端提供的机器实例）上都有一个"间谍分部"，负责将从本机器上所有监控微代理搜集来的监控信息送到监控服务器，并将监控服务器下达的指令转送到监控微代理。
- 监控微代理：这些就是一个个的"间谍"，或本身就存在于系统或应用之内（如图 7-9 所示应用 A 中的两个监控微代理），或从监控代理向系统或应用进行连接并获取监控信息（如图 7-9 所示与数据库相连的监控代理）。一个监控微代理上一般具有一组与监控内容相关联的机制（例如，Java 开发包的方法调用，或者现在越来越流行的 REST 管理 API 等），供监控代理进行调用。每一个系统或应用中可以存在多个监控微代理。

系统及应用监控的模式包含以下几个方面。

- 确定监控对象，比如业务应用运行所处的 Java 虚拟机。
- 确定监控指标，比如上述 Java 虚拟机中内存的占用情况。
- 确定监控目标，比如当上述内存占用超过 Java 虚拟机总内存的 75％时。
- 确定达到监控目标时应该采取的行动，比如在日志里进行警告、用电子邮件通知 DevOps 人员、停掉其他闲置时间超过 4h 的 Java 虚拟机等。

需要提醒的是,一个具体的监控模式周期下来,可能触发其他监控目标。因此,不同的监控内容之间可能存在关联。

首先来看监控对象和监控指标。监控对象不同,具体的监控指标也会不同。

- 项目应用本身:这是我们自己开发和要交付的部分,为了实现用例要求文件中所有的业务功能。这里的监控指标可以包括每一个部署的连续运行时间、操作系统、主机名和 IP 地址、内存、硬盘等资源占用情况等。
- 项目应用正常运行必须依赖的其他系统,比如数据库、消息服务器及需要调用的任何其他系统。
- 操作系统的运行状况:
  ○ CPU 的使用情况;
  ○ 内存的使用情况;
  ○ 硬盘占用的情况;
  ○ 运行过程的情况;
  ○ 系统线程的情况;
  ○ 网络界面的运行情况。

如果了解了项目应用在运行环境中运行时上面的这些数据,就会对应用本身及其运行环境有一个比较全面的了解,从而及时对非正常情况的出现做出准确、有效的回应。

这里有一个运维监控面板的实战例子。如图 7-10 所示,这个面板是美国中部一个地区性电力公司使用 MuleSoft 的 Anypoint 平台时作者为该公司的运维部门设计的,数据的来源都是调用 Anypoint 平台自身具有的 REST APIs。前台的用户界面使用 Google Charts[①] 生成。面板中的内容从上至下分为几个部分:

(1)最上面的部分是总体预览,包括公司/部门的名称、本地及云端运行环境的软件版本、可以登录平台管理系统的用户数量,以及平台的应用商店里应用资产的种类和数量。

(2)下面的三部分是具体到每个运行环境的相关数据。使用一个下拉选择框来选择一个具体的运行环境之后,下面的三部分将显示所选中的环境里的具体数据和内容:

① 资产及其使用状况:比如集成应用和 RESTAPI 的数量和比例、使用最多的 API 及其被调用的次数、API 注册的应用数量、没有 API 策略保护的 API 的数量等。

---

① 　https://developers.google.com/chart。

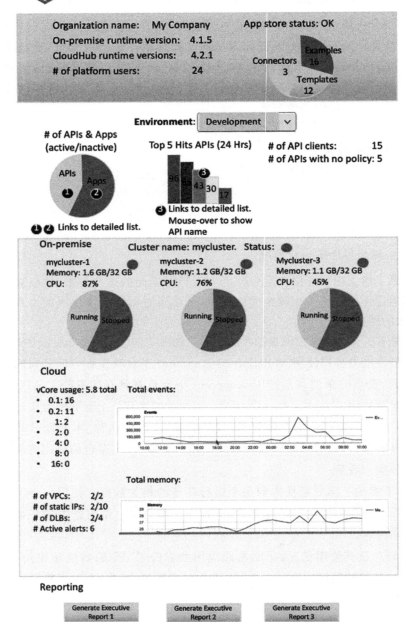

图 7-10　一个运维监控面板的实战案例

② 本地部署的集群中每个集群成员的内存和 CPU 的使用情况。

③ 云部署的运行环境中的内存、CPU、VPC、静态 IP 地址的数量、自定义的负载平衡器的数量等的使用情况,以及当前还存在的预警状况的数量。

（3）面板的最后一部分是用来生成常用的三个定期报表数据的按键。按动一个按键可以在后台执行相应的命令(同样还是调用 Anypoint 平台自身具有的REST APIs)来产生一个 csv 文件,然后将这个 csv 文件输入产生报表的软件工具,最终生成报表。

7.1.7　应用、服务、API 的分析服务

除了 7.1.6 节中的监控内容之外,对项目应用的其他方面的监控也很重要。如业务方面:

- 每一个集群、服务器和应用/服务/API 过程的运行状态和系统资源占用情况是怎样的;
- 项目应用在过去 24h 内一共处理了多少个业务信息,最繁忙时的处理速度是多少,平均处理速度是多少;
- 处理每一个业务信息的最长、最短、平均时间是多少;
- 在处理的过程中,耗时最长的是哪一步;
- 哪一个服务、业务流程或 API 被调用得最多,调用都来自哪些应用、地域或操作系统。

再比如 IT 技术方面:

- 核心商务软件的授权使用情况;
- 服务/API 管理平台的权限和用户;
- 所有安全措施,包括单点登录、用户口令、OAuth2 等细节;
- 在全部的服务或 API 中,哪些是在线运行的,有哪些不同的版本,每个服务或 API 上的安全和政策(policy)措施有哪些,当前和历史的有关预警内容;
- 有没有无任何安全措施保护的服务或 API;
- 某个用户对于服务/API 管理平台及每一个服务和 API 的身份验证和权限;
- 每个服务和 API 的定义、端点链接、原创人是谁,都有哪些管理人员和管理角色/权限可以接触并进行管理;

- 每个服务/API 都有哪些 API 平台的用户在请求调用权限，等待批准、被批准和被拒绝的请求有多少；
- 服务/API 管理平台中有哪些可以分享的服务、API、连接器、流程模板和样本等可以提高开发员开发效率的东西。

以上只是业务流程、服务和 API 在监控数据分析方面的几个例子，所列举的项目绝对不是所有监控数据分析各个方面的全部内容。从这些例子受到启发，读者作为一个解决方案架构师可以设计出自己项目中需要进行监控的具体内容。在设计时，选择每一个监控项目时一定要能够明确地说出该监控项目对于企业业务或者 IT 运行实实在在的好处，而不是为了监控而监控。这样挑选出来的分析项目才可以指导企业业务决策，并实现稳定、可靠的 IT 运行环境。

7.2 业务项目的项目模板及其与公共服务的互动

公共服务将业务项目开发员从共同的基础设施和服务方面的开发工作中解放出来，大大提高了项目开发的效率。为了进一步提高业务项目开发员的工作效率，减少错误的发生，并在同一类 IT 技术项目的开发上实现标准化、统一化，一般地，大型项目或者大型企业的项目会采用标准的项目模板（如图 7-1 下半部分所示）。开发员采用标准项目模板进行开发工作具有以下几个优点。

- 大部分项目模板由软件专业人士设计，并且已经包含了大多数的命名规则、流程结构和最佳实践。
- 开发员在不同的项目初始阶段上的学习过程大为减少。
- 绝大多数有关基础设施和公共服务的开发工作已在标准项目模板中进行了实施，使项目开发人员可以专心于业务问题的解决。

关于最后一点，我们来看标准项目模板的两个例子。第 1 个例子是在模板中调用日志服务。尽管日志服务本身已经对日志服务调用的输入输出的数据格式进行了明确的定义，但如何从业务流程的实施中真正对日志服务进行调用，依然需要业务流程的开发人员知道日志服务端点的有关技术细节，比如 SOAP、REST API、消息队列等。在这个方面，可以在项目模板中使用一个公用流程，将日志服务调用的具体技术细节全部掩盖起来，而让业务流程开发员只提供日志的内容。

第 2 个例子是在模板中调用出错服务。如图 7-11 所示，模板的结构可以分

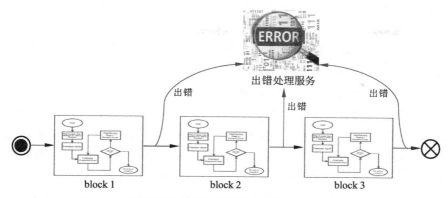

图 7-11　标准项目模板与出错处理公共服务之间的互动

成几部分①，就如同 Java 代码中的几个 try 代码块，每一个 try 代码块都有自己相应的 catch 代码块。所有的业务处理逻辑可以选择放在其中的一个大块里。与 Java 中的 try/catch 相对应，业务流程只在块（block）与块之间对出错服务进行调用。这样做的结果是所有对出错处理公共服务进行调用的接点全部被包括在了标准的项目模板中，使用模板的业务项目的开发员只需要在那几部分中实施业务处理的逻辑，从而大大提高了开发速度。

7.3　总结

在本章中，论述了系统集成项目中使用公共服务的意义和指导方法、公共服务可以包含的内容（日志、错误处理、ID 映射、顺序处理、系统监控和数据分析等），以及标准化项目模板的使用。

公共服务和标准项目模板的使用对于企业级解决方案的实施具有重要的意义。大多数企业的 IT 部门也完全意识到了采用公共服务和标准项目模板的重大意义。作者从 2002 年起在至少 5 个大型系统集成和 API 实施的项目上设计、实施和使用了公共服务和标准项目模板，采用的软件技术包括 Java，.NET，TIBCO 和 MuleSoft 等，但背后的设计思想是一致的。这些公共服务和标准项

---

① 作者 2002 年在世界最大的石油公司之一的项目设计中将项目模板分为 4 部分，并将每一部分命名为 validation，enhancement，standardization 和 transformation，简称 VEST。基本包含了业务信息处理的各个方面。目前，该模板及对应的公共服务仍在生产环境中运行。

目模板的使用为这些企业提供了坚实的 IT 基础设施，其中的一些到今天依然在生产环境中运行。

到这里为止，本书已经对大型的、复杂的系统集成和服务的架构思想、解决方案和技术细节进行了详细的讨论。虽然没有涉及具体使用的软件技术，但其中的内容对这一类项目的解决方案架构设计具有很好的指导意义。然而，系统集成和服务的架构、SOA 等已经有了 15 年以上的历史，我们用本书大概一半的篇幅来详细论述这些老话题，一方面是因为即使是在现在，作者依然不断地在客户项目中遇到严重违反本书中论述的系统集成基本原则的做法，反映出还有很多相关人员在这个方面并没有正确和深入的认识；另一方面对系统集成和服务的深入了解是学习本书的重点——现代 API 和工业互联网架构——的基础。

在第 8 章中，将对实施系统集成和服务项目时常采用的组织结构进行介绍，并对其逐渐不能满足企业业务发展的局限性进行分析。由此引出现代 API、工业互联网的愿景、概念、架构组成、方法论、相应的企业组织结构等方面的详细论述，并最后重点落在这样一个新的框架思想如何能够帮助企业完成数字化转型、实现新的 API 经济的愿景，最终在多变的、激烈的竞争环境中立于不败之地。

如果你是一个热爱技术的开发员，到这里来是寻找"干货"的，希望再掌握一门 IT 语言或技术，作者会告诉你：这些能够启发人深入思考、产生新的理解和洞察并应用在实践中的东西就是实实在在的"干货"。你可以找到几百本讲解一门计算机语言的书，却很难找到几本能把架构概念结合应用实例讲清楚的书。

本书的核心（有趣的）部分马上开始！

第 **8** 章
SOA在实施中的局限性

    SOA 的提出和推广至少已经有 15 年的历史了。SOA 架构的核心思想就是将所有的业务功能和 IT 功能都变成标准化的、可重复利用的、无处不在的服务;新的应用和服务的开发可以重复利用现有的服务来实现,而无须一切从零开始进行设计和开发工作。

    然而,在经过了近 10 年的发展和演变之后,大家逐渐开始认识到 SOA 并没有真正实现它原本承诺的令人振奋的愿景。

- 系统集成的复杂性在系统接口都被标准化成 SOAP 服务之后并没有减少多少。

- 尽管越来越多的开发人员对 WSDL 和 XML Schema 及其各种工具滚瓜烂熟,他们在开发和测试工作中遇到的问题,尤其是在系统之间的接口处遇到的问题却越来越多。

- 绩优中心(center of excellence,COE)越来越多地控制了 SOA 项目设计和开发的方方面面,从命名规则、项目模板的使用,到项目进展过程中里程碑处设计文件的审核和生产环境部署,它们无处不在,可当你作为企业业务项目的负责人真正需要实质性的帮助时,它们却陷在几十个同时进行的项目中而没有时间为你服务。

- SOA 承诺的众所周知的"服务公告栏"并没有能够实现。新的项目想要重复使用现有的服务还是不知道到哪里去找。

- 由于大多数系统集成和服务项目的实施在通信层面或数据层面(或二者兼有),本质上还是点对点的糟糕的架构,SOAP 服务很快就沦为点对点实施的新的机制。而一旦一个架构师或开发员对点对点连接的两端同时做 SOAP 服务的实施,服务的核心即合同特性和重用性早就被抛到九霄云外去了。

　　在承上启下的这一章中,将回顾一下前 7 章中论述的关于系统集成和服务的思想和原则在实践中到底遇到了什么样的问题和挑战。这些问题会为本书的第 2 部分,即现代 API 的综合论述做好铺垫。

　　在此需要强调的是,详细论述 SOA 的问题并不意味着 SOA 就一无是处——SOA 有着它自己的适用范围;SOA 的推动者们也意识到了这些问题的存在,并致力于在一定的程度和范围内解决这些问题。

8.1　SOA 在具体实施中的做法

　　在 5.6 节中(可能过于简单地)将 SOA 的核心原则归纳为"采用将现有服务进行组合来设计和实施新的服务和应用"。然而,即使是一个十分正确的指导原则,在落地实施的过程中依然会遇到各种各样的问题。于是,SOA 的推动者们一方面在方法论上将抽象的指导原则具体化,确立一些可以评估的特性甚至量化的指标;另一方面从项目和企业的 IT 组织结构入手,建立起一套众所周知的流程和"规章制度"。这样,就可以尽量保持 SOA 项目实施高度的一致性。

8.1.1　SOA 的设计原则

　　Thomas Earl 在 *SOA Principles of Service Design* 一书[1]中总结了以下 SOA 架构的设计原则。

- **标准化的服务合同**：即服务的提供方和消费方之间的约束,在 IT 技术、企业所在的行业或者企业自己内部已经确立的服务合同中已经存在,而不是特有的个例。这个约束包含业务功能的表述、数据模型及服务之上可以施加的政策(policy)等各个方面的标准化。
- **服务之间的松耦合**：这一原则的历史可以追溯到面向对象编程(object-oriented programming),其宗旨是力图使每一个服务模块都可以各自独立地进行演变,局部实施细节的改变由于稳定的服务界面(合同)而被局限在本模块中,不会扩散开来而影响调用该服务的其他应用。具体来

---

①　ISBN 978-0132344821。

讲,耦合有如下几种体现形式。

- 服务合同与业务逻辑之间的耦合：如果先有服务合同,在设计服务界面时可以将服务背后业务逻辑的具体实施细节完全剥离出来,从而实现服务合同与业务逻辑之间的松耦合。然而,如果业务流程已经存在,需要在其上包裹一层服务的定义界面,这时的服务合同设计会受到技术上、业务上,甚至企业组织结构上的限制,可能无法做到业务逻辑从服务合同中的完全剥离,只能尽力而为。事实上,SOA 项目中牵扯到的需要对现有系统进行集成的情形很常见。

- 服务合同与服务所使用的 IT 技术之间的耦合：如果一个服务只能使用 Java RMI 来进行调用,这个服务合同就将自己与一个非常具体的技术捆绑在了一起,无法成为一个被广泛使用的、具有操作可互换性的、真正的企业功能。

- 服务合同与服务功能之间的耦合：当调用一个服务需要提供很具体的输入数据、系统状态或其他相关的语境信息时,服务的通用性就会受到很大的影响。这种耦合不一定是坏事,因为有些服务可能只是为了特定的合作伙伴的重复使用,或者其功能只是一个完整的业务流程中的一部分。当然,如果一个服务的目的是为了面向广大的服务消费者,希望更多的重复使用的情形,那么服务合同与服务功能之间一定要具备松耦合的特点。

- **服务的抽象**：如图 5-1 所示,服务对于服务消费者呈现的仅仅是消费者得以调用服务所需要的最少量的、必须提供的服务合同中所规定的调用信息。尽管对服务背后的业务流程和业务逻辑的了解有助于使用该服务进行新的应用项目的设计,任何不是完全必要的信息如果出现在服务合同中都可能影响该服务的可重用性,因为每一个非必要信息部分的暴露,都会将服务的界面与服务的实施部分更紧密地联系起来,即增加其耦合度。当然,并非越抽象的服务就越好。过度抽象可能造成服务的消费者无法完全了解服务的全部功能而弃用该服务,因而降低了服务的重用性；而过度具体不仅可能产生服务合同与服务功能之间的强耦合,还可能造成安全性上的隐患。

具体来讲,服务的抽象有如下几种体现形式。

- 功能上的抽象：一个服务的功能可以有很多,有的是"核心功能"(服务的目的所在,如没有,则整个服务就没有意义),而有的是"辅助功能"。比如,一个住房贷款服务中,"申请贷款"是一个核心功能,而"收入水平评估"是一个辅助功能。核心功能是目的,辅助功能是手段。企业的业务功能作为目的一般会比较稳定,只有当企业的业务模型发生变化时才有可能变更[①]。然而,作为手段的辅助功能却通常会随着业务流程的不断优化和 IT 技术的不断发展随时进行调整。如果将辅助功能随核心功能一同放入服务合同呈现给服务消费者,就会大大降低服务合同的稳定性。基于这个原因,一般好的服务设计都只在服务合同中包括企业业务的核心功能。

o 技术上的抽象:服务的界面一定要采用标准的、最大众化的方式(比如 HTTP);调用请求与回复的数据一定要采用最普遍支持的格式(比如 XML 和 JSON)。除了服务的 URL 地址中的内容细节以外,调用服务的消费者最好无法看出服务界面背后的服务实施部分具体采用了什么 IT 技术。这样做的目的就是为了实现服务合同与服务所使用的 IT 技术之间的松耦合。

o 业务逻辑上的抽象:尽管服务的业务功能相对稳定,实现业务功能的业务流程却会不断地演变和优化。因此,实现业务流程的服务实施代码也会随之不断地被重构。另外,系统的性能调试造成的代码修改也可能涉及业务流程的变化。任何业务流程中业务逻辑的细节进入服务合同,都有可能造成服务合同与服务功能之间的耦合变强。

o 服务质量上的抽象:每一个服务在实施之后都伴随着一份"服务质量保证"(service-level agreement,SLA),其中包含服务的可靠性、可用性、调用的验证与授权等方面的保障性的说明。除此之外,任何其他有关服务的信息,如服务实现的业务逻辑在整个业务流程中的位置、该服务调用了什么其他的服务等,都不应该出现在服务质量保证中。另外,同一个服务的不同部署(服务界面 + 服务实施部分)常常可以带有不同的服务质量保证。例如,同一个服务的两个不同的部署可以分别有各自不同的调用频率限制。

• **服务的重用性**:服务的重用性并不是指一个服务被高频率地重复调用,而是指同一个服务作为一个独立的模块被多个不同的新的业务流程和新的服务所调用。换句话说,重用性看的是设计时间段,而不是运行时

[①] 一般这时是有外来的新型企业完全颠覆了现有的商业模式,改变了游戏规则。

间段。强调重用性是为了实现可组合式的服务架构,即新服务的实施由对现有的服务调用和组合来实现。重用性的实现要求每一个设计服务的架构师要在满足自己项目要求的同时,就项目范围以外的服务消费者对自己正在设计的服务的调用情形进行考虑。由于每一个项目的时间和经费都是有限的,这种利他主义的做法执行起来还是有条件限制的。这也体现了非技术因素对服务重用性的影响。

- **服务不保留状态**:无状态(stateless)指的是每一次服务的调用时,此前所有的服务调用和回复数据及系统的中间状态都没有在服务中进行保存。换句话说,服务在每一次的调用结束后就“失忆”了,每一次新的服务调用都是前后隔离、完全独立、自成一体的单项任务的完成。服务不保留状态可以增强服务的重用性。当然,业务逻辑的实现需要对现有的服务及应用功能进行协调,并保存某些中间状态。这一部分由于很具体,一般会在各个具体项目上、在服务之外的系统集成逻辑中进行实施。

本书介绍的 SOA 架构的设计原则中还包括了服务的自治原则、可发现性原则和可组合性原则。在这里只是用尽量通俗化的语言,非常概括性地列举出这些原则的基本内容。一个解决方案架构师在服务的设计中如何使用这些原则,不仅需要对 IT 架构、技术理论知识及业务逻辑的深入了解,还需要在实际项目中不断地体会和总结。

8.1.2　SOA 绩优中心

绩优中心(center of excellence,COE)是企业在组织结构上的一种安排,为企业的业务部门在某一具体 IT 技术方面(并不仅仅限于 SOA 方面)提供领导力和监管、最佳实践经验、研究指导和技术支持的团队,以及相关的知识和资源。在 SOA 的推广和使用方面,相当大的一部分企业采用过或者还在采用 SOA 绩优中心的组织形式及协作和监管方式。

作者在 TIBCO 软件公司任服务部门资深解决方案架构师的十几年中,曾主持过两个美国企业和一个加拿大政府部门 SOA 绩优中心的启动项目,每一个项目历时都超过 1 年。作者还作为全职雇员在美林证券纽约总部主持过公司全球范围的 SOA 绩优中心的启动和推广工作。尽管不同的公司施行 SOA 绩优中心会因行业、业务和需求侧重的不同而有所不同,但其指导思想和流程大同小异。图 8-1 显示了 SOA 绩优中心在建立之后,为企业业务部门的 IT 项目提供

图 8-1　SOA 绩优中心的主要功能

的主要功能。这些功能包括：

- 相关技术培训和早期的概念验证：发现技能的缺口并确定培训计划，进而推动新技术的使用。
- 推广标准化的架构：就绩优中心所拥有的框架、最佳实践、资产、架构模式、项目模板、具体的解决方案和方法及各种蓝图在企业内部进行宣传和推广。
- 提供最佳实践、政策和流程：提供专家级的人力资源，以加速作为样板的关键架构设计部分的交付。
- 进行项目的架构和实施代码审核：对关键业务项目进行独立的审核。
- 提供项目支持：直接对业务部门 IT 项目进行技术上的支持，推动标准架构的广泛采用，听取项目反馈，并将业务项目交付的部分资产收入到绩优中心。
- 推动相关资源的使用：对服务、服务组件、服务模式和数据的重用过程进行管理，以便加快 IT 项目的交付速度，降低项目风险。
- 生产运行支持：指导企业 IT 技术支持团队进行项目代码的编译、运行组件的生成和部署、系统性能的调节、运行状态的监控、分析报告的产生等。
- 提供架构关键的把控：根据来自绩优中心内外的反馈，不断地对关键的架构框架和绩优中心核心资产进行评估和优化。

绩优中心组织结构的核心是 SOA 绩优中心的架构师。这个角色既是企业架构师，又是解决方案架构师，对 SOA 架构、企业的业务和所采用的 SOA 技术都十分熟悉。除此之外，应该有一名至数名 SOA 绩优中心的开发人员，来协助

SOA 绩优中心的架构师完成图 8-1 所示的各种职能,包括开发和维护绩优中心的关键资产及对业务部门 IT 项目的技术支持。

为了进一步将 SOA 绩优中心的职能执行及对业务项目指导和帮助的流程标准化,SOA 绩优中心会开发出一系列的具体流程模板,并以文档的形式将这些流程固定下来。这些文档的集合称为"SOA 的剧本"。以下是作者在一家标普 500 的美国公司实施 SOA 绩优中心时使用的 SOA 剧本的主要内容。

第 1 步:定义企业关于 SOA 的愿景、高层次架构及路线图。第 1 个阶段先从现状评估入手,了解企业的相关现状;设立目标,并概括性地对达到目标所需的粗线条的架构及阶段性的目标进行定义。

第 2 步:确定和建立 SOA 绩优中心的组织结构和监管制度。在这个阶段中,快速建立 SOA 绩优中心的组织结构框架;定义其中的每一个角色及其具体职责和所需的技术技能、与业务项目的互动模式、服务及解决方案的生命周期和具体监管的框架和流程等。

第 3 步:确定和建立 SOA 的 IT 基础设施和相关技术标准。这一步内容繁多,任务很重,需要在以下几个方面完成很多具体的工作。

- 企业架构指导:包括架构模式(集成数据建模、消息传递、具体 SOA 软件工具的使用模式等)、安全措施、负载分布和可扩展性、容错和高可用性、系统性能调试,以及监控和分析数据的采集。
- 服务的相关标准和方法论:包括服务界面定义的指导原则、与服务相关的命名规则、服务的生命周期管理及对已经成熟服务的管理。
- SOA 基础设施:包括系统的物理架构、硬件规格和系统容量规划及灾难恢复架构等。
- 架构设计的最佳实践指导:包括一般性的架构指导原则、命名规则及围绕所使用的具体的软件工具的最佳实践等。
- 开发工作指导:包括提供项目模板、解答 SOA 软件工具的使用问题、代码审查及技术难题的解决。
- 数据监管:主要是围绕通用数据格式设计的指导和参与。参见 2.3.3 节。
- 公共服务:参见第 7 章。
- 运维指导:包括服务和业务应用的源代码控制、软件安装和运行环境的建立、自动部署脚本的使用和向更高环境的部署迁移,以及监控和管理等。

第 4 步：从现有的流程中提炼出服务。在这个阶段中，首先要对业务流程进行梳理和清晰的定义，然后从中提炼出服务，并将服务的功能及非功能的要求具体化。

第 5 步：开发出服务和组合式的应用。这是 SOA 绩优中心活动最核心的部分，服务的设计得到具体的实施。在项目的后期，SOA 绩优中心的架构师需要完成项目操作手册和围绕项目方方面面的交接工作，保证技术支持团队有能力接下业务项目有关的所有工作。

第 6 步：对企业 SOA 项目的实施结果进行多方面综合的评价。

总体来说，SOA 绩优中心的交付模式以 IT 为中心，由 IT 部门定义，对所管辖的 IT 服务和业务服务进行严格的监管。其核心资源包括企业架构设计模式、业务架构、最佳实践、安全及调用控制模式。SOA 绩优中心的服务对象是 IT 中心和系统集成服务商，服务方式以中心控制式的运作为主，依靠严格的审批流程和规范的文档来完成工作的具体内容。通常，SOA 绩优中心还拥有服务部署和运维所需的基础设施、业务应用和数据资源，并通过中心控制的方式向业务项目传递相关的 SOA 知识和技能。

上面提到，很多公司里的 SOA 绩优中心拥有和维护着业务部门围绕 SOA 的 IT 项目的开发和生产部署环境，并根据各个业务部门的项目在这些环境中对软件授权和系统资源的实际使用情况进行费用结算。另外，SOA 绩优中心往往拥有对业务项目的架构设计、细节设计、代码审核及生产部署的一票否决权。SOA 绩优中心的权利通常来自企业最高层的大力支持。没有来自高层的强大支持，SOA 绩优中心与业务项目之间的互动往往就会陷入无限的扯皮当中。

8.2   深挖 SOA 的初衷

实际上，计算机软件对于重用性的强调由来已久。在面向对象编程出现之前，重用性主要是在代码的层面上，以被重复引用的子函数（设计时间段）和函数库（运行时间段）的形式来体现。这时的重用往往是编写代码的开发员个人临时起意，发现自己在重复编写已经写过的代码后将重复的代码部分放入一个新的函数中。

面向对象编程方式出现后，不仅软件应用的设计思想从"为问题的解决方案建立模型"转变成为"为问题本身建立模型"，重用性的定义、实现和评估由于面向对象类(class)的设计而变得更有系统性和统一性。以 Java 编程语言为例,界面和抽象类(interface 和 abstract class)的使用已经具备了服务概念的雏形。这时产生了"封装"(encapsulation)的概念,即行为表象(interface)和底层具体实施(implementation)的分离,其目的就是不让后者细节上的改变影响前者对使用者所表现出来的行为和功能,以保证整个系统总体的稳定性。在 8.1.1 节中讨论的 SOA 的设计原则,都可以类比面向对象编程中相对应的概念而加以理解。

随着业务问题越来越复杂,解决业务问题的软件系统也越来越复杂,软件设计方法论的研究者们提出了组件(component)的概念。组件其实就是一组功能相关的类打包在一起,这样做的目的是针对涉及面更广、更复杂的系统做进一步的抽象后,依然可以采取面向对象编程的思想在更高的抽象层次上进行设计和理解。

业务问题及解决业务问题的软件系统继续(加速地)变得越来越复杂,一个项目的所有相关软件部分无法再继续全部运行在同一台计算机上了。于是就产生了对分布式计算技术的需求,人们开始希望这种业务功能的抽象化更广泛、更通用化,而不再受同一种语言和同一个内存空间的限制。回头看看 RMI,COM/COM+,Corba,EJB 等,它们都曾经企图解决同一个技术问题,即如何让分布在不同硬件上的组件和模块之间能够很容易地相互调用。直到 Webservices 和 SOA 的出现,这个问题才开始得到了比较满意的解决,采用了标准的网络协议及数据格式,也不再依赖某个具体的操作系统。

尽管存在以业务为主导的 SOA 的努力[①],专注于对企业价值、开销、独特性和效果的衡量,现实中几乎所有企业——无论是什么行业——的 SOA 的实施都是 IT 人士在推动。这些 IT 人士的目的是将自面向对象编程开始的、一贯的设计理念延伸到现在,以解决复杂系统架构的问题。如今,面向对象的界面变成了服务的定义,界面上的方法变成了服务上的方法;类/界面的设计原则变成了服务的设计原则;界面之间的调用则变成了基于标准通信方式(比如 HTTP)和标准数据格式(比如 XML)的标准方式(比如 SOAP)。通过这些办法,各种系统的功能被包裹在各种服务定义的背后。这样,调用各个系统功能就可以通过调用相应的服务方法来完成,而不必非要了解每个系统复杂的机理,从而大大提高了这些系统功能的重用性,降低了整体系统架构设计时需要考虑的局部的复杂性。

---

① *TOGAF 9 Guide*,第 250 页、22.3 节 Business-Led SOA Community,ISBN 978-9087532307。

8.3 SOA 的适用范围和局限性

通过第 5 章关于服务的概念及本章关于 SOA 绩优中心运作的介绍可以看到，SOA 的工作重点是将系统资源和企业业务功能包裹在服务的背后，其目的是提高服务的重用性，也就是企业资源和业务流程的重用性。SOA 可以让企业内部的信息流动变得更加顺利和标准化，对现有业务系统资源的调用不必再受困于现有系统的复杂性。当企业的业务功能需要向企业的客户、合作伙伴及企业自己的员工[①]进行呈现时，我们会发现服务的使用需求不仅会来自企业内部，也同样会来自企业外部。然而，当我们企图将原本是企业内部的服务在企业外部（比如云端）进行呈现时，会发现两方面的问题。

其一，很多企业内部的服务并没有任何安全措施，放到外网上时需要增加安全措施；同时，移到外网的服务实施代码中与仍保留在内网的企业资源之间的连接将跨越企业的防火墙，需要改变防火墙的规则或使用虚拟私有云（VPC）在外网来部署服务。大幅度、大范围地改变防火墙的设置在几乎所有的大中型企业的安全部门都很难通过，而虚拟私有云的使用也会存在费用和复杂性的问题。当然，与 10 年前相比，云计算技术的大幅进步已经让虚拟私有云变得很常见了，越来越多的云端应用和 API 都会被部署在 VPC 中，并与内网中的各种企业系统相连。

其二，与第 1 个问题相比，第 2 个问题似乎是更根本性的问题。在 8.2 节中指出，服务的功能通过服务界面上的方法来体现，而且 SOA 追求的是服务的重用性。由于服务方法描述的是服务功能的行为，通常用动词来表达，当外网的服务消费应用需要了解服务的内容和功能以便进行调用时，使用动词来描述服务和服务方法的行为就远不如使用名词来描述企业资源的特征来得更直观易懂。换句话说，使用名词来描述特征还比较客观，不同的人看同一个资源应该可以得到比较一致的解释。然而，当使用动词来描述服务的行为时，不同的人看同一个服务的同一个方法则可能有不同的观察和理解，甚至有可能得不到关于这个方法的真实信息，因为服务中的界面/定义和实施/行为是分开的。因为不容易了解服务，服务被重复使用的机会将大为降低。

---

① 尽管员工可以在企业的内网上对企业资源进行调用，移动应用的出现有时仍然会产生企业员工从企业外网调用企业系统资源的需求。

　　另外,SOA 绩优中心也有其本身在具体实施中的问题。按其定义,知识和技能过度地集中在 SOA 绩优中心,使其本身成为业务部门获取 IT 功能、数据和企业资源的瓶颈和障碍,因为想要得到 SOA 绩优中心帮助的业务部门都需要向这个小型的、常常超负荷的团队提出正式的申请。作者在美林证券负责 SOA 绩优中心的工作时,常常同时和 30～40 个业务项目打交道,日程表上同一时间段同时有两三个会议出现更是家常便饭。SOA 绩优中心这样的工作负荷不仅不可持续,还很难保证每个业务项目都能够得到足够的、恰如其分的技术支持,工作质量大为下降。

8.4　总结

　　在本章中,对 SOA 的基本原则、在实践中的具体做法、其初衷和适用范围进行了初步的讨论,并指出了 SOA 本身的局限性。

　　本章的目的是为本书第 2 部分内容的展开进行铺垫。如何才能解决业务项目得不到足够的来自 SOA 绩优中心的技术支持这个问题呢?在第 2 部分的第 9 章中先进一步分析这个问题的来源和严重性,并引入解决这个问题的方案的核心——REST API(简称 API)。然后,就 API 的定义、特点及在新的 API 架构中的应用进行详细的论述。下面就让我们带着这个问题进入本书的第 2 部分——现代 API。

第 2 部分

正篇——现代 API、应用互联网

近几年来,忽如一夜春风来,API 这个词在 IT 界突然就火起来了,而且越来越多地得到了 IT 界以外人士的关注。在刚刚接触 API 的开发人员看来,API 不过是 SOAP 服务的旧瓶装新酒——XML 变成了 JSON,依然使用 HTTP(s)。然而,API 到底是什么? API 与服务之间有什么区别,又有什么联系? 为什么在现在这个时候会出现 API 被大规模地采用? 以 API 为基础的软件系统架构有什么特点? API 与微服务、云计算、大数据等热门话题之间都有什么样的联系? API 对企业业务的发展和思路,包括当前最热门的企业数字化转型话题,有什么影响和作用? 这些都是本书第 2 部分意欲回答的问题。

本书第 1 部分关于系统集成和服务的内容是第 2 部分正篇的基础。大型复杂系统的设计在底层肯定会存在牵扯到多个系统集成的问题,以及旨在解决重用性问题的服务。如果读者从未参与过大型复杂软件系统的设计和开发项目,那么在阅读第 2 部分之前一定要针对第 1 部分的内容进行较为深入的研读和初步的思考;如果读者已经参与,甚至主持过一些较大型、稍复杂的软件系统的设计和开发项目,也希望能够利用第 1 部分的内容进行一个快速的回顾,为第 2 部分的讨论建立起一个共同的基础。

现代**API**的引入、应用互联网

在本书的第 1 版的序言中曾举过一个口袋妖怪（Pokemon）信息的 API 的例子，对现代 API 已经有了一面之交。在第 2 部分的第 9 章里，我们力图回答这样几个问题：

- 什么是（现代）API？
- 以 API 为基础的架构设计有什么独到之处？
- API 能在目前流行起来，其背后的原因是什么？

9.1 什么是（现代）API

从面向对象编程（OOP）设计开始，一直到面向服务的架构（SOA）设计，有一点始终没有改变，即将对象的行为（behaviors）和特征（attributes）分离开来，突出呈现行为的界面而掩盖掉特征。这样做的目的是将行为尽量稳定下来，满足使用者的要求；并同时让支持行为界面的底层具体实施能够独立地进行演变，而不对面对行为界面的使用者程序产生任何影响，真正做到改动的局部化。

举两个例子。如图 9-1(a)所示的 Java JDK 中 java. io. StringReader 这个类的类图。我们从中可以看到，4 个类的变量（即特征）都是私有的（private）的。这些变量有的是这个类本身固有的特征，也有的是技术实施时的辅助参数。不仅类的变量可以是私有的，某些类的函数（method 或 function）也可以是私有的，比如 StringReader 这个类中的 ensureOpen( )函数，只是为了这个类本身的实施方便而用，而其余的 8 个函数全部是公开的。

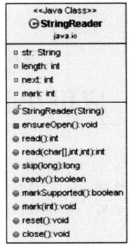

(a) 一个Java的类(class)　　　　(b) 两个SOAP服务在SOAPUI中呈现的操作

图 9-1　Java 类与 SOAP 服务的类似之处——突出行为

再比如图 9-1(b)所示的两个 SOAP 服务的 WSDL 从 SOAPUI[①] 中打开的情形。作为计算器服务和天气信息服务的界面，其服务调用者不需要任何其他信息就可以享受服务。从这些服务界面上，服务的调用者看不到任何服务内部的状态、参数及服务操作的具体实施细节。至于计算操作和天气信息的实际获取到底在哪里、用什么样的逻辑实施的，作为服务的调用者完全不需要知道。这样的做法被称为包封（encapsulation），其好处有 3 点：第一，方便服务的调用者——你不需要知道理发或烹饪的具体操作细节就可以享受这些服务；第二，同类服务的标准化——服务的调用者可以在不同来源的同类服务之间进行选择和替换，这一点同时也扩大了每一个服务提供者潜在的服务群体；第三，每一个服务提供者都有动力在保持服务界面标准化的同时尽量优化自己的服务品质（即其服务的具体实施的品质）。这就是界面与实施的分离。

随着互联网的出现，一批专家们，包括被称为"互联网之父"之一的蒂姆·伯纳斯·李[②]（Tim Berners-Lee）和 REST API 的奠基人 Roy Fielding 博士[③]，在

---

① 一款非常流行的 SOAP 服务和 REST API 的测试工具：https://www.soapui.org/。有免费开源版和企业版。

② https://baike.baidu.com/item/%E4%BA%92%E8%81%94%E7%BD%91%E4%B9%8B%E7%88%B6。

③ https://en.wikipedia.org/wiki/Roy_Fielding。

建立了作为互联网基础的一系列相关标准后，开始寻找一个具备"无序状态下的可扩展性及各自独立部署"（anarchic scalability and independent deployment）特点的新型互联网架构。这一努力的结果被完美地总结在 Fielding 博士 2000 年加州大学（欧文）（University of California，Irvine）的博士毕业论文①中。

9.1.1　REST 架构的特点

　　Fielding 博士在其 2000 年的毕业论文《架构风格以及基于网络的软件架构设计》（Architectural styles and the design of network-based software architectures）中认为，架构风格是一组相互协调的架构约束，用来对架构元素的角色和特征及任何符合该风格架构中这些架构元素之间的关系进行约束②。同一篇论文中，Fielding 博士在第 3 章中列举和描述了数据流（data-flow）、复制（replication）、客户端-服务器分级（hierarchical）、流动代码（mobile code）及平级端到端等（peer-to-peer）架构风格，并在第 5 章中对 REST 架构的特点进行了论述。

　　Fielding 博士认为③，"状态表象转换"（representational state transfer，REST）④结合了第 3 章中的几个架构风格，加入了新的架构约束，并对连接器的界面进行了统一的定义。作者在此无意用大量的篇幅翻译该论文的原文，只是简单总结一下 REST 架构的主要特点，然后围绕现代 API 来应用 REST 架构的特点。

　　REST 架构主要有以下几个特点。

- 客户端-服务器：将使用者界面和数据存储所关心的不同问题分离开来，简化服务器的部分，以改善其可扩展性和在不同运行平台上的可移植性。

- 无状态保留：每一个从客户端到服务器的调用请求本身都包含了服务器处理服务请求所需的全部信息。换句话说，服务器不需要在处理服务请求的过程中使用任何在服务器端"记忆"的状态信息。

- 快速缓存（cache）：服务器端的快速缓存可以提高在客户端看来服务器

---

① https://www.ics.uci.edu/~fielding/pubs/dissertation/fielding_dissertation_2up.pdf。

② 注释①，第 13 页。

③ 注释①，第 76 页。

④ 这个专用词的中文翻译有多种，似乎还没有统一的译法。这里的译法旨在体现下面即将深入阐述的 REST API 的特点。

端对服务请求（尤其是重复的服务请求）的响应速度。客户端有时可以在服务相应内容的实时性和响应速度之间做出选择，以便服务器端相应地决定是从快速缓存还是从最终的信息源获得服务响应的内容。

- 统一的标准界面：用以简化架构、改善不同组件之间互动关系的可视性。由于实施细节和标准化界面的分离，这两部分都可以各自独立地演化而毫不影响对方。需要特别注意的是，由于调用请求和调用回复的内容都需要在标准界面格式和内部格式之间进行转换，REST 的界面一般只对粗线条的、内容量大的"超媒体"（hypermedia）具有较高的效率。REST 的界面由 4 个限制条件来定义。

  - 资源的标识：REST 架构风格的核心元素就是资源。每一个资源都有一个独特的标识（ID）。这个标识常常是 URL。只有先得到这个资源标识，才有可能对该资源进行操作。

  - 通过表象来对资源进行操作：REST 的组件对于资源的操作（即"建读改删"，英文译文为 create-read-update-delete，简称 CRUD）是通过首先抓住该资源的现有表象或目标表象，然后在组件之间完成从现有表象到目标表象的转变。

  - 带有自我描述的消息：由于 REST 架构风格"无状态保留"的特点，有关如何处理一个 REST 调用请求内容的所有相关信息必须随着调用请求本身一起到达服务器端。换句话说，通过使用元数据及其他方式，REST 调用请求中所包含的数据必须是带有"自我描述"特点的消息。

  - 超媒体作为应用程序状态的引擎（hypermedia as the engine of appplication state，HATEOAS）：与面向服务架构中服务的客户端通过一个固定的服务界面描述（如 Webservices 的 WSDL）来调用服务的一个个具体的服务操作的方法完全不同，在 REST 的架构风格中，客户端是通过超媒体与服务器端动态提供的一个"应用网络"来进行互动的。除了首次进入 REST 应用网络的第 1 个链接及客户端必须具备处理超媒体内容的能力之外，REST 的架构风格对于客户端来说再无其他任何要求。

- 多层的系统："客户端-服务器"的基本形式及其不同的变种（如客户端的快速缓存和连接器、服务器端的快速缓存和连接器等）可以通过相互串联的形式组合起来。每一层"客户端-服务器"的结构除了与其直接相连的上一层和下一层之外,对其他层的结构则完全看不到,因此整个系统的复杂性得到了控制,可以对任何局部的层次结构进行替换,而不至于影响整个系统的稳定性。

9.1.2 REST 架构的特点在 API 中的具体应用

Fielding 博士的上述关于 REST 架构风格特点的论述似乎有点儿难懂,尤其是关于超媒体的部分。我们还是先从基本概念入手,一步一步地进行解释。

首先,什么是"资源"? 维基百科的定义[①]是:

> A **resource** is a source or supply from which benefit is produced.

即"资源是可以产生好处的东西"。在 IT 世界里,资源可以是实体的,也可以是逻辑上代表实体的存在。至于一份资源可以实现什么样的好处,很大程度上取决于资源使用的情形,最后量化到以金钱量度的使用价值也会有所不同。比如,作为资源的一千克煤,如果放入普通家庭的冬季取暖炉中烧掉,可以维持几个小时取暖(同时排出的有害气体造成的损害却不容易估计);同样的一千克煤,如果作为化工原料,裂解后可以生产出不同的化工产品,经进一步加工后其价值会远远超过前面取暖的使用情形[②]。

其次,资源的状态并不是一成不变的,而往往是一个时间的函数 $R=f(t)$。比如上面例子中作为资源的一千克煤,无论是两种使用情况中的哪一种,这份资源的内容/状态[③]在不停地发生着变化。在时刻 t_0,该资源的瞬间状态可以用 $R_0=f(t_0)$ 来代表。

再次,在同一个资源不同的使用情况中,我们所关心的该资源的具体信息会有所不同。还以作为资源的一千克煤为例,作为取暖的燃料,我们可能只关心其燃烧值和燃烧速度(也许还包括排放出的有害气体的量);而作为裂解的化工原料,我们就会关心其有效成分、分解温度等。这说明,在使用资源并产生好处的过程中,我们几乎永远不会同时关心该资源的全部所有信息,而只是其中与当前使用情况有关的一部分信息(representational)。换句话说,资源状态是在某一

---

① https://en.wikipedia.org/wiki/Resource。
② 与大多数情况下实体资源在现在的状态下只能使用一次的情形不同,IT 资源(即数据)往往可以重复利用。
③ 以下统一使用"状态"一词来表述。

个具体的资源使用情形中所看到的资源。

同时，资源状态(R_0)也是在某个时刻的视图。使用"资源链接"这种机制作为随时获得资源状态的办法。只要单击/访问一个资源链接，就可以调出此刻的资源状态。图 9-2 显示了资源、资源状态及资源链接之间的关系。

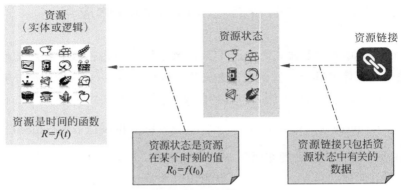

图 9-2   资源、资源状态和资源链接的关系

有了资源、资源状态和资源链接的定义，就可以来定义 API 了。一个 API 由以下两部分组成：

- $0 \sim N$ 个资源状态；
- $0 \sim N$ 个资源链接。

也就是说，一个 API 就代表了一个"资源组合"——准确地讲，是一些资源状态和另一些资源链接的组合。如图 9-3 所示的外圈就有 6 个这样的"资源组合"，每一个资源组合除了包括一些静态的信息之外，还包括 $0 \sim N$ 个指向其他资源组合的资源链接。位于图 9-3 中心的"你的应用程序"的作用就是进行协调，在合适的时机访问适当的资源链接，以完成从当前的资源组合状态到被访问的资源链接所指向的目标资源组合状态的转变（state transfer）。这 6 个"资源组合"就是 6 个 API。

读者看到这里可能会问：我们以往的应用系统和程序的逻辑都是通过一系列对对象或服务上所带有的函数/方法的调用以获取或改变特定的信息，而现在如图 9-3 所示的 REST 的架构是如何完成同样的任务的呢？

为了回答这个问题，可以从下面 3 个方面来入手。

- 当一个资源组合从一个状态转化成另一个状态时，某些资源信息被读取并转化成目标资源组合中的静态内容，另一部分资源的内容则被更新。

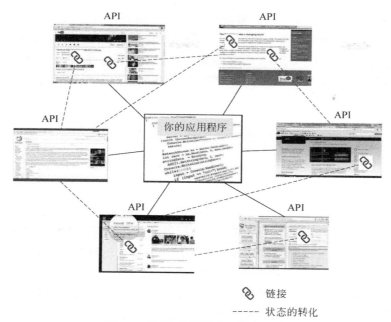

链接

----- 状态的转化

图 9-3　资源、资源状态和资源组合

同时,与目标资源组合相关的其他资源组合也会以链接的形式被包括在目标资源组合中。举个例子,当一个电力公司的用户通过手机应用调用用户信息的 API 时(Customer API),如果该用户目前没有使用电力公司的任何供电计划,Customer API 调用的结果(即目标资源组合)应该包含该客户的基本信息、当前无供电计划服务的状态(即各种静态信息)及一个指向用电计划(Account API)资源组合的 API 链接,使该客户可以注册登记,加入一个新的用电计划。与此对应,如果该客户目前已经参加了电力公司的某个或某些供电服务计划,同一个 Customer API 调用的结果(即目标资源组合)则应该包括该客户的基本信息、当前参加的每一个供电计划服务的细节(即各种静态信息)及一个指向用电计划(Account API)资源组合的 API 链接,让该客户可以增加新的用电计划、更改或取消已有的用电计划等。目标资源组合就是一个包含资源静态信息和资源链接的超媒体。

- 每一个 API 调用的最终状态是以 API 的回复呈现的目标资源组合。然而,API 的实施部分在返回目标资源组合的内容之前,其可做的事情却远远不止对静态信息和新的资源组合链接进行安排——API 的实施逻辑中可以包括任何你在对象或服务上所带有的方法的调用中可以做到的事情。由于这个原因，基于 REST 的应用架构完全可以做到任何你在面向对象编程和 SOA 中能够做到的实施逻辑。事实上，如果你在面向服务的设计中所有的服务操作设计时都严格地采用如下的命名方式，就会发现，API 和服务殊途同归了：

- ○ addAccount()；

- ○ getAccount()；

- ○ updateAccount()；

- ○ deleteAccount()。

- 眼尖的读者可能已经发现，图 9-4 怎么这么熟悉？没错，你在网上消磨时间的情形就是这样一张图。你访问的每一个网页（超媒体的具体体现）上又都有更多的链接让你去访问。在浏览的过程中，你读了新闻，网购了商品，追了最新的电视剧。尽管你可能觉得对 REST 的架构思想还没有完全把握，但你实际上早已熟练地在使用 REST 的架构理念了，只不过在 REST 的架构中资源状态组合的转变是由应用程序而不是你这个人来驱动的。

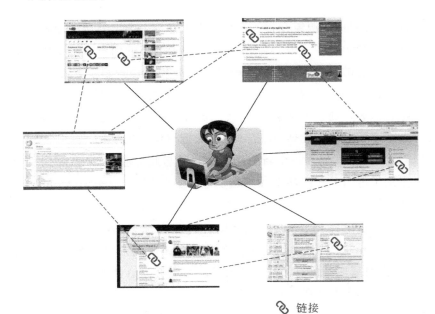

链接

图 9-4　互联网站的浏览

9.2 （现代）API 流行背后的原因

　　Dr. Fielding 的博士论文是在 2000 年完成的。为什么 REST API 及 REST 的架构风格在那之后的 15 年里并没有得到广泛的采用？为什么直到最近这几年，REST API 才受到了广泛的关注呢？其实，早在 2003 年 Salesforce 就开始发布 Salesforce REST API，与其 SOAP Webservices API 并列，为与 Salesforce 进行系统集成的开发人员提供了 Salesforce 系统资源的访问和调用机制。另外，Amazon 也在 CEO Jeff Bezos 的强制推动①下全面采用了 API，范围包括给 Amazon 公司带来巨大效益的云平台和云服务。

　　作者认为，真正造成最近几年 REST API 被广泛采用的原因是云平台的普及、企业所面临的越来越紧迫的数字化转型的压力，以及应用互联网和 API 经济的愿景。

9.2.1 API 和云平台的普及

　　我们在图 9-1 中可以看到，面向对象和面向服务建模的核心思想是"突出行为、掩盖特征"。这一点与针对对象的方法调用和服务的方法调用时，将界面与实施部分分开，使各自可以独立地演化的指导思想是一致的。然而，从对象和服务的方法调用者的角度看，面对一个方法（即行为）和面对一组特征所得到的"第一印象"是不同的。比如，需要调用一个服务的操作/方法是 getRefund()，即便服务的 WSDL 中详细地列出了输入参数和回复的内容，也可能还是会有好多疑问，因为你总是希望在对一个服务操作的某些具体内容可能产生的"副作用"等都有所了解后，才会放心地对该服务操作进行调用②。由于 SOAP 的服务在很长一段时间里都是企业内部自用，服务的开发团队和使用服务的项目之间可以通过服务文档的共享来沟通。

　　然而，当你的服务需要被推广到企业的客户和合作伙伴来使用并被放到云上时，相关的服务文档会跟不上更新的速度，或者永远没有机会同时被放到云上；甚至即使你将服务文档放到云上了，你的客户和合作伙伴也可能无暇去阅读

---

① http://homepages. dcc. ufmg. br/~mtov/pmcc/modularization. pdf。
② 再用一次理发服务的例子，你只看到"男士纯剪：30 元"，会什么都不问就坐下来吗？

你的服务文档。所有这些都会妨碍他们采用你的服务。

与此相对比，API 呈现的是特征。如果你的 Customer API 的 HTTP GET 得到的是如图 9-5 所示的回复，那么应该不用过多的解释，这个回复的内容几乎就是普通的语言表达，连不懂 IT 的业务人员也应该可以很容易地读懂。API 的这个"自带文档（self-documentation）"的特点会极大地促进 API 的推广和使用，即使 API 被推广到了企业的防火墙以外，到了云上。

```json
{
    "firstName": "John",
    "lastName": "Smith",
    "hasBeenCustomerSince": 2002,
    "address":
    {
        "streetAddress": "21 2nd Street",
        "city": "New York",
        "state": "NY",
        "postalCode": "10021"
    },
    "phoneNumber":
    [
        {
            "type": "home",
            "number": "212 555-1234"
        },
        {
            "type": "fax",
            "number": "646 555-4567"
        }
    ]
}
```

图 9-5 Customer API 回复的 JSON 内容

几乎所有的现代 API 的平台都会提供多方面的、旨在提高开发效率的各种工具（像 API 门户、API 应用商店等），有关 API 的文档及其他信息很容易得到。

9.2.2 API 与企业数字化转型、应用互联网及 API 经济

在 1.2 节中曾经提到过企业 IT 的"技术欠债"问题，即企业发展对 IT 部门越来越严苛的要求与 IT 部门自身能力[①]之间越来越大的差距。在第 14 章中会论述为什么会出现越来越严重的企业 IT"技术欠债"的问题，以及今天的企业为什么会面对前所未有的行业内竞争、行业外颠覆的严峻局面。为了同时解决企业 IT"技术欠债"和数字化转型这两个问题，企业需要在内部理顺系统集成的基础上，将企业所拥有的核心资源以带有适当安全和监管措施的 API 的形式向客户、合作伙伴、雇员甚至普通大众进行呈现。在这样的安排下，企业的客户、合作

---

① 这个能力既有深度，也有广度的含义。

伙伴、雇员甚至普通大众可以利用企业呈现的 API 所代表的资源来完成他们各自的应用,而无需来自企业 IT 中心的过多的帮助。他们甚至还可以利用这些 API 来完成自己的 API,并对他们自己的客户、合作伙伴、雇员甚至普通大众呈现出更多的 API。这样的做法会逐渐形成一个“应用互联网”[①]。而由于企业之间价值链的互相连接,一个企业的触角也会因为客户、合作伙伴、雇员甚至普通大众利用其 API 进行自助式的新的 API 和应用开发及应用互联网逐步形成而延伸到价值链网络更远的地方。在第 14 章中会讨论由此形成的 API 经济。

　　在企业数字化转型的大环境中,API 将成为企业 IT 部门满足企业业务发展和数字化转型对 IT 能力的要求,甚至得以主动帮助企业找到新的业务增长点的秘密武器。从一个旁观者的角度看,国内与互联网、云计算还有人工智能相关的初创公司均受到热钱的追逐。然而,如何进行现有企业,尤其是传统行业和大企业的深挖、改造和转型,同样是一个有意义的课题。美国和欧洲的大企业及国内一部分敏锐的人士都意识到了这一点。

9.3　API 的平台和工具有待进一步统一和标准化

　　从理论上讲,任何 HTTP(s)之上的 JSON 请求[②]和 JSON 回复都可以称为 REST API,你可以随便用任何工具(或者不用任何工具)进行 REST API 的开发工作。然而,为了提高开发效率,对开发工作进行规范,一般都会使用特定的 API 工具和平台,并采用一定的标准格式对 REST API 的界面进行定义,就像 SOAP 服务的开发中首先定义 WSDL 一样。然后再使用特定的工具由已经定义了 REST API 的界面生成 REST API 实施部分的代码框架,最后才由开发员进行细节实施。除了开发阶段,在 API 的其他生命周期阶段里(将在第 10 章中详细展开说明),每一个阶段的每一项具体工作中都会需要不同的特定工具来提高工作效率。

　　目前,关于 REST API 的标准主要有以下三大类。根据自己企业的需求选择合适的 REST API 标准,将使 API 的构建、维护、记录和共享更加容易和方便。每种标准和规范都有自己独特的优点和缺点,所以至关重要的是了解自己的需求及哪种规格最能满足这些需求。至少在各种 REST API 的标准没有统

[①]　应用互联网既不是物联网,也有别于工业互联网,与国内提出的“互联网＋”的概念类似,但更具体。

[②]　大多数情况下是 JSON 格式,少数时候也有 XML 格式。

一起来以前，这个选择必不可少。

- RAML（REST API modeling language）：3 个最广泛采用的 REST API
  标准中最年轻的一个。官网是 http://www.raml.org。RAML 0.8 于
  2013 年 10 月发布，很快得到了 MuleSoft、PayPal、Intuit、Airware、
  Akana（前身是 SOA 软件公司）和思科等公司组成的协调工作组的强有
  力的支持。目前，RAML 标准的版本是 1.0。RAML 真正的独特之处
  在于它不仅可以用于建立 API 的文档，还可以为 API 进行建模。同时，
  RAML 还附带了强大的工具，包括 RAML/API 的设计器、API 控制台
  和 API 笔记本，使享用 API 的业务应用开发人员得以在 RAML 刚刚定
  义而其 API 还未实施的情况下就可以与你的 API 进行互动，尽早提供
  反馈。RAML 以 YAML 格式编写，使其非常易于开发人员和业务人员
  的阅读和编辑。图 9-6 显示的是一个 RAML 的例子。

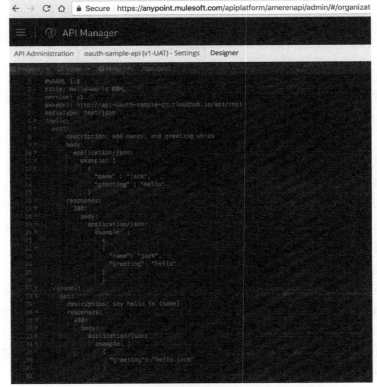

图 9-6　MuleSoft API Designer 中的一个 RAML 定义

- Swagger：最早出现的、最成熟的 API 标准规范。已改名为 OpenAPI Specification。官网是 https://swagger.io/。最新发布的是 3.0.0 版本,也是使用 YAML 格式来对 API 的界面定义进行编辑,并提供了直观的工具,如 API 设计器和 API 控制台。Swagger 的 Codegen 工具可以根据 API 的定义使用20 多种不同语言的框架工具产生 Swagger API 的实施代码骨架。Swagger 社区中的开发员数量也是最多的。Swagger 于 2015 年 3 月被 SmartBear 公司①收购,同时还得到了 Apigee 和 3Scale 的支持。Swagger 的弱点是缺乏对设计模式和代码重用性的强大支持,而这一点是规范驱动开发(spec-driven development)方式中的重要方面。图 9-7 显示的是一个 Swagger 的定义。

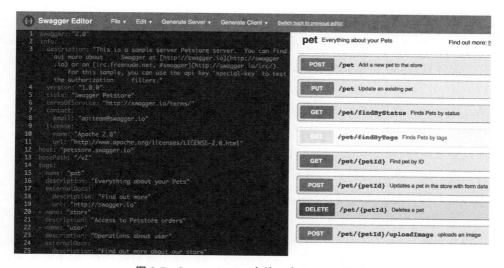

图 9-7　SwaggerEditor 中的一个 Swagger 定义

- API Blueprint：由 Apiary 公司在 2013 年 3 月创建,旨在帮助构建和记录 API。官网是 https://apiblueprint.org/。围绕 API Blueprint 也存在着一个强大的开发员社区。然而,由于 API Blueprint 缺少 RAML 和 Swagger 中那样众多的工具和语言支持,并且使用自己专门独有的 Markdown 格式进行记录,从长远来看,使用起来会越来越困难。API

---

① 即拥有 SOAPUI 的那家公司。

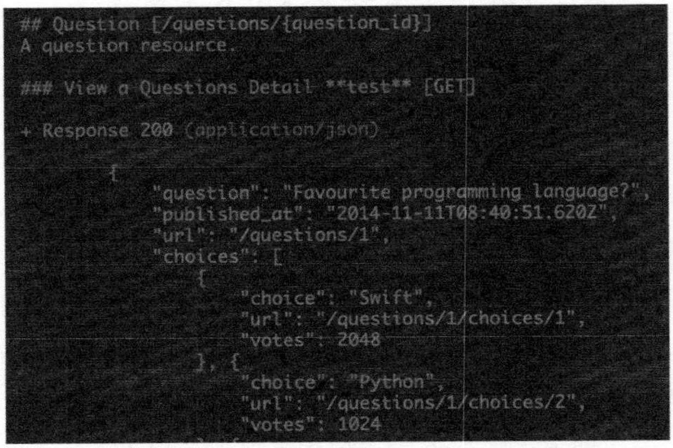

```
## Question [/questions/{question_id}]
A question resource.

### View a Questions Detail *"test"* [GET]

+ Response 200 (application/json)

        {
            "question": "Favourite programming language?",
            "published_at": "2014-11-11T08:40:51.620Z",
            "url": "/questions/1",
            "choices": [
                {
                    "choice": "Swift",
                    "url": "/questions/1/choices/1",
                    "votes": 2048
                }, {
                    "choice": "Python",
                    "url": "/questions/1/choices/2",
                    "votes": 1024
```

图 9-8　Atom 编辑器中的一个 API Blueprint 定义

Blueprint 主要擅长的是 API 文档的生成。图 9-8 显示的是在 Atom 编辑器中对一个 API Blueprint 进行编辑的情形。

总体而言，基于 RAML 的 API 标准提供了对规范驱动开发方式的最大支持力度，并且在 API 整个生命周期中的每个环节都提供了真正独特、高效的工具。这一点会在第 10 章中进行详细的展开和论述。使用 RAML 可以立即使用免费的模拟服务作为 API 进行原型设计(prototype)，而不必自己安装应用程序才能生成原型；在 SwaggerHub 中保存的 Swagger API 定义上，也可以做类似的模拟。MuleSoft 的付费工具对 RAML 及 OpenAPI 在 API 的整个生命周期中的每个环节上的支持都达到了非常成熟的程度；Swagger 则提供了更多的免费工具，拥有很大的开发员社区。本书大部分的例子使用 RAML 和 MuleSoft 工具来讲解 API 开发和应用的具体过程，一方面为读者展示目前最先进的 API 开发、构建、管理和运维方式，另一方面利用具体的例子来阐述围绕 API 的各种概念和架构思想。而这些概念和架构思想是不依赖于所使用的 API 平台和工具的。

可以想象，在 API 的世界里没有出现像 SOAP 服务的世界中 WSDL 一统天下那样的局面之前，每个企业面对 API 工具和 API 平台的选择时都会斟酌再三。只有他们深入了解了每一种 API 定义规范的优缺点，并和自己的真实需求对比后，才能做出比较有信心的选择。这个现实在一定程度上阻碍了或至少延缓了企业对 API 的采用。然而，无论哪种 API 标准的拥护者都会同意，现代 API 是解决企业对自身 IT 能力的要求、支持企业数字化转型、建设应用互联网和 API 经济的关键所在。

9.4 一个 REST API 的结构

在讨论了 API 是什么及 API 所处的大环境之后,来看看 API 本身。前面谈到,从理论上讲,任何通过 HTTP(s)协议、使用 JSON(少数情形下也使用 XML)格式的请求和回复的安排都可以称为 REST API。然而,HTTP 协议、JSON 请求和回复只是 API 的调用者看到的 API 结构的一部分。

在结构上,API 包括以下几个逻辑上和实际部署上的组成部分。

- API 的客户端:这一部分是 API 的调用者,实际上,它在 API 的结构之外,并不属于 API 本身结构的一部分。如图 9-9 中最左边的手机应用所示。

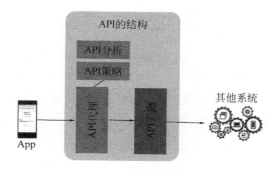

图 9-9 API 的逻辑结构

- API 代理:这一部分是 API 的定义部分。9.3 节中描述的 RAML 或者 Swagger 就是 API 代理中最核心的部分。这两种主流 API 技术各自有 RAML 或 Swagger 定义文件的编辑器,以及由 RAML 或 Swagger 的 API 定义文件产生的可部署的 API 代理的代码部分。在 MuleSoft 的 Anypoint 平台中,API Manager 可以全凭鼠标的单击完成 API 代理部分的产生和部署。

  在 API 代理部分部署之后,可以根据运行时间(runtime)在 API 代理上配置 API 政策,以对 API 运行时的行为进行调整和约束。常见的 API 政策包括以下几个方面。

  ○ 安全规范方面。

    ■ 跨域资源共享(cross-origin resource sharing,CORS):这是允许网

页中 JavaScript XMLHttpRequest 的调用执行得以访问到不同域
中资源的一种标准机制。

- 客户标识(client ID)和客户密钥(client secret)检查：在能够调用一
  个 API 之前，需要先为每一个 API 的客户向 API 进行登记。登记
  的请求获得批准后，API 客户会得到一对客户标识和客户密钥。以
  后每次调用这个 API 时，该 API 客户都需要在 API 请求的某个部
  分，如 HTTP header 或者 query parameter 中带上这对客户标识和
  客户密钥，以供 API 的服务器端进行核查。

○ 安全措施方面。

- IP 地址黑名单：保证 API 代理拒绝来自特定 IP 地址的 API 调用
  请求，对来自黑名单以外的 IP 地址的 API 请求则允许调用。

- IP 地址白名单：与 IP 地址黑名单相反，只允许 API 代理接受来自
  特定 IP 地址的 API 请求，对来自白名单以外的 IP 地址的 API 请
  求则一律拒绝。

- JSON 威胁保护：根据事先定义的一系列规则，在 API 请求的
  JSON 负荷中检查可能存在的恶意 JSON 代码。这些规则可能包
  括 JSON 对象和数组最多的嵌套深度、字符串的最大长度、JSON
  对象中成员名称的最大长度和允许的最多的成员数目，以及一个数
  组中允许的最大的数组项的数目等。

- LDAP 安全管理：为 API 注入一个 LDAP 的安全管理（比如
  MicroSoft ActiveDirectory 服务器）——每一个 API 的客户应用的
  身份和角色都需要事先存在于 LDAP 服务器中。

- OAuth 2.0[①] 调用令牌检查：OAuth 2.0 有多种调用令牌授予的方
  式(grant type)。每种方式都存在自己独特的资源调用者、资源拥
  有者和认证身份提供者之间的互动方式(常被称为 OAuth Dance)。
  然而，无论是哪种方式，大多数情况下 API 的客户端在此之后都会
  拿到一个调用令牌(access token)，然后将这个调用令牌放在
  HTTP Header(例如，authorization：Bearer 7c9e8130-cfe9-453a-
  b627-8faccf8e8d41)中，就可以成功地调用 API 了[②]。

---

① https://oauth.net/2/，这是关于调用授权的一套工业标准。
② 只要该调用令牌还没有过期失效。

- 特殊安全系统发出的 API 调用令牌的检查,比如 Ping Federate[①] 系统不仅可以作为单点登录的管理系统,还可以颁发和核查客户端调用 API 时使用的调用令牌。
- API 服务质量(quality of service)方面。
  - 调用节流(throttling):无论是哪个 API 客户来调用,若单位时间里 API 的调用次数超过了某个预设值,后面的调用请求就会被放到一个队列中,等待在下一个单位时间内再进行处理。
  - 调用速率限制(rate limiting):无论是哪个 API 客户来调用,若单位时间里 API 的调用次数超过了某个预设值,后面的调用请求就会直接被拒绝。

除了 API 安全政策之外,还可以有选择地在特定的 API 上设置搜集不同的 API 分析数据,以得到通过 API 的客户标识来归类的关于 API 运行的各种统计数据。

- API 的实施部分:在图 9-9 所示的 API 结构中,另一个重要的组成部分是 API 的实施部分。这里是 API 的处理逻辑具体执行的地方。API 的实施部分可以去调用其他后台系统,也可以去调用其他已有的 API。如图 9-10 所示,在 API 定义的层面上,最左侧的 API 的实施逻辑里包含了对另一个 API 的调用再加上一部分独特的逻辑;中间的 API 的实施逻辑则包含了对其他两个 API 的调用再加上一部分独特的逻辑。而那 3 个被调用到的 API 的实施逻辑部分同样也可能各自都包含了对其他功能系统、独特的逻辑及 API 的调用。与在面向服务中的情形类似,API

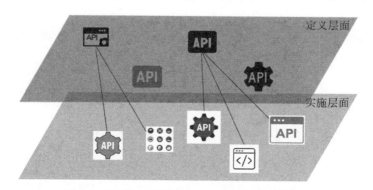

图 9-10　API 的具体实施中可以调用其他的 API

---

① https://www.pingidentity.com。

的重用是被鼓励的。如有可能，应优先考虑利用现有的 API 来完成新的 API 的实施开发。

　　为了给采用 API 进行实施的解决方案架构提供一定的指导思想，一般会推荐采用如图 9-11 所示的方法，具有用户体验 API、业务流程 API 和系统资源 API 的多层架构，即上面一层 API 的实施逻辑可以采用调用下面层次的 API 的方法。这样的指导思想与建模-视窗-控制器（model-view-controller）的指导思想是一致的。由于 REST 架构风格的特点是描述状态和状态之间的转换，对于图 9-11，也可以将用户体验 API 理解成为用户应用的界面提供数据，将系统资源 API 理解成从数据的源系统中提取数据，而将后者转换成前者的任务就自然地落到了中间的业务流程 API 上了。另外，请注意图中左侧注明的是什么人负责设计和开发每一层的 API。在 10.3 节中会就这个话题进行详细的展开和说明。

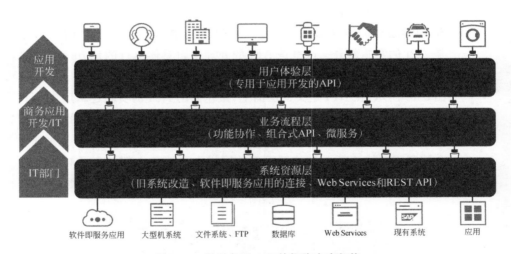

图 9-11　采用多层 API 的解决方案架构

9.5　对 API 的认识不是一蹴而就的

　　有必要提醒读者的是，对 API 及 REST 架构风格的理解和认识是不会在短期内发生的。即使对于一个有着多年系统集成和 SOA 实战经验的架构师来讲，往往也需要好几个月的学习、实践和思考才能慢慢地开始找到感觉，开始理解

9.1.1节中介绍的 REST 架构风格的精髓。否则，就只能是停留于"不过是服务的另一种调用方式"的肤浅的、错误的理解和认识水平上，甚至让 API 沦为实现点对点集成的错误老套的新工具。

　　这样一个认识过程，即便是业界的大牛也没办法绕过。RedHat 公司 JBoss 部门的 Bill Burke 就经历了这样的一个过程。Burke 是 Java API for RESTful Webservices 标准（Java-RS，JSR311[①]）的积极参与者，也是 JBoss 支持 Java-RS 标准的具体实施项目 RESTEasy[②] 的负责人，绝对算得上是 REST API 方面的专家。然而，他在所著的《RESTful Java with Java-RS 2.0》一书[③]的前言专门讲了一个他自己的故事。Burke 本人自 20 世纪 90 年代中期就开始设计和开发分布式的中间件，随后又在 Iona 公司[④]从事新一代 Corba ORB[⑤] 的开发工作。在此书出版的 2014 年，Burke 在 Redhat 公司的 JBoss[⑥] 部门负责 Java 企业版中间件的产品开发工作。Burke 最开始接触[⑦]到 REST 架构风格时是持怀疑态度的，觉得 REST 可能有点儿太过于简单了。直到 2007 年中的某一天，Burke 偶遇自己在 Iona 的老板和导师 Steve Vinoski，结果一顿中饭吃了几个小时。令 Burke 震惊的是，Vinoski 加入了一个初创公司，并在技术上完全抛弃了 Corba 和 SOAP，全身心地拥抱了 REST 的架构风格。要知道，Vinoskike 是 Corba 标准的主要负责人之一，并有类似 Corba 圣经的专著，是分布式计算领域的大牛，并定期为 *C++ Report* 和 *IEEE* 撰写文章。这样级别的人物放弃了 Corba 和 SOAP 而拥抱 REST，这令 Burke 感到深深的震撼和困惑！

　　在那顿午饭的几个小时里及其后多次交换的长长的电子邮件中，两人就 SOAP 和 REST 的比较进行了广泛、深入和激烈的争论。Burke 自己为此对 REST 架构风格也进行了深入的研究。几个月后，Burke 完全改变了原来的观点，并认为在 Corba、SOAP 和 Java 企业版等分布式计算领域的经验对于 REST 的学习和理解是个负担，阻碍了对 REST 架构风格的接受。Burke 指出，他最喜欢 REST 的地方是 REST 让他对作为分布式计算知识的基础重新进行了思考

①　https://jcp.org/en/jsr/detail? id=311。

②　http://resteasy.jboss.org/。

③　Oreilly 出版社，ISBN 978-1449361341。

④　https://en.wikipedia.org/wiki/IONA_Technologies，公司现已不存在了。

⑤　https://en.wikipedia.org/wiki/Object_request_broker。

⑥　https://en.wikipedia.org/wiki/JBoss_(company)。

⑦　记得作为 REST 架构风格奠基的 Dr. Roy Fielding 的博士论文是 2000 年！

和构建。

关于 SOAP 和 REST 的争论还在网上各个博客中上演着，这样艰难但回报丰富的思想转变也还在不断地发生着。Burke 希望他的读者不要像他当初那样在这个问题上顽固不化。

如果读者在读完本章后关于 REST API 只能记住一点，那作者希望是开放头脑，认真学习和深入思考（哦，听起来像三件事啊！）。

9.6   动手开发 API——先尝为快

尽管 API 技术领域中尚未出现在 SOAP 服务里 WSDL 一统江湖的局面，我们还是应该从开发员动手的角度上讲解一下 API 开发的过程。在第 10 章中，我们会围绕 API 完整的生命周期中每一个具体步骤的技术细节进行讲述。在这里我们希望给读者第一手的感觉，来了解 API 最核心的开发工作。在 9.3 节中已经提到，目前围绕 API 的平台和工具还远远没有统一，只能挑选一种 API 技术将围绕 API 的核心概念具体化。考虑到 API 平台和工具的完整性和可用性，在此选择 MuleSoft 公司的 Anypoint 平台来讲解 API 的开发步骤。附录 A.1 中介绍了如何搭建 MuleSoft 的开发环境。为了使用 MuleSoft 的 Anypoint 平台来开发 API，还需要做些其他的准备工作[①]。

首先概括地介绍一下 MuleSoft 的 Anypoint 平台。Anypoint 平台是一个包含本地和云端部署的混合型的 API 和系统集成平台，使企业能够通过 API 和系统集成轻松地构建和快速扩展应用程序、数据和设备的应用网络。读者可以在 anypoint.mulesoft.com 进行注册登记，然后登录后可以看到在最右侧 Management Center 下面的 API Manager。单击 API Manager 进入后再单击 Add New API（图 9-12）。在 Add New API 的对话窗口中至少提供 API 的名称和版本号，例如：

- API name：Flight API。
- Version name：1.0。

---

① 如果使用 Mule Runtime 社区版，可以使用 HTTP 接收器，加上 Mule REST Component 来完成 REST API，其中使用的是 Java RS 标准（https://docs.oracle.com/javaee/6/tutorial/doc/giepu.html）。详见 https://docs.mulesoft.com/mule-user-guide/v/3.9/rest-component-reference。API 产品的更新可能使读者此时看到的产品界面有所不同。

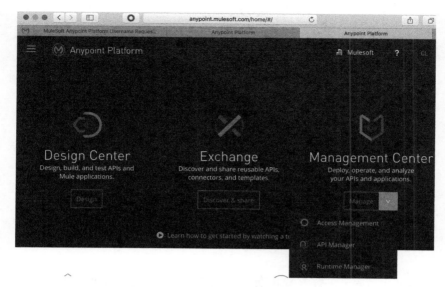

图 9-12　Anypoint 平台登录后的主页

单击 Add 之后就会看到刚刚添加的 API，如图 9-13 所示。

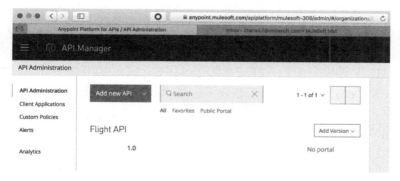

图 9-13　API Manager 中显示新添加的 API

单击新的 API 的版本号"1.0"，然后单击"Edit in API Designer"，打开 API Designer 来编辑 API 的 RAML 定义文件。如图 9-14 所示。

这是一个非常简单的 RAML，只有一个资源链接 http://server/api/1.0/flights/{destination}。其中{destination}是一个 URI 参数，每次调用 Flight API 的这个资源时必须提供，其内容是所查询机场的 IATA 机场代码[①]。在此

[①]　https://en.wikipedia.org/wiki/IATA_airport_code，比如北京首都国际机场的代码是 PEK，上海浦东国际机场的代码是 PVG。

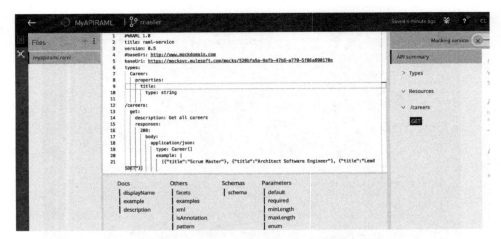

图 9-14　在 API Designer 中编辑 API 的 RAML 定义文件

就不占用较大篇幅来讲解 RAML 标准本身了。有兴趣的读者可以参考以下链接：

- RAML 1.0 标准，https://github.com/raml-org/raml-spec/blob/master/versions/raml-10/raml-10.md/。
- RAML 的入门教程，https://raml.org/developers/raml-100-tutorial。

简单地讲，RAML 包含了一个 API 中定义的所有资源的 URI 及每个资源所支持的 HTTP 的操作，其作用与 WSDL 在 SOAP Webservices 中的作用类似。RAML 文件中包含了 API 定义的全部内容。API 的开发者和 API 的使用者只要在使用的 RAML 文件上达成了一致，他们就可以分别地、独立地展开各自的工作。也就是说，API 的使用者不必等到 API 全部开发、测试、部署上线后再去使用该 API。

在 API 的开发者一端，当 API Designer 中所有资源的 URI 和操作及其他有关的 API 定义的内容（如数据类型定义、API 请求及回复的例子、安全措施、调用到的其他数据类型和其他 RAML 库等）定义完毕后，你可以打开模仿服务（mocking service），即仅凭 API 的 RAML 中提供的每个 API 资源和操作的回复内容的例子来对任何 API 的调用请求做出响应，如图 9-15 所示（注意右上角圆圈里的对勾 Mocking service: ●）。

这时，如果你点击模仿服务对勾标记之下 API Console 中的 HTTP 操作，填入调用该 API 资源操作所需的 HTTP Header、HTTP 查询参数、HTTP 负荷等参数，单击该 HTTP 操作的按钮，你就会得到该 API 调用的回复内容，包括 HTTP 调用结果的状态、HTTP Header 及 HTTP 回复的负荷。这样，API 的使用者可以尽早地了解 API，提供使用意见反馈，并开发自己的、利用该 API 的

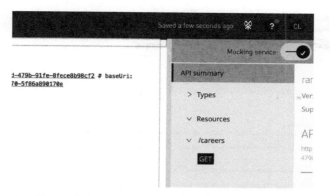

图 9-15 在 API Designer 中打开 API 的模仿服务

新的应用和 API。图 9-16 显示的是调用刚刚定义的 Flight API 的模仿服务时得到的 HTTP 负荷。

```
[
    {
        "airlineName": "United",
        "price": 945,
        "departureDate": "2015/09/11",
        "planeType": "Boeing 757",
        "origin": "MUA",
        "code": "ER39rk",
        "emptySeats": 54,
        "destination": "SFO"
    },
    ........
]
```

图 9-16 API 模仿服务按照 API RAML 中的例子回复的 HTTP 负荷内容

有了定义 API 的 RAML 文件,就可以进行 API 实施部分的开发工作了。启动 MuleSoft Studio[①],创建一个新的 Mule project。如图 9-17 所示,注意选择 Add APIKit component,并在 API Definition 下选择刚刚定义的 RAML。

单击 Finish 按钮会发现,新的 API 项目已经生成;以 HTTP 端开始的主流程、API Console 流程、处理每个 API URI 的分流程及每个 HTTP 出错信息[②]的分流程的骨架都已经生成了。而且每个分流程骨架中都有一个 Set Payload,作

---

① 细节参见附录 A.1.1。不同的是,RAML API 只能在 Mule Runtime 的企业版的运行环境中运行。Mule Runtime 的社区版中只能开发出基于 Java-RS 的 REST API。

② 如果 API 的 RAML 定义中有具体的 HTTP 出错代码的定义,那么这些出错代码各自的分流程会被产生;否则,MuleSoft Studio 会产生常见 HTTP 出错代码相应的分流程,如 404,405,415,406 和 400。

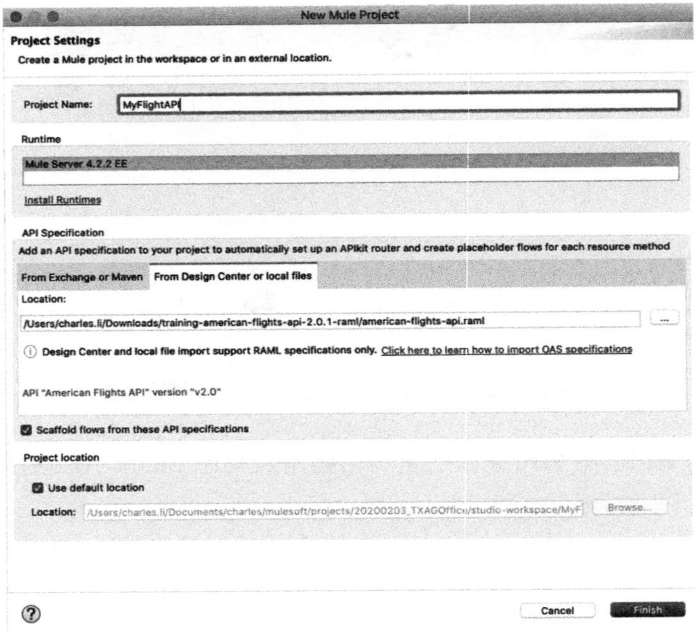

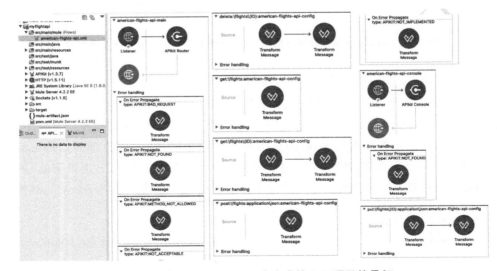

图 9-17　在 MuleSoft Studio 中模拟创建一个新的 API 项目

为进一步实施每个分流程逻辑的地方。图 9-18 显示了在 MiuleSoft Studio 中生成的 API 实施部分的骨架。

图 9-18　在 MuleSoft Studio 中生成的 API 项目的骨架

为了我们的 API 能够自动地向 MuleSoft API Manager 注册，以便由 API Manager 进行管理，在 Global Element 中再添加一个 Auto Discovery 的配置，并从相应的下拉框中选定与新的 API 有关的主流程的内容，如图 9-19 所示。

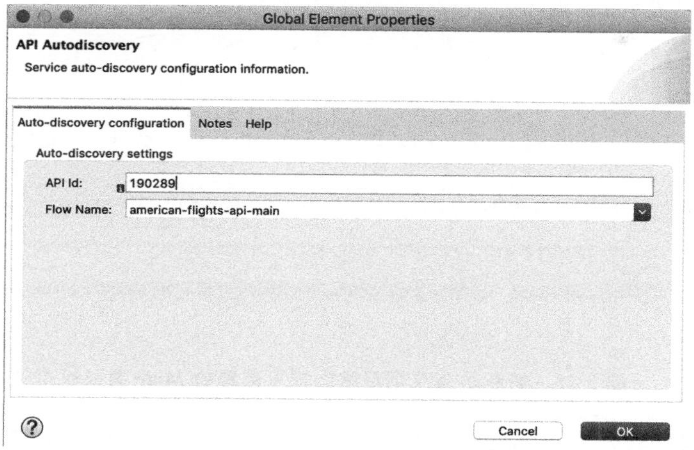

图 9-19 为新的 API 配置的 Auto Discovery

假设在每一个 Set Payload 的地方都进行了 Flight API 逻辑的具体的实施工作，则可以在 Studio 中 run 或者 debug。如果我们的 API 实施不出现错误，则会在 Studio Console 上看到新的 API 被部署到 default domain 上，如图 9-20 所示，而且 API Console 也会出现，如图 9-21 所示。

```
**********************************************************************************************
*          - - + APPLICATION + - -          *          - - + DOMAIN + - -          * - - + STATUS + - - *
**********************************************************************************************
* myflightapi                                * default                            * DEPLOYED           *
**********************************************************************************************
```

图 9-20 新的 API 在 MuleSoft Studio 中启动后的 Console 输出

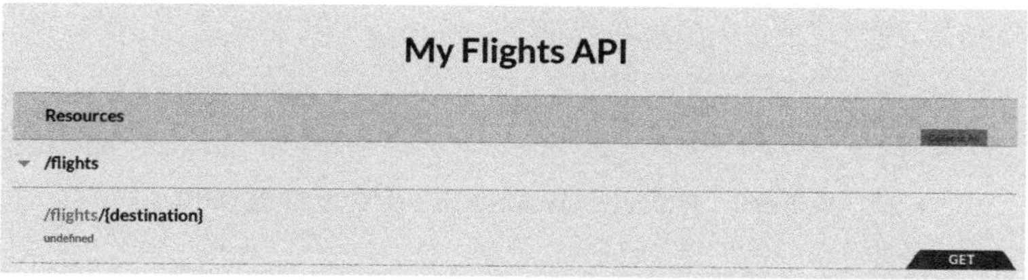

图 9-21 新的 API 在 MuleSoft Studio 中启动后出现的 API Console

此时，如果用 Postman 或浏览器来访问 http://127.0.0.1：8081/api/

flights/sfo？airline＝all，就会得到与图 9-16 中一样的 API 回复内容①。

现在，新的 API 已经开发、测试完成，可以将其部署到云端。右击该 API 项目，并选择 Export 按钮，选择将该 API 项目输出成可以部署的 Mule 项目包②，如图 9-22 所示。

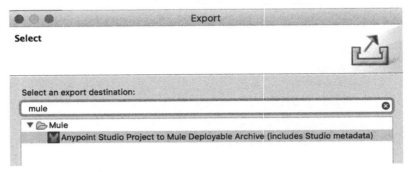

图 9-22　将新的 API 项目输出成可部署的 Mule 项目包

打开浏览器，访问 anypoint.mulesoft.com 并登录。如图 9-12 所示，单击 Runtime Manager。在左上角选择环境后，单击 Deploy Application。填入应用名称，并选择稍前已输出的 Mule 项目部署包，如图 9-23 所示。

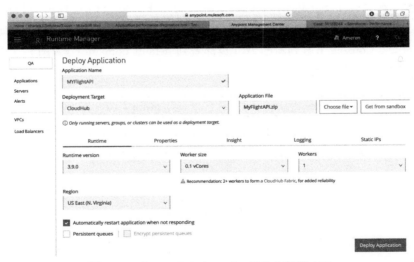

图 9-23　在 MuleSoft Anypoint 平台上部署 API

---

① 如果还没有改动 API get 分流程的实施逻辑，那么由 MuleSoft APIKit 产生的 Set Payload 的内容是从 RAML 中定义的 Response Example-API 响应例子中来的。

② 受篇幅所限，略去了为部署到 CloudHub 上必须加上的含有 HTTP 和 HTTPs 端口号的属性文件。感兴趣的读者可参考 https://docs.mulesoft.com/runtime-manager/deploying-to-cloudhub。

单击 Deploy Application。最终应该看到新部署的应用的状态变成绿色的
"Started"，如图 9-24 所示。

图 9-24　在 MuleSoft Anypoint 平台上部署的 API 的最终状态

这时，如果用 Postman 或浏览器来访问 http://myflight. cloudhub. io/api/
flights/sfo？airline＝all，就会得到与图 9-16 所示一样的 API 回复内容。

请注意，这里为了突出重点，并没有介绍 MuleSoft Anypoint 平台上 API 管
理的内容。关于 API 管理和完整的 API 生命周期中各个阶段开发工作的具体
内容，将在第 10 章中进行详细的介绍。

9.7　总结

本章是本书正篇介绍现代 API 的第 1 章。首先讲解的是什么是现代 API
及其"突出特征、隐藏行为"的特点。根据 REST 架构风格的奠基人 Dr. Roy
Fielding 在其博士论文中关于 REST 架构风格的描述，讲解了 REST API 中的
资源、资源状态和资源链接等核心概念，并根据这些概念阐述了 API 的相关概
念及基于 API 的应用架构。随后，我们试图解释当前 REST API 和 REST 架构
开始热门起来背后的原因。指出了 API 的平台和工具还有待进一步统一和标
准化，并列举和描述了目前流行的几个 API 的平台和工具。最后，对 API 的结
构进行了较为详细的描述，并以 MuleSoft 的 Anypoint 平台为例，动手开发并部
署了我们的第一个 API。

在第 10 章中，将深入了解围绕 API 开发工作生命周期的每一个阶段中的
具体工作及其详细步骤，使读者对 API 的开发工作流程有一个全面和正确的
理解。

围绕API的开发工作

在第 9 章了解了 REST API 的架构风格、相关标准及 API 的结构，并亲自动手开发了一个 REST API(Flights)之后，这一章我们来深入探讨从一个 API 开发员的技术角度来看，整个 API 的生命周期中的不同阶段都有哪些具体任务；同时，会围绕 API 开发工作中的一些具体技术问题，比如 API 定义先行还是 API 实施先行、API 的出错处理方式、API 运维中的故障排查方式的特点等，来进行论述。这其中的所有话题是一个 API 的架构师必须深刻理解并能够清晰讲述的。

与任何 IT 项目的实施一样，技术只是支持项目这个三角凳的三只脚之一，如图 10-1 所示。另外的两只脚是人员与流程。一个 API 的架构师只有对围绕 API 项目进行的这 3 个因素的具体内容及其中所有因素的具体影响都有十分深刻的理解和洞察之后，才有可能指导 API 的项目顺利地完成实施。

图 10-1　支持任何 IT 项目都需要 3 个因素：技术、人员和流程

本章的第 2 部分将介绍围绕 API 项目的实施和应用的一种新的组织结构和运行模式。

10.1　API 的生命周期

图 10-2 显示的是 API 项目的生命周期中的所有阶段及每一个阶段中相对应的 MuleSoft 的 API 开发工具。再次重申一下，之所以利用 MuleSoft 的 API 开发工具来进行 API 项目的生命周期的详细论述，是因为 MuleSoft 是在同一个 API 平台上提供了所有旨在提高所有 API 相关活动效率的各种工具的一个软件供应商（大多数其他的 API 工具的软件供应商只提供 API 管理的工具）；而软件及 IT 技术评级的权威机构 Gartner 在"完整的 API 管理生命周期"及"作为服务的企业集成平台（iPaaS）"这两个类别的魔力象限中[①]将 MuleSoft 列为领导者，其 API 工具有很多自己的独到之处。即使读者正在使用或将要使用的

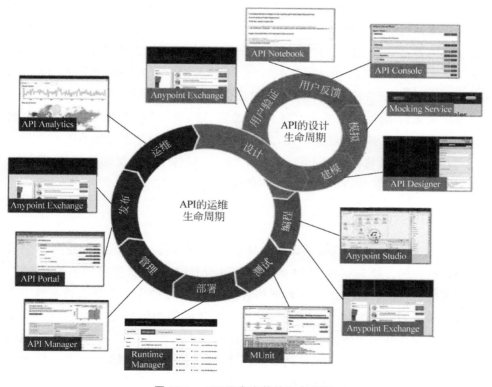

图 10-2　API 开发完整的生命周期

---

① https://www.mulesoft.com/ty/report/gartner-magic-quadrant-leader。

API 工具不是 MuleSoft 的，本章的内容依然会对读者有所帮助，因为其一，无论读者使用什么样的 API 工具，都必须经历同样的 API 的生命周期；其二，了解最先进的 API 工具及其具体的功能，有助于读者了解最高效的 API 工具的能力，为自己的项目选择和升级 API 工具提供借鉴。

从图 10-2 中可以看到，API 项目的生命周期主要由设计和运维两大组成部分构成。API 的设计生命周期主要涉及 API 的设计、建模和验证，以保证设计出的 API 模型能够正确地反映和代表业务资源，并能够得到多数业务项目的采用。而 API 的运维生命周期包括 API 的开发、测试、部署、管理、发布及运行和维护，这些是 API 落地和生存的关键所在。

10.1.1　API 的设计生命周期

细心的读者可能已经注意到了，在图 10-2 中，"设计"这个阶段跨越在 API 的设计生命周期和运维生命周期之间。这是因为，设计生命周期中的活动的进行和轮回重复会将 API 的模型定义不断地完善；而一旦 API 的定义趋于稳定，不等 API 实施（即 API 运维周期中的"编程"阶段）开始，就可以分享给 API 的用户群，让他们验证所设计的 API 并及时提供反馈。由于 API 将来是由这个用户群的应用来调用的，尽早地让他们了解、验证 API 并提供反馈意见，可以极大地保证将来 API 能够被广泛地采用，并在 API 的定义和设计上保证 API 的质量。

在这一节中，将围绕图 10-2 中 API 生命周期各个阶段活动的目的、具体内容和所使用的工具进行详细的介绍。请读者随时参照图 10-2。

1. API 的设计

与 SOAP Webservices 的设计指导思想完全不同，API 的设计指导思想是"由外向内"的。换句话说，API 的架构师在设计 API 时首先要想象的是"API 应该长啥样"？或者说，在 API 的调用者的眼里，API 的定义是什么样子的。在 API 的开发员动手编写 API 的代码之前，API 的架构师一定要先完成这项工作。而要完成这项工作，必须至少进行几个 API 设计生命周期的轮回，让 API 的调用者们进行充分的验证和意见反馈；否则，API 的架构师无法获得一定的信心，无法让最终开发出的 API 满足 API 用户的需求，并得到广泛的采用。

如果架构师设计出的 API 在没有充分得到 API 用户的验证和意见反馈之前就匆匆投入 API 代码的开发，势必造成最终的 API 实施因不能满足 API 用户的需求而无法得到广泛的采用,以及因 API 模型定义不断地修改而造成开发工作的重复和浪费。

API 的模型定义(比如 RAML 或 Swagger)是 API 的提供者和 API 调用者之间的合同。既然是合同,便对合同双方都具有约束力,合同的双方也不能随意地更改合同,这样才能保证 API 的稳定性。如果再加上可靠性、安全性等方面的指标,就可以保证 API 的广泛采用了。没有得到广泛采用的 API 是存活不下去的。

API 模型定义的验证在很多时候必须要有业务人员的参与,因为 API 呈现的是业务资源,而最了解业务资源和业务流程的是企业的业务人员。然而,绝大多数的业务人员并不具备 IT 技术的技能,因此他们并不能读懂过于专业的 API 的模型和定义。假如 API 的模型是用接近人们日常语言的方式进行描述的,那么就会大大方便业务人员对 API 架构师设计出来的 API 的定义进行更准确的验证。在这个方面,RAML 和 Swagger 的 API 定义形式都很接近人们的日常语言。

2. API 的建模

尽管读者可以不使用如 RAML 或 Swagger 之类的 API 定义标准(比如 Java RS 标准)来进行 API 的开发实施,缺乏标准化的 API 定义这个问题仍然会长期困扰 API 项目生命周期中各个阶段所涉及的所有人员,还使业务人员失去了解、验证和提供意见反馈的机会。API 项目生命周期的各个阶段会失去统一的合同和制约联系,最终造成 API 不能满足业务要求,无法得到广泛采用而失败的结局。

无论是 RAML 还是 Swagger,其标准都包含了非常丰富的特点,比如标准的和自定义的数据类型和数据限制、数据类型的继承关系,API 的调用请求和回复的例子,API 的限制特征(比如,必须使用调用令牌的安全措施),为 API 定义模块化而使用的 API 定义模块库,API 定义的扩展机制等。尽量了解和正确使用这些 API 标准的特点会有助于所有的 API 项目生命周期的各个阶段分享同一个完美的 API 定义。

RAML 和 Swagger 各自都有自己的 API 定义的编辑器,如图 9-6 和图 9-7 所示,但基本上大同小异。尽管对 API 来说,产生类似 WSDL 在 SOAP Webservices 中一统天下那样的一个统一标准现在还看不到,但作者的建议是开放头脑,先从 RAML 或者 Swagger 入手。通过熟悉其中任何一个,都可以对

API 进行深入的学习和理解，这个学习的过程不会浪费，毕竟所有的架构思想和原则需要通过一个实践的过程来具体化。另外，还可以根据招工市场对某种特定 API 技术的需求来决定向哪个方向投入学习的时间，毕竟每个人的精力都是有限的。

重申一下，API 的设计是关于如何呈现企业的业务资源；完全使用的是业务语言，而不是技术语言；API 的使用者是企业的客户、合作伙伴和员工；API 的设计者时时要想着 API 在使用者的眼里应该长成什么样。这些虽然听起来十分简单，但大道至简，只有将这些最简单的原则真正贯彻到 API 的设计过程中，才能产生出被广泛采用的高质量的 API。

3. API 的模拟服务

一旦 API 的定义（比如 RAML 或 Swagger 文件）完成，API 架构师接下来立即要做的事情是尽快得到 API 使用者对 API 定义设计的认可，因为成功的 API 必须是有众多的使用者，是得到广泛采用的。换句话说，得不到广泛采用的 API 是没有办法存活下去的。而要最大程度地得到 API 使用者的认可，就必须尽早地与他们进行沟通，让他们在第一时间就可以对如何调用新的 API、调用请求和回复都包含什么参数等有第一手资料的认识，并及时提供反馈意见，帮助 API 的设计者修改和完善 API。为此，API 的设计平台需要具备模拟服务的功能，让 API 平台能够仅凭 API 的定义文件（比如 RAML 或 Swagger 文件）来启动一个模拟的 API 服务端，用其中定义的 API 调用回复的例子来供 API 使用者进行试用并提供反馈意见。图 9-15 显示了 MuleSoft Anypoint 平台中一个 API 定义启动了模拟服务的情形。SwaggerHub 中定义的 API 也可以类似地启动模拟服务。

4. API 模型的用户验证和反馈

无论是 RAML 还是 Swagger，在 API 定义的过程中及模拟服务状态下都可以显示 API 控制台。图 9-15 右侧所示为 MuleSoft Anypoint 平台上的 API Designer 在模拟服务状态下显示的 API 控制台，而图 10-3 显示的是 Swagger 中的 API 控制台。

在 MuleSoft Anypoint 平台上，实施过程（Studio）中和运行状态（本地或者云端的 Mule 运行环境）下都可以有选择地打开或关闭与正在运行的 API 相连的 API 控制台，可以真正地从 API 控制台对实际运行的 API 进行调用。图 9-21

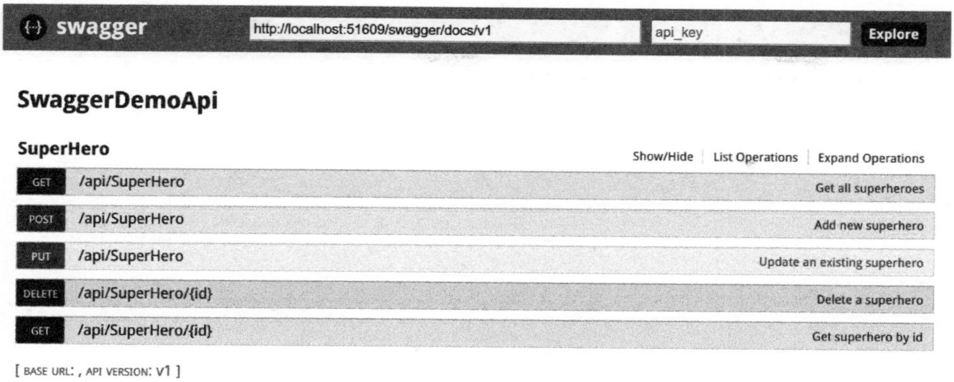

图 10-3　Swagger 中的 API 控制台

显示了在 Studio 中以运行或纠错模式启动 API 时显示的 API 控制台。

　　回到我们在 API 模拟服务状态下的 API 控制台。在这里，API 的调用者①可以在你的 API 还未实施之前就获得关于调用你的 API 的第一手资料，从而就 API 调用中的具体问题向你——API 的设计者——提供意见反馈，比如调用的输入输出数据格式、安全性和服务质量方面的要求等。由于 API 控制台的直观性，你和 API 的调用者都可以求助于熟悉业务流程和业务资源的业务人员，参与 API 的意见反馈过程。所有这些都会使你尽早地对 API 的设计进行调整，避免"您的意见很宝贵，但是太晚了"的情况的发生。

　　API 控制台能够帮助 API 的调用者了解如何调用 API 的技术细节。然而，API 的调用者还希望知道在特定的业务问题的语境下，如何相应地使用你的API。为此，MuleSoft Anypoint 平台提供了 API 笔记本的工具（https://api-notebook.anypoint.mulesoft.com/），API 的设计者可以做出如何使用你的 API来解决特定的业务问题的例子。这些例子用 JavaScript 的代码片段写成，可以嵌套在任何地方。API 的调用者在学习了你的这些例子后受到启发，会更深刻地理解如何在自己的应用中使用你的 API。更进一步地，API 的调用者还可以将自己使用你的 API 的具体的场景用 API 笔记本来回馈给你，以便与其他调用你的 API 的人分享。这样就带动了 API 社区里健康的、建设性的互动，保证了你的 API 的广泛采用。图 10-4 显示的是 MuleSoft Anypoint 平台上的 API 笔记本工具中利用 JavaScript 开发一个 API 使用例子的情形。

----

① 　比如网站和手机业务应用、后台应用，甚至另一个 API 的开发员。

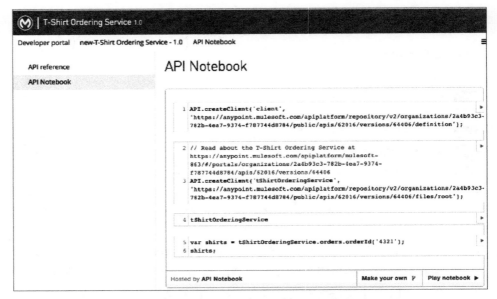

图 10-4　MuleSoft Anypoint 平台上使用 API 笔记本的例子

　　API 调用者的意见和反馈不仅在 API 的初期设计阶段可以进行，还可以在此后所有 API 生命周期阶段中持续地进行。毕竟，如果你设计的 API 很成功，就会不断地有新的业务应用来调用，也会因此不断地产生新的意见和反馈。当你的 API 进入运维阶段后，如何保证 API 的调用者能够随时得到最新版本，是一个非常重要的问题。类比苹果和安卓的应用商店、Eclipse 的 MarketPlace、一个企业内部的 Sharepoint 或是维基网站，API 的社区需要有一个大家熟知的"API 市场"，来供 API 社区的参与者发布和获得 API①。在 MuleSoft Anypoint 平台上，Anypoint Exchange 就扮演这样的角色，在许多 API 生命周期阶段的不同的活动中起着核心的作用。在这里，如果你的 API 已经投入运维，调用你的 API 的开发员可以在 Studio 中或 Anypoint 平台上登录进入 Exchange，搜索和查询并找到你的 API。图 10-5 显示的是从 Anypoint Exchange 中查询 API 的情形。实际上，Exchange 不仅可以用来发布和查找 API，还可以发布和查找连接器、实施模板、例子甚至演示视频，真正成为 API 开发员一站式的好帮手。

---

①　SOAP Webservices 虽然有服务注册登记的标准，但在十几年的企业项目的实践中从未得到广泛的采用。

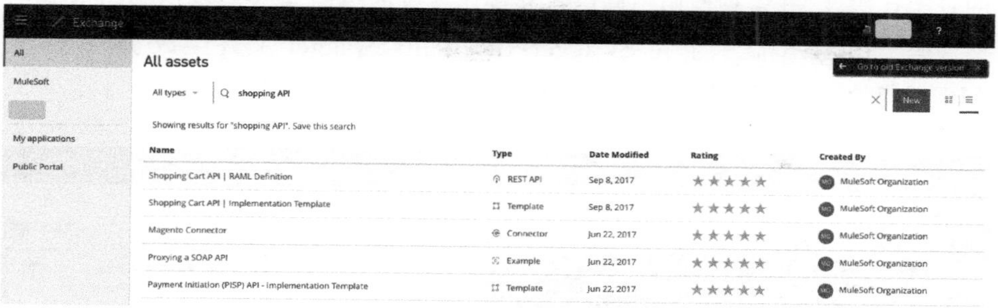

图 10-5　在 MuleSoft Studio 中通过 Exchange 获得 API 及其他开发资源

10.1.2　API 的运维生命周期

API 的运维生命周期是 API 的落地阶段。从在 API 的设计生命周期中设计出来的 API 的定义（RAML 或 Swagger）出发，API 底下的具体业务逻辑实施、测试、部署、发布、管理和文档及运行和维护等的实现，都包括在 API 的运维生命周期里。这个生命周期让前面设计生命周期中"纸上谈兵"的 API 变成了活生生的、有血有肉的运行软件。

当然，并不是说 API 的运维生命周期一旦开始，就与前面的 API 的设计生命周期不再有互动了。恰恰相反，API 的运维生命周期中的各个阶段会涉及更多的、不同工作职责的相关人，包括程序员、测试和运维人员、网络管理员、安全专家、业务项目的解决方案架构师等。他们都会从各自的角度提出各种不同的与 API 密切相关的问题、意见和建议。而这些有可能让 API 的架构师又从建模开始，重新进行一次 API 的设计生命周期的轮回。不过，在健康的 API 生命周期中，每一次轮回都是螺旋式的上升，使 API 在技术和业务上不断地得以完善。

1. API 的代码开发

有了 API 的定义，就可以开始 API 实施的代码编写工作了。不同的 API 开发工具都会根据 API 的定义文件自动产生 API 实施代码的框架。图 9-17 和图 9-18 显示了在 MuleSoft Anypoint Studio 中利用 APIKit 由定义 API 的 RAML 文件产生 API 实施代码框架的情形。如果使用 Swagger API 定义，在 SwaggerHub 中可以产生 30 多种使用不同语言和操作系统的 API 客户端应用的骨架代码及 20 多种使用不同语言和操作系统的 API 服务器端的 API 实施骨架代码。图 10-6 显示了在 SwaggerHub 中由 Swagger 文件生成 Java-RS 的 API 实施骨架代码的情形[①]。

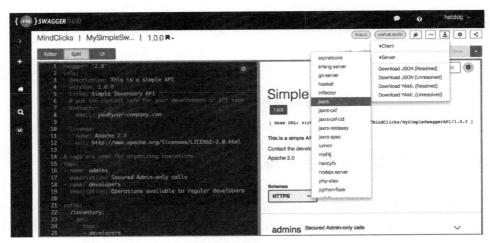

图 10-6　在 SwaggerHub 中由 Swagger 文件产生 API 的代码骨架

　　在生成的骨架代码中，还包括了可以运行在任何 Java 企业版 Web 服务器上的 Servlet 代码。而所生成的代码中与 API 定义模型有关的部分甚至可以被移植到其他任何支持 Java-RS 的 Web 服务器（比如 Jersey）中使用。作者甚至成功地将 SwaggerHub 产生的 Java-RS 的 API 实施骨架代码导入 MuleSoft Studio 中，利用 REST 组件来进行 API 的服务器端实施，并在 Mule Runtime 社区版的环境下成功运行。

　　在 API 的开发阶段，利用已有的模板和代码，并分享自己的模板和代码，是保证设计和开发的一致性和标准化的重要办法。在 10.1.1 节中，已经介绍了在使用 MuleSoft 的 Anypoint 平台时利用 Exchange 来分享连接器、实施模板、例子甚至演示视频等开发资源。MuleSoft Studio 与 Exchange 是紧密相连的，如图 10-7 所示，API 的开发员可以像在 MuleSoft Studio 中从任务调色板（Palette）中挑选合适的任务一样，直接连接并打开 Anypoint Exchange 来挑选合适的开发资源。

---

① 　在免费使用 SwaggerHub 时，无法指定生成的 Java-RS 代码的 Java 包名。

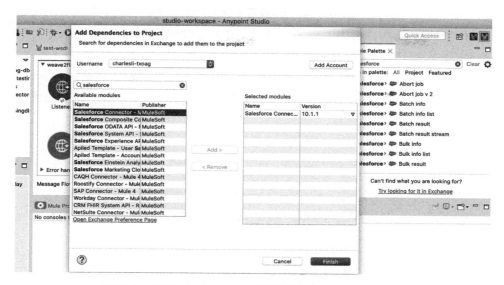

图 10-7 在 MuleSoft Studio 中直接打开 Anypoint Exchange

2. API 的代码测试

与任何代码开发的项目中的情形一样，API 的开发也需要频繁地进行各种测试。对于开发员，一个高效、好用的测试工具应该具备以下几个特点。

- 自动执行：为了有效地适应不断重复的单元测试和回归测试，测试的执行应该是一键触发、自动完成并生成测试结果报告。
- 测试结果应该直观地显示有多少个测试成功通过、多少个没有通过及还有多少个出现错误。
- 集成项目的测试还具有自己的特点。由于牵涉的其他系统比较多，有时在开发阶段某些系统还无法调用，整个业务流程无法成功地进行测试。然而，某些系统的无法调用并不应成为开发员的单元测试的障碍。单元测试的目的是测试业务处理逻辑而不是系统之间的连接性。因此，如果能够有某种测试工具让开发员可以模拟出调用某个外部的输入和输出数据，而不用实际真正地与该外部系统相连，就可以做到减少开发中的单元测试工作对所牵涉的外部系统的依赖性。

MuleSoft Anypoint 平台在 Studio 的开发环境中带有 MUnit 单元测试工具。MUnit 工具对 Mule Flow 和 API 的开发来说就像 JUnit 对 Java 项目开发

的意义一样，而在 MUnit 中，可以像编写普通的 Mule Flow 一样来编写测试用例。测试用例的触发可以一键自动完成，因此可以使用 Maven 整合到连续集成/连续部署（CI/CD）的过程中去；每一次测试的结果会直观地显示出来，如图 10-8 所示；MUnit 中可以定义所模拟的外部系统调用的输入和输出数据，使单元测试不再依赖于任何所牵涉的外部系统（同时将与系统连接性有关的测试留给集成测试阶段）。

图 10-8　在 MuleSoft Studio 中使用 MUnit 进行单元测试的结果

3. API 的部署

在进行了 API 的单元测试后，可以将 API 的代码打包，部署到开发（DEV）环境中进行集成测试。MuleSoft API 的部署工作使用的工具是 Runtime Manager，而目标环境可以是云端的 CloudHub，也可以是本地的 Mule Runtime 运行环境。在本地的运行环境中，又有单独的 Mule Runtime 服务器和集群服务器[①]的不同选择。如图 10-9 所示，在部署一个 API 时，可以选择云端、本地单机和本地集群这 3 种不同的 Mule Runtime 的运行环境。

同时支持这 3 种不同的目标运行环境的安排被称为"混合型的（hybird）部

---

① Server cluster，详见 https://en.wikipedia.org/wiki/Computer_cluster。

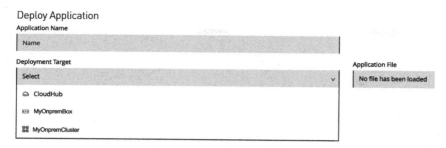

图 10-9　**MuleSoft Runtime Manager 中部署 API 时可以选择不同的 Mule Runtime 的目标环境**

署"。在理想的混合型的部署环境中，应该像在 MuleSoft Anypoint 平台中一样，不仅带有统一的部署工具，而且 API 的代码也应该无须因目标运行环境的不同而有所更改。

至于理想的部署方式，应该如 MuleSoft Anypoint 平台中那样，既可以在开发环境中直接部署，如图 10-10 所示，也可以在开发环境中打好包后在运行环境中加以部署，如图 9-22 和图 9-23 所示。

图 10-10　**从开发工具中直接部署 API**

除了以上手动方式部署外，在 Anypoint 平台上，还可以使用 Maven[①] 或者 Anypoint 平台的 REST APIs[②] 来自动进行，并有选择地与连续集成/连续部署的工具，比如 Jenkins[③] 或 Bamboo[④] 等进行整合。

4. API 的管理

在 API 的运行环境中，可以看到 API 的实施流程的运行情况。然而 API 管理的内容却远远不止了解 API 的实施流程的运行情况。图 10-11 显示了 MuleSoft API Manager 在一个生产运行环境中管理的两个 REST API 的例子。

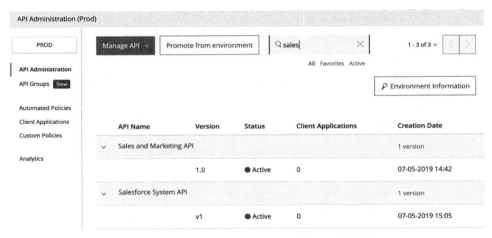

图 10-11 API 管理工具按照运行环境对 API 分开管理

API 的管理是按照运行环境来分开进行的。通过搜索查找到具体的一个 API 后，可以点击 API 的版本号查看该版本的 API 的细节，如图 10-12 所示。

API Manager 中有很多功能（图 10-12 左侧的菜单），其中最重要的功能之一是针对具体一个版本的 API 施加 API 策略（policy）。图 10-13 中显示的是针对一个具体的 API 版本可以选择的各种 API 策略。

在 9.4 节 API 代理的结构中介绍了常见的 API 政策的种类。如有必要，可

---

① https://docs.mulesoft.com/mule-user-guide/v/3.9/using-maven-with-mule。

② 详见 MuleSoft Anypoint 平台的 API 门户：https://anypoint.mulesoft.com/apiplatform/anypoint-platform/。

③ 一款可以免费使用的 CI/CD 工具软件，详见 https://jenkins.io/。

④ 一款由 Atlassian 公司提供的商用 CI/CD 工具软件，详见 https://www.atlassian.com/software/bamboo。

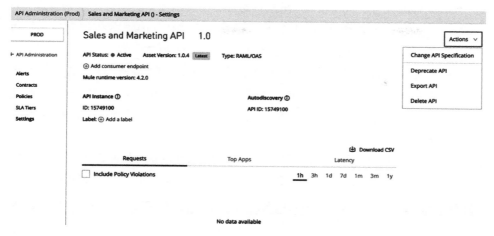

图 10-12 API Manager 的功能

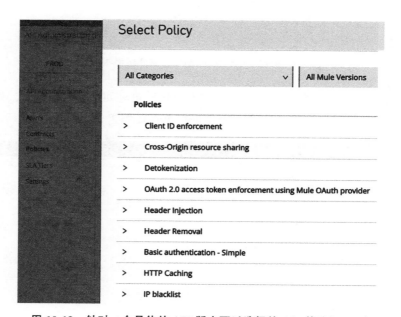

图 10-13 针对一个具体的 API 版本可以选择的 API 策略(policy)

以在这里添加二次开发的 API 政策,供所有的 API 来挑选和使用。

　　API Manager 中的其他功能包括:

- API 警报。警报有如下几种:

  ○ 发生了违犯一个或多个 API 政策的情形。

- ○ 单位时间内 API 被调用的次数超过了 API 服务质量的定义（见9.4节）。
- ○ API 调用回复中出现代表出错情况的 HTTP 状态代码，即 4xx 和 5xx，比如 400,401,403,404,408,500,502 和 503 等。
- API 调用情况的数据分析，比如全部或单个 API 按时间段、调用应用所在的地理位置（由 IP 来确定）区域、调用 API 的应用（由各个 API 上登记的 API 应用的客户 ID 来确定）、调用 API 的应用所运行的操作系统来分类等。
- API 的管理员还可以自己组合出个性化的 API 数据分析面板，将各种不同的有关 API 调用的统计数据显示在同一个网页中，比如图 10-14 所示的面板。

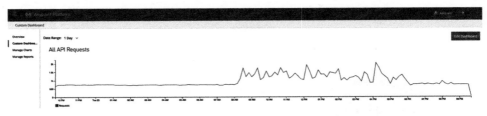

图 10-14　个性化的 API 数据分析面板

- 具体到每一张统计数据图表，API 的管理员还可以对表格格式、作为数据来源的 API、数据取样间隔等进行个性化的组合，如图 10-15 所示。

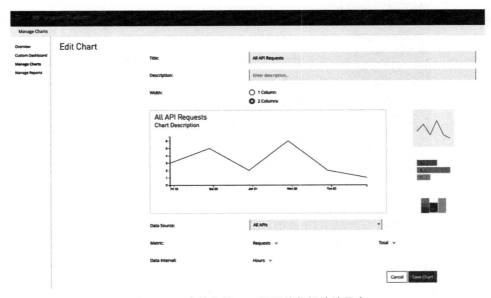

图 10-15　个性化的 API 调用的数据统计图表

- 另外,API Manager 还包括了可以产生相当复杂的有关 API 统计数据报告的工具。你可以指定报告结果的数据格式(csv 或是 JSON)及报告需要包含的数据项目。在图 10-16 所示的对报告内容进行定义的这一页上,最下边 URL 那一项显示的是产生报告所调用的 MuleSoft Anypoint 平台的 API 的链接。这个链接可以在任何可以调用 API 的地方运行并产生 API 报告的结果内容。

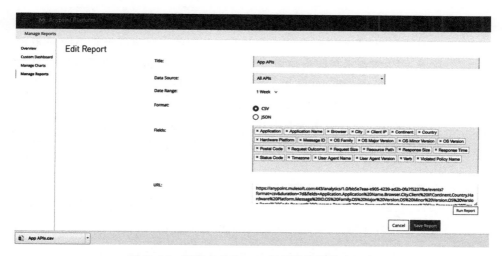

图 10-16　配置个性化 API 调用的数据统计报告

5. API 的发布

继续参考图 10-2。我们的 API 经过了设计、实施、测试和运行,趋于稳定和成熟。我们希望更多的其他项目和应用来调用我们的 API。在 API 的设计生命周期中,使用了 API Designer 中的模拟服务、API 控制台、API Notebook、Exchange(图 10-5 和图 10-7)等工具来与 API 的调用者进行沟通。在 API 的运维生命周期里,API 的调用者主要是通过 Exchange 来查找和了解 API,然后在选定的 API 的 API 门户中向 API 的管理员提出调用权限的请求。在该调用权限的请求被批准之后,API 的调用者会得到调用 API 所需的客户 ID 和客户密钥。图 10-17 显示的是在 Anypoint 平台上某个特定 API 的特定版本的 API 门户中提出对该版本的 API 调用权限请求的情形。

图 10-17　API 调用的申请

6. API 的运行和维护

在 API 的运行和维护工作中，除了利用前面已经介绍过的 API Manager 和 Runtime Manager 中的各种工具及 API 的图表和报告等来对 API 进行部署、纠错、监视和管理之外，各种 API 的图表和报告所提供的数据及其分析结果有可能会为企业业务和 IT 管理提供宝贵的深层次的信息。比如：

- 在业务上，通过对 API 调用的统计图表进行分析可能发现，在多个相同的时间段中，来自同一个区域的对电力公司的停电事故报告 API 和取消服务 API 的调用在同步地增多。这可能意味着电力消费者对停电事故是丝毫不能容忍的；同时也有可能意味着，当停电事故发生时，遭遇停电的用户无法与电力公司及时地沟通。总之，通过对 API 调用的统计数据的深入分析，会很快揭示某些事件之间的高相关性；再进一步地对其是否具有因果性进行深入研究，就有可能得到可以指导企业业务发展的宝贵信息。
- 在技术上，通过对 API 调用的统计图表进行分析可以发现哪些 API 最受欢迎，而哪些几乎无人问津，应该淘汰。对于需要淘汰的 API，也应该分析一下其不被采用的具体原因，从中汲取教训。

企业的运作往往会先行定义一些主要的性能指标（key performance indicators，KPIs）。通过在企业运营的过程中连续不断地对这些 KPIs 进行测量，以把握企业业务和 IT 运营的健康状况。通过实时的 KPIs 的图表面板及各种综合报告，企业的决策者们可以对企业的运营采取正确的行动。而 API 调用的统计数据会给 KPIs 的测量提供宝贵的第一手数据。

需要说明的是，尽管本节中关于 API 开发工作具体内容的描述涉及 MuleSoft Anypoint 平台中一些非常具体的技术细节，读者在实际工作中使用的并不一定是 MuleSoft 的 API 工具。即便如此，作者认为，这样的描述还是同样有意义的：读者可以比较深入地了解成熟的 API 平台及工具的技术水平。这样的内容对 API 软件工具的开发者来说仍然具有很重要的借鉴作用。

10.2 API 的调用者

在图 9-11 中，根据使用的语境将 API 大致分成三大类，即系统资源 API、业务流程 API 和用户体验 API。这样的分类描述可能过于笼统，缺乏对实际工作中遇到的 API 架构设计问题的指导意义。下面,用一个具体的例子来进行说明。

　　假设需要设计和实施一个网站应用,为客户和业务销售人员提供实时的订单状态和订单历史的数据。在后台系统中,客户信息在 Salesforce 和 SAP 系统中,库存信息在 SAP 系统中,订单信息则在一个内部开发的电子商务系统中,如图 10-18 所示。

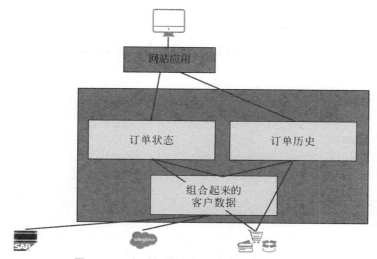

图 10-18　实时订单信息网站通常的实施办法

　　最常见的设计方案是首先取得 3 部分数据。

- 从 SAP 系统和 Salesforce 系统中分别取出客户数据并组合到一起。
- 从内部电子商务系统中取出订单状态数据和订单历史数据。

然后,将这 3 部分数据再组合到一起,由网站应用采用合适的网页格式将结果进行显示。这样的做法尽管可以在时间和费用上满足项目的要求,但却明显存在诸多问题。

- 整个架构几乎没有任何可以再利用的部分。
- 设计架构的各个部分过于紧密地耦合在一起,难以进行任何改动和升级。
- 难以进行安全措施、调用政策等方面的监管,因为没有办法将这些功能的代码与业务功能实施的代码分开。

　　"故事"还没有完。半年之后,企业根据市场调查的结果,决定开发新的手机

应用，以提供同样的实时订单状态和订单历史的数据。新的手机应用与原来的
网站应用相比，所有后台的处理逻辑都完全一样，从相关的后台系统中取出来的
数据也完全一样。照理说，现在只需将同一组数据呈现给手机应用就好了。然
而，由于图 10-18 所示的设计中各个部分之间的依赖关系过于紧密，3 个获取数
据的功能模块中的每一个都既带有调用各个后台系统的代码，又包括在网站的
网页中呈现数据的用户界面代码。其结果是新的手机应用的设计者无法将其前
端代码与现有的 3 个获取数据的功能模块以简单的方式相连。于是，手机应用
的实施只好重打锣鼓另开张，几乎全部重复了已有的网站应用中业务逻辑的代
码，而只是将用户界面的部分换成了手机用户界面的代码（图 10-19）。

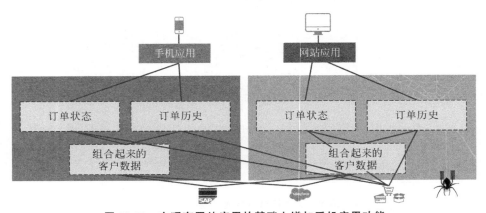

图 10-19　在现有网站应用的基础上增加手机应用功能

　　这样做的问题不仅是重复劳动，而且每一个业务功能模块现在都存在于重
复实施的两个地方。时间久了，几乎肯定会发生不一致的情形，造成技术支持上
的困难，以及用户使用不同的信息渠道得到不一致的数据的问题。

　　正确的做法如图 10-20 所示，从一开始，在网站应用项目的设计时就考虑到
以后的功能扩展，将原始数据、业务数据组合，以及客户端数据呈现这 3 部分的
功能模块化，由不同的 API 来完成。由于每个模块的功能和任务很具体，整个
基于 API 的应用架构设计又针对这些模块的使用带有非常具体的指导原则，因
而项目实施的一致性得到了保障。

　　这样的做法与图 10-19 所示做法相比，显然由于各个架构层次上的 API 的
引入，增加了本项目的工作量。然而，正是由于这份项目（少量的）的额外投入，
当半年后需要开发新的手机应用时，已有的订单状态和订单历史的功能可以通
过已有的 API 直接被手机的用户界面部分调用。新项目中货运信息部分的新

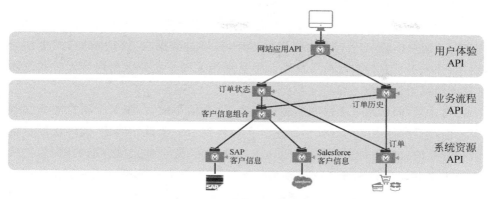

图 10-20 如果当初的网站应用设计使用了 API……

功能则使用同样的办法，即使用系统资源 API 来包裹每一个货运商的货运系统功能，并使用业务流程 API 来将货运商的系统资源 API 进行组合的办法来进行实施。实施后的系统架构如图 10-21 所示。

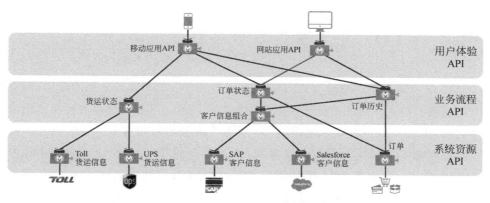

图 10-21 新项目实施后的系统架构

    如此实施网站和手机应用项目的一个好处是，无论客户和业务销售人员是使用电脑还是手机来调取订单的有关信息，得到的调用结果永远是一致的，因为无论前端的用户界面是什么，后台的功能调用都是通过同一组 API 来完成的。这一点在零售业里更为重要，被称为顾客面对多种销售渠道时一致的用户体验。

    这样实施项目的另一个好处是项目组成员的技能分工明确：前台的开发人员擅长用户界面，但对后台系统的复杂性缺乏经验，将所有的后台资源和数据以

API 的形式呈现，前台开发员就只需要了解如何在用户界面里调用 REST API。而后台开发人员往往不熟悉用户界面，他们只需要将所有的数据放在 API 中。事实上，用户体验 API 有点类似用户界面，只不过数据在 API 中的格式更加通用化，并且不带有与数据在用户界面中呈现相关而与业务数据内容无关的东西（有点像视图和模型之间的关系）。

在这里，前后两个项目的实施都实践了"利他主义"。第 2 个项目还享受到了前面项目利他主义的好处。而整个企业得到了一个设计优化、能够长期稳定运行的系统。对于一个个具体项目，由于受时间、资金和人员方面的限制，实践利他主义并非出自本能。这就是为什么 9.2 节开始时提到的 Amazon 公司的 CEO Jeff Bezos 必须全面地强制推行 API。如图 10-1 所示，技术只是支撑任何 IT 项目的一只脚。如果没有人员和流程这另外两只脚，就无法实现基于 API 的架构所许诺的任何愿景。

至此，围绕 API 的开发工作的讨论基本上已经涉及了所有主要技术方面的话题。本章剩余部分来讨论一下人员和流程方面的话题。

10.3　API 项目中的人员和流程[①]

10.2 节详细论述的是与 API 提供方和消费方有关的技术方面的活动，而双方的互动及有关人员的责任和工作流程都没有提及。只有当这些内容都讨论清楚之后，围绕 API 的开发和使用的相关任务才能够顺利地完成。

在实施 SOA 时，大多数企业采用了 SOA 绩优中心（center of excellence，CoE）的模式。所有的 SOA 软件供应商都提供 SOA 绩优中心的运行模型，并提供这方面的服务，帮助使用他们各自 SOA 软件的企业用户在企业内部建立起 SOA 绩优中心的运行模式。然而，正如 8.3 节所述，这样的模式往往是以绩优中心自身为中心，知识和技能过度地集中，结果会使其本身成为业务部门获取 IT 技能、数据和企业资源的瓶颈和障碍，无法从根本上解决图 1-1 所示的 IT 部门的"欠债问题"。

将以 API 为主导的新架构及其背后的新思路落地的最终目的是将企业的核心资源以可靠的和可扩展的方式呈现出来。围绕这个目标，企业常常问到的

---

① 本节中的内容大多取自作者的译著《重塑 IT：应用互联网如何改变 CIO 的角色》第 7 章中的内容，清华大学出版社，2017 年，ISBN 978-7302464006。

问题是确认了架构和具体的技术平台之后,如何从人员(包括角色和职责及其技术技能要求)和工作流程方面进行统一安排? 多长时间能够实现 API 的实施? 多长时间能够将 API 转化成新的业务营收的来源? 明确回答这些问题的重要性可以从相关的 IT 项目成功率的残酷现实中看出来。Standish Group 的一项研究[1]表明,当以实施费用来衡量的项目规模从 100 万美元增加到 1000 万美元时,IT 项目的成功率从 76% 骤减到 10%。成功的定义是在预定的时间和项目花费之内完成交付预定的所有功能。IT 项目失败常见的原因是企业里 IT 所推动的东西与企业希望出现的实效不挂钩,以及从 IT 实施到产生业务上的实效周期过长。具体到 API(包括系统集成)项目,造成 IT 项目失败的主要原因包括:

- 系统集成的战略往往不是每一个具体的业务项目所考虑的重点。具体的业务项目经常是只关注前台应用的功能,而不是如何同时产生可以在以后被组合、重用的 API。
- 具体业务项目的执行各自为政,只考虑自己项目内部的需求,自给自足;而不是首先了解一下是否有现成的 API 可以利用,并为其他人留下新的 API。
- 没有人关心要建立起整个企业范围内的、不仅仅是 IT 部门的系统集成能力。企业集成的流程常常专注于在 IT 部门内部建设这方面的能力,然而,以 API 为主导的新架构和新思维却往往是由业务部门来主导的。SOA 绩优中心的做法很少为业务项目的开发者如何利用 API 将他们的业务应用与 IT 系统中的业务资源相联系提供指导。

本节将从人员和流程的角度介绍一种新的操作模式——使能中心(center for enablement,C4E),并对使能中心运行所涉及的人员及其技能方面的要求及使能中心实施的各个阶段所涉及的具体工作内容进行详细的说明。

10.3.1　什么是使能中心

以 API 为主导的新架构的核心是一个全新的企业 IT 的运作模式,强调 API 资源使用消费,并以此来驱动 API 资源的生成,如图 10-22 所示。使能中心是推动企业 IT 运作方式转变的一个小组,负责推动企业的各个部门、不仅仅是 IT 部门之间的相互协调,推动 API 资源的使用和产生。具体来讲,就是将整个

---

[1]　http://athena.ecs.csus.edu/~buckley/CSc231_files/Standish_2013_Report.pdf,第 28 页。

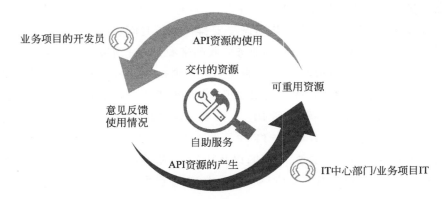

图 10-22   强调 API 资源使用的新的企业 IT 的运作模式

企业与 IT 有关的人员从以 API 资源的生成来驱动的思维方式转变成以 API 资源的使用来驱动的思维方式。而 IT 部门在使能中心里新的作用是将企业宝贵的资源以 API 的形式交到业务项目开发团队的手上，由他们来自主地、自助地完成自己的业务项目，而不是完全依赖 IT 部门。

10.3.2   围绕使能中心的不同角色

表 10-1 中列举了建立企业的使能中心需要的核心人员的角色、技能要求和典型的职责。根据一个企业的业务、IT 技术现状、组织结构特点等因素的具体情况，不同角色的人数配置甚至角色的增减都可以具体问题具体分析，而并不是一成不变的。使能中心是一个跨职能的团队，团队成员通常来自 IT 中心、业务部门的 IT 开发团队、企业的创新战略团队、企业高管等，最终目标就是要推动实现 10.3.1 节中所描述的任务。

表 10-1   围绕使能中心的核心角色

角色	描述/技能要求	典型的职责
C4E 开发员	对系统集成开发、API 和敏捷开发方法具有丰富的经验	开发 C4E 的资源
C4E 分析师	集成及业务分析师，了解具体项目的系统集成要求，并与 C4E 的资源之间相互对应、关联	为 C4E 将项目要求梳理成不同优先等级的自助式服务

续表

角色	描述/技能要求	典型的职责
C4E 教练和传道者	在技术的传播、推动和指导等方面富有经验	在企业业务部门进行传播和指导，使他们采纳 C4E 不同的工作方式
API 产品/C4E 资源的拥有者	从 IT 中心和其他企业部门的角度来看，这个角色应该理解产品管理的基础知识，并将其应用在每个具体的 API 或资源上	积极支持 API 的推广，让其他业务部门参与进来，广泛使用；保证 API 正常运行，并通过 API 的生命周期管理对 API 进行优化（从起始到终结）
C4E 架构师	对系统集成开发和 API 架构具有很深的经验，并对行业趋势、API 平台和软件工具供应商、基础框架和实践都具有很深的了解	对 C4E 具体资源的设计和操作提供恰如其分的监督，这些架构师可能不是 C4E 内部的，而是更大范围内 C4E 社区里的一员
C4E 领头人/资助人	企业业务里 C4E 的责任人，具有战略及运营的管理和领导经验	全面负责保障 C4E 的成功、日常运行管理、评估投资回报和成效，并对高级利益相关人、管理层的期望值、预算和资金等进行管理

10.3.3　使能中心与绩优中心的区别

使能中心与绩优中心相比，是完全不同的概念。在传统的绩优中心里，相关的知识和技能集中在 IT 中心部门的少数人身上，最终不可避免地使 IT 中心变成整个过程中的瓶颈（再次参考 8.3 节末尾提到的作者本人在美林证券 SOA 绩优中心的教训）。针对绩优中心的这个缺陷，使能中心旨在推动 IT 中心部门以外的业务 IT 团队，使他们有能力利用使能中心和业务 IT 团队开发出的 API 资源，在 IT 中心部门适当的指导下，独立地完成自己的业务项目。

表 10-2 列出了使能中心与绩优中心的主要区别。

表 10-2   使能中心与绩优中心的主要区别

项目	使能中心（C4E）	绩优中心（CoE）
思维方式	强调资源/API 的使用，并以此推动资源/API 的生成	强调标准化、监管和控制
交付模式	IT 部门创建功能、推动业务线独立地完成他们自己的项目	侧重于项目，以 IT 为中心，由 IT 部门定义
监管与调用	通过 API 自助式的资源调用来进行监管	严格、僵化，有限的 IT 系统调用
核心资源	API、业务架构、开发模板及项目加速器	企业架构设计模式、业务架构、最佳实践、安全及调用控制模式
服务对象	IT、系统集成服务商、业务线 IT、应用开发、创新开发、独立软件供应商	IT 中心、系统集成服务商
服务方式	开发员门户、数据市场、软件开发包、内置式的工具	中心控制、项目要求
问责	IT 中心是 API 平台的管家，用户自助式地享用服务	IT 中心拥有基础设施、业务应用和数据资源
推动方式	布道式地建立开发员社区、进度自己掌握的培训	由文档推动的复杂过程
知识和技能	分布协调式	中心控制

10.3.4　建立使能中心的具体步骤

在一个企业中从无到有建立起一个使能中心一般需要完成以下 6 个步骤。

（1）对企业现有的系统集成方面的能力进行评估。

（2）在整个企业范围内而不仅仅是 IT 部门里建立起使能中心的运行模式。

（3）开发并发布第 1 批作为基础的 API 资源。

（4）在企业内部推广使能中心，使更多的人了解其功能及他们在其中应起的作用。

（5）推动更大范围内更多的业务项目来使用使能中心已有的 API 资源，并提供意见和反馈。

（6）随时监测为评价使能中心的作用而定义的关键指标，对使能中心的运行情况做到心中有数。

下面对每一个步骤中的具体工作内容及其目的进行展开说明。

1. 评估企业现有的集成能力

在开始实施企业使能中心的运行之前,有必要对企业目前在系统集成和 API 方面的能力现状做一个全面的评估。通常这一评估使用这样一个评估框架,对企业在以下几个方面的成熟程度进行评价,如图 10-23 所示。

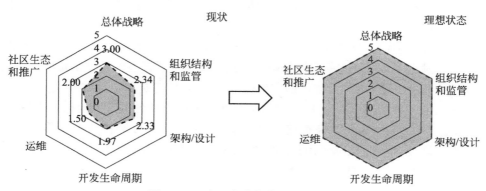

图 10-23　企业现有集成能力的评估

1) 流程方面

- **总体战略**:对目前企业就系统集成的总体看法进行评估——系统集成是否被认为是一项业务功能? API 到底是企业的业务资源还是仅仅是 IT 技术上的资产? 企业对于重复利用 API 是如何看待的? 企业目前是否已经对如何积累集成架构和工具方面的知识和经验有了详细的计划?
- **组织结构和监管**:针对设计和开发系统集成和 API 项目所需的关键角色(如 API 开发人员、集成架构师、运维人员等)的技能和经验进行评估,并通过持续的技能评估来评价目前持续进行的改进和完善措施;对企业内部针对集成平台的管理工作进行评估,比如,跨项目的集成平台的多个负责人是否被置于统一的领导和监管之下? 是否存在中心式、统一的企业架构指导和监管标准?
- **运维**:对业务需求与基础设施之间是否相互对应进行评估;审查系统和应用的监视、出错警报、日志管理及应用和系统恢复等运维操作的自动化水平,并对运维绩效指标的确定、服务水平合约及企业中 DevOps 文化的普及等做出评估。

2）人员方面

- 社区生态和推广：对企业在建立、管理和利用新的系统集成资产和最佳实践方面的工作进行评价；评估组织推动这些资产的发现和利用方面的工作实效，包括所使用的工具、论坛和激励机制等。

3）技术方面

- 架构和设计：对当前的集成架构是否与业务方向保持一致，以及是否能够很容易地进行扩展和调整来适应未来需求的变化进行评估。具体来说，当前的集成架构是否与 API 先行和设计先行的原则保持一致？为鼓励更多可组合式的企业架构的实施已经采用了哪些相关的标准？
- 开发生命周期：对当前的实施交付方法（敏捷还是瀑布）是否满足企业的系统集成需求进行评价，包括整个软件生命周期各个阶段的标准化程度（比如项目启动时是否搜集集成要求、目前代码可维护性水平等）及测试/发布/生产阶段中的活动（如由测试驱动开发、部署过程、从开发到运维的交接等）的成熟程度。

为了将评价等级量化，评价的结果按照最不成熟到最成熟的顺序分为(1)～(5)共 5 个等级。

（1）最初级；

（2）各自为政、相互隔离；

（3）组件式/系统驱动；

（4）服务/流程驱动；

（5）动态/API 为主导。

为了使在 3 个方面、6 个指标上的成熟程度评估带有一定的一致性，表 10-3 对每一项指标在每一个成熟程度上的具体表现进行了说明，以帮助建立使能中心的第 1 个步骤的顺利进行。

表 10-3　建立使能中心对企业成熟程度评估值的具体定义

指标	最初级	各自为政、相互隔离	组件式/系统驱动	服务/流程驱动	动态/API为主导
总体战略	被动应对，基于单个项目的战略和实施	由业务线驱动的战略和方向	公共数据模型，业务与IT对接	企业统一的战略，业务IT提供并使用服务	API成为业务资源，通过带有特定语境的服务来提供业务能力

续表

指标	最初级	各自为政、相互隔离	组件式/系统驱动	服务/流程驱动	动态/API为主导
组织结构和监管	以项目为导向的 IT 运行,没有相应的投资回报	IT 完全由各个业务项目来决定,IT 监管分具体项目进行	带有总体统一监管的一体化平台,使能中心的功能初步建立	企业高管的支持,使能中心的功能进一步完善	在企业高管支持下广泛采用 API,利用 API 政策来推动监管
运维	非标准,无/少监控的基础设施;手工、被动应付式的运行管理	业务线各自不同的基础设施,只具有最基本的监控与警报	中心式统一的基础设施,已建立由监控、警报和日志工具支持的运维绩效指标(KPIs)	基于服务的基础设施,定义完善的服务水平合约,自动监控,自动系统恢复	DevOps 的运维文化,主动式的监控和系统恢复
社区生态和推广	无序的社区交流,没有指导和培训	最基本的开发员上岗培训,少量公开的最佳实践的指导文件	常见用例已建立用例文档,一些数据的 API 已发布	已发布数据和业务流程 API 及相应的工具和参考例子,完善、具体的培训计划	有专人在企业内部积极推广新平台,不同团队之间利用 Exchange 随时共享各种资源
架构和设计	单体的架构,只有一些最基本的架构模式	带有一些由业务应用共享的架构模式,业务线各自独有的数据模型	企业架构初现雏形,通过中心化的信息模型采用信息即服务的方式	已建立企业架构和集成架构,已建立 SOA 的架构模型	在数据、流程和用户体验等方面都已采取基于 API 的方式,强调重用性的架构
开发生命周期	没有采用标准的软件开发生命周期的方法论,被动应对式的开发工作,应用维护费用高	带有文档的软件开发生命周期,但无自动化	混合型的软件开发生命周期(敏捷+瀑布式),最基本的自动化,代码维护费用高	敏捷式的软件开发生命周期,连续集成,自动化的测试	敏捷式的软件开发生命周期,自动化的报告生成,连续集成和交付

2. 建立使能中心的运行模式

一旦完成了企业现有系统集成和 API 的能力评估,并确定企业必须从

图 10-23 左边所示的现状向右边所示的理想状态进行转变，使能中心的团队就需要确定实现这个转变的操作方式，其中包括：

- 确定企业使能中心里的各种角色及各自的职责（见 10.3.2 节）。
- 确定使能中心里核心成员的组成（比如全时或半时的全职员工）和资金支持来源。
- 将战略（重点是基于 API 的连接）和战术（工作计划和流程、关于企业资源的反馈模式等）上的要点传授给使能中心的核心成员，以便他们成为如何使用相关技术的布道者。
- 针对资源使用状况、开发员的参与程度和效率等建立绩效指标，所有这些活动，尤其是这一条，进行得越早越好，因为这样不仅可以保证使能中心的参与，还可以从一开始就明确使能中心投入回报率的衡量指标。

3. 开发并发布作为基础资源的 API

下一步建立使能中心工作的重点是采用某种在技术人员（架构师、开发员、运维管理员等）之间共享技术资源的机制。这些技术资源包括可重用的 API 资源、各种集成系统的连接器、各种项目模板和代码例子，甚至还包括技术指导文件和培训视频等。总之，任何对开发效率和实施标准化有帮助的东西都可以拿来分享。图 10-5 所示的就是在 MuleSoft Exchange 中共享这些开发资源的情形。这里，Exchange 的作用与苹果和安卓的应用商店类似：API 的使用者在寻找可以重复使用的 API 时会首先从这里开始。

为了使新的开发员尽快上手，使能中心还需要开发出相应的标准、最佳实践、公共服务等。同时，使能中心应鼓励企业也应要求应用开发员在完成自己项目的同时，生成更多的可分享的技术资源，回馈给使能中心，造福整个企业。

4. 在企业内推广使能中心的运行模式

如果使能中心之外的企业其他部门和团队对企业的使能中心缺乏了解和认识，使能中心推动的重用性和以自助服务完成业务应用的理念就得不到贯彻执行。企业必须采取各种各样的方式向相关的每一个部门和团队推广和深化可重用企业资源的概念，包括午饭时自由形式的技术教学活动、线上系列讲座、进度自己掌握的培训、编程马拉松、技术论坛、用户群等。

同时，将可重用资源的发现过程变成设计和开发过程中的一部分，使资源的重用成为自然而然的事情，比如在 MuleSoft Studio 中直接打开 Exchange，如图 10-5 所示。

5. 推动企业内采用已有 API 资源的广度和深度

一旦企业里多数的部门和团队对使能中心及其拥有的可重用的 API 资源有了了解和认识,使能中心要做的就是努力推动这些资源的广泛和深入的采用。具体措施和步骤包括:

- 接洽并帮助推动新的业务项目。
- 让业务项目组利用现有的使能中心资源来完成他们自己的业务 IT 项目。
- 帮助业务项目组解答他们的技术问题。
- 为业务项目组提供他们所需的协助故障排查的能力。
- 鼓励对话:让共享资源的使用者提供评分和评论,提出问题、建议和反馈。这一点对于创造一个健康的社区生态至关重要,因为每个使用者都会感受到自己的投入对共享资产的贡献。
- 通过建立绩效指标的显示板来跟踪重复使用率的实际情况,鼓励重用,从而将这些指标作为个人或团队考核的核心部分。
- 使能中心对收到的意见和反馈还应该有一个公开明确的回复时间保证。这样的承诺将确保更广泛范围内的有关团队和人员持续参与的积极性。

6. 监测企业使能中心运行的关键指标

尽早确立衡量使能中心的绩效指标,并在使能中心的运行过程中连续地对定义的绩效指标进行监测,就可以做到根据第一手数据对企业投入使能中心的回报进行客观的评价。这样的报告不仅可以说服更多的业务项目与使能中心协同工作,更多地利用使能中心所掌握的可重复利用的资源,更重要的是,还可以保证得到企业高管对使能中心持续的全力支持。

衡量使能中心的绩效指标开始时可以包括以下几个基本项目,并根据需要逐步增加新的项目。

- 资源的产生和重用:生成的资源/资产数量[1][2];被调用、下载或访问的次数。

---

[1]　与 SOAP 服务、连接器、项目模板、技术例子等类型的资源不同,API 资源的数目没有一个客观的标准来计算。有的企业按 API 定义文件的数目,因为通常一个 API 定义文件里的所有 URI 都与同一个或几个相互紧密联系的业务资源有关。还有的企业按 API 的 URI 的数量来计算,但是由于 API 的 URI 中资源常有嵌套,统计起来会有些困难。

[2]　如何对可重用的资源计数,也必须从业务需求或者 IT 需求的角度来定义,不能为了计数而计数。

- 开发员的参与程度：已经利用了的使能中心资源/资产的项目的数量，接受过相关技术培训的开发员的数量。
- 开发效率：交付一个 API 的平均时间、程序的缺陷和错误的总数等。

10.3.5　建立使能中心的好处

使能中心的成功建立和正确运行可以实现其初衷，即：

- 缩短 IT 项目的交付周期，通过业务资源重用和业务项目自助服务来加快企业集成项目的上线时间。
- 通过业务资源重用和采用通用的、标准化的方式来降低企业集成项目的技术和组织风险。
- 在调动所有相关团队积极性的前提下，保持标准化的做法，促进最佳实践的采用。
- 由于大量的现有 API 和标准化项目模板的采用，大大降低了项目代码中的错误和缺陷。

使能中心的作用之一是帮助企业在中心监管和 IT 应对业务要求的变化的能力之间找到一个平衡点，并不断进行调整：一方面，IT 中心部门要对以 API 形式体现的企业资源保持监管，并在诸如集中统一的安全措施和 API 政策、带有日志和出错处理范本的项目模板及各种相关的最佳实践等方面，对业务项目进行支持；另一方面，又要鼓励业务项目自主、自助地完成自己的开发工作，并将新的 API 和其他资源及对各个方面的意见和建议反馈给使能中心。这样才能促成一个围绕 API 的健康生态的形成。

10.4　总结

本章对支持 API 及集成项目的 3 个决定因素，即技术、人员和组织流程进行了较为详细的介绍。

技术方面，详细讲解了 API 的生命周期中各个阶段的具体工作内容、目的、与生命周期中其他阶段工作之间的联系及所使用的工具和产生的代码。这一部分的内容还包括 API 的使用方如何利用现有的 API 资源来完成自己的业务项目的例子。

　　技术之外,还介绍了如何在企业中实施 API 和集成项目,以满足业务对 IT
能力的种种严苛的要求,提高企业竞争应对能力的一种组织形式和相关流程即
使能中心。本章对使能中心人员的角色及其所需的技能和职责进行了定义,并
对建立使能中心的具体步骤进行了展开说明。

　　为了突出使能中心的特性及目的,还将其与 SOA 实施中盛行的绩优中心的
运行模式在多个方面进行了对比,以此来加深对使能中心的理解。需要强调的
是,如果没有企业高层(比如 Amazon 公司的 CEO 那样)的全力支持,无论使能
中心还是绩优中心的运行模式都是注定要失败的。

　　了解了 API 技术本身的方方面面,在第 11 章~第 14 章里,将就更大范围内
API 的生态环境里的一些话题进行专题讨论,这些话题包括微服务、云计算、大
量采用 API 架构而即将浮现出来的 API 经济体及涉及这些专题的最佳实践。

第 **11** 章
API与微服务

微服务绝对可以算得上是 IT 界目前最热门的话题之一了，与此相关的书籍、文章、论坛等也是铺天盖地。作者绝非微服务方面的专家，也无意在本书中就微服务本身这个话题深入加以探讨。作者在此希望深入探讨的话题是微服务与本书的主题——API 之间在技术和架构上有什么样的关系。作为一个系统集成/API 方面的架构师，你会越来越多地在实践中遇到这个问题。而对这个问题的思考和理解，将有助于一个系统集成/API 方面的架构师对更大范围内和更多维度上的企业技术的生态环境进行更深入的了解，从而保证自己所负责的架构和基础设施部分健康地生存和发展。

11.1　什么是微服务

尽管微服务(microservices)这个词直到 2011 年才出现，其背后的思想至少在 2005 年或更早就开始形成了。虽然很难找到一个人人都认可的微服务的定义，维基百科给出的定义是[①]：

微服务是 SOA 架构的一种特殊的实施方式，旨在构建灵活的、由相互之间独立部署的组件所组成的软件系统。微服务的架构方法在 DevOps 出现之后第一次实现了 SOA 的架构思想，并且被越来越多地应用在实施连续部署的软件系统的情形中。

在面向对象编程和分布式计算出现之前，软件应用的实施大多是单体式的架构，运行在同一台机器上，甚至同一个进程和内存空间里。即便使用了模块化

[①]　https://en.wikipedia.org/wiki/Microservices。

的库函数,整个软件应用中的各个部分还是与其他部分紧密地相互依赖,如图 11-1 左侧所示:不仅在改动任何部分的代码时"牵一发而动全身",无法将改动的影响局限在一个有限的范围里;而且在运行时一旦任何部分出现故障,就会牵连整个系统的其他功能。可以想象,这样的系统的维护费用是相当高的。

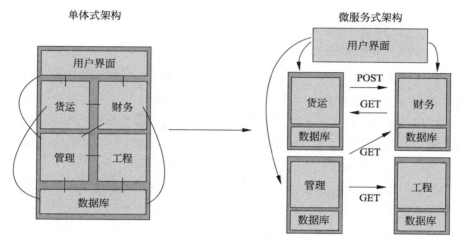

图 11-1　单体式架构与微服务式架构的对比

为了解决以上问题,微服务架构采取的方式是将单体式的软件应用架构解析成一个一个的小模块,如图 11-1 右侧所示,每个模块本身任务专一[①],模块之间采用标准的通信方式(比如 HTTP)。由于模块之间的通信界面由业务逻辑确定,应该比较好理解,而且相对稳定,因此,一个模块内部的改动所影响的范围往往仅限于该模块的内部。在部署时,不同的模块可以部署到不同的虚拟/实体机。这样,当一个模块的运行出现故障时,其他模块的运行完全不受影响,从而提高了整个软件应用的可靠性。

采用微服务方式实现的软件应用架构具备以下几个特点[②]。

- 微服务架构中模块之间的相互通信不仅可以使用诸如 HTTP 这样通用的、标准化的方式,还可以使用其他通信机制,比如共享内存、与 OSGi 包相同的进程等。
- 微服务架构中的服务模块可以各自独立地进行部署。

---

① "只做一件事,并把这件事做好。"
② https://en.wikipedia.org/wiki/Microservices。

- 微服务架构中的每一个服务模块都可以很容易地被替换。
- 微服务架构中的服务模块是围绕业务功能进行设计和组织的，比如前端的用户界面、产品推荐功能、计费功能等。
- 同一个软件应用系统里不同的功能模块可以根据具体情况使用不同的编程语言、数据库甚至硬件和软件环境来实现。
- 每个微服务的规模小，功能专一，可自主开发，独立部署，并通过自动化的流程进行发布。

由于微服务的架构中业务功能的实现往往需要多个微服务架构模块的共同协作才能完成，传统意义上的系统管理员已经无法再胜任对采用微服务架构的新的应用和系统进行运维支持的工作了。这大概就是为什么在 DevOps 的思路和文化得到普遍的认同之后微服务的架构才流行起来的主要原因，DevOps 提供了支持微服务架构所必须的开发和维护两方面的技能。

本书的两个主题是服务和 API。下面就来谈谈微服务和这两个主题概念之间的区别与联系。对这个话题进行深入的思考和探讨不仅仅可以在理论上澄清概念，更重要的是，对一个系统集成和 API 的架构师在实践工作中遇到的问题可以提供非常接地气的指导。

在对微服务与服务及微服务与 API 进行对比时，我们着眼的重点是每一个概念最初形成时企图解决什么样的问题（不忘初衷），然后在各自应用的具体场景里进行对比。而最终的目的是指导我们在今后的工作中，遇到架构和设计在这方面的问题时可以信心十足地采取最合适的架构模式。

11.2 微服务与服务的关系

首先，微服务架构和面向服务架构（SOA）企图解决的问题是不同的。微服务架构需要回答的主要问题是如何将单体式的复杂系统解析成在业务功能和 IT 结构上相对独立的架构构件，使每个构件都可以各自独立地进行部署，从而减少一个模块的代码修改和运行故障对其他模块造成的影响；而 SOA 需要回答的主要问题是如何将企业里千变万化的后台系统的功能以标准化的方式呈现出来，以便重复使用[①]。

---

① 读者可以再次阅读 5.1 节和 5.2 节。

　　了解了二者之间不同的出发点后,就可以对微服务架构与面向服务架构(SOA)之间的区别和联系作进一步的分析。

- 微服务架构的目标是提高应用的架构中每一个构件的可替换性,具体做法是将每一个业务功能部分设计成一个相对独立的模块,并在运行时放到各自独立的容器中去;而 SOA 的目标是提高企业现有的系统和业务功能的重用性,具体做法是使用标准化、通用的 SOAP 服务,将需要重复调用的每一个操作都包裹在对应的 SOAP 服务方法的背后。

- 微服务架构的重点在于对同一个业务应用原有的或概念上的单体式的结构进行解析和重组,基本上算是"内部清理";而 SOA 侧重于如何为业务系统的各个功能的调用戴上"统一的面具",属于"外部协调"。

- 微服务架构设计涉及如何划分微服务的构件,主要考虑的是设计和运行时的模块化,从而使代码更改和运行故障的影响被局限在最小的范围内;而服务架构重点考虑的是能够被重用的服务功能的设计,并受提供每一个服务功能具体实施的外部系统的限制。

- 如果以微服务的思维方式("只做一件事,并把这件事做好")来设计 SOA 的架构,其结果往往是过于零碎的服务组件,与企业业务中数量有限的业务服务的现实不吻合,并造成了不必要的系统复杂性。与此对应,如果以 SOA 的思想去设计微服务,极可能的结果是设计出来的服务功能构件"粒度"不够细,无法将代码更改和运行故障产生的影响局限在最小的范围之内。不了解所使用的工具和方法的根本目的,很多时候是导致任务失败的根本原因。

- 微服务架构和 SOA 需要不同的组织结构和不同的技能来支持。前者需要的是 DevOps 的组织和文化,而后者必须有绩优中心的组织结构及后台系统的技能才有保障。

　　对于一个 SOA/API 的架构师,如果考虑在架构的局部或整体采用微服务的方式,一定要先问自己这样几个问题。

- 在现有的 SOA/API 的架构框架下和使用情景里,微服务到底为我解决了什么问题?

- 现有的团队技能和组织结构能不能在设计和运维中支持微服务架构方式?

　　总之,对于在一个 SOA/API 的架构框架中引入微服务的做法,一定要能够明确地说出其目的及实施后期待的随之而来的好处，并对现有的团队技能和组织结构能否提供必要的支持具有清醒的认识。

　　微服务架构与 SOA 相比，似乎还有另外一个区别。微服务似乎避免了 SOA 中一味提倡和追求分布式对象的缺陷。分布式对象的思想在 SOA 最初开发的时候非常流行，力图做到不用区分相互作用的对象是同处于一个进程、一台机器，还是不同的机器上的情形。然而实践下来，在这样的思想指导之下，有时却只是为了分布式而分布式，没有任何实际的益处。

11.3　微服务与 API 的关系

　　了解了微服务与服务的关系和区别之后，对于微服务与 API 的关系就好理解了。微服务架构和 API 企图解决的问题不同。微服务架构需要回答的主要问题是如何将单体式的复杂系统解析成在业务功能和 IT 结构上相对独立的架构构件，使每个构件都可以各自独立地进行部署，从而减少一个模块的代码修改和运行故障对其他模块造成的影响；而 API 需要回答的主要问题是如何将企业里各种各样的业务和 IT 资源呈现出来，以便重复使用。

　　了解了二者之间不同的出发点，就可以对微服务架构与 API 之间的联系和区别进行如下分析。

- 微服务架构的目标是提高应用的架构中每一个组件的可替换性，具体做法是将每一个业务功能部分设计成一个相对独立的模块，并在运行时放到各自独立的容器中去；而 API 的目标是提高企业现有的业务和系统资源的重用性，具体做法是采用全新的 REST 架构风格。
- 微服务架构基本上是"内部事务"，主要是 IT 技术人员的活动，目的是模块化，提高单个模块的可替换性及整个系统的可扩展性。而 API 更多的是接触业务问题，目标是以业务的语言呈现企业资源，最终实现应用互联网和 API 经济的愿景[①]。
- 微服务架构和 API 需要不同的组织结构和不同的技能来支持。前者需要的是 DevOps 的组织和文化，而后者必须有使能中心的组织结构及后台系统的技能才有保障。

----

① 　详见第 14 章。

- 如图 11-1 所示,有时候会对微服务模块之间的通信方式进行标准化,比如采用 HTTP 的协议,或者干脆就采用 REST API。这样做可以避免在微服务的模块之间使用任何非标准的协议,有利于各种相关工具的开发、使用和标准化。这就相当于在对系统和应用采用了微服务架构的同时又使用了 REST 的架构风格。

虽然没有找到相关的统计数据,根据作者本人非常有限的第一手观察,微服务架构主要在技术公司和提供 IT 基础设施服务(比如云计算和云平台)的公司里被采用。而在主业不是 IT 技术的企业里,无论是这些公司里的业务项目还是这些公司里的基础设施建设,却极少看到有采用微服务架构的。作者猜想其中的原因大概是非 IT 企业一般不会招太多掌握最新技术的人员(这样的人员一般不会在这里追新技术),而实施微服务架构必须有 DevOps 的支持,要求掌握最新技术的开发员介入运维工作。作者预期,在较长时间内,这个状态应该不会发生什么大的变化。

11.4 总结

本章对目前技术圈子里非常热门的微服务与 API 的区别与联系做了非常初步的思考,侧重于微服务、SOA 和 API 这 3 种架构理念各自想要解决的根本问题的不同。微服务架构旨在提高应用架构中每一个组件的可替换性,SOA 旨在提高企业现有的系统和业务功能的重用性,而 API 旨在提高企业现有的业务和系统资源的重用性。微服务架构的理想是建立一个灵活的、可扩展的 IT 基础设施,SOA 的理想是将企业业务的所有功能都变成标准化、可重用的服务,而 API 的理想是在企业内部和外部的资源共享及应用互联网。

微服务、SOA 和 API 这 3 种架构理念各自对企业文化和团队人员技能的要求也有所不同,在具体实施时,技术、人员和流程这 3 条"腿"必须匹配。

和微服务类似,云计算也是一个目前非常热门的话题。与微服务不同,云计算这个话题不仅在 IT 的圈子里热门,还热到了 IT 圈子之外:热钱风投、大小企业、政府部门甚至普通大众,都能说上两句云计算的事情。

和本书一贯的讲述方式一样,在这个话题上首先回顾一下云计算的来源和需求,然后力图回答云计算解决怎么样的问题、企业为什么对云计算有兴趣及采用云计算的企业和个人主要担忧什么样的问题。本章的重点在于 API 的实施在采用云基础设施时具有什么样的架构模式、架构师和开发员会遇到什么样的新问题及在代码和运行环境上都有些什么需要考虑的具体问题等。

顺便说一下,如果第 11 章的微服务的话题在非 IT 技术企业的业务项目中目前还碰到的不多的话,那么云计算在业务项目中的出现却是相当的普遍。我们会对这方面的一些情况做些简单的介绍。

12.1 云计算需求的由来

云计算的话题,说到底,指的是企业的计算应用从哪里获得完成计算所需的资源,这其中包括应用本身的部署和运维所需的硬件环境。在云计算出现之前,所有的计算应用都是运行在拥有计算应用的企业所属的数据中心里。为此,企业需要投入大量资金,建立数据中心,购买所有的设备,招聘和组建运维团队。

这听起来有点儿像一个家庭买了一栋大房子,住起来是舒服,但花费也是很大的:首先要购买所有的家具,房子内外任何东西坏了都要自己负责修理(自己动手或找付费服务),天灾人祸后都要负责重建工作(尽管有保险)。如果人口增加了,可能还要计划扩建,甚至搬迁到更大的房子里去等。类似的问题在运行一个企业的数据中心的过程里都会遇到,不仅人力、物力费用昂贵,还需要具有专业技能的团队,绝非中小型企业的能力所及。

　　记得很多年前有这样一个说法,形象地描绘了中小型企业创业的困境:一个小企业主自己前期投入资金置办计算机及网络硬件,并在其上将自己企业的销售网站建立起来。然而,等待这个小企业主的命运只有一个——倒闭,如果市场不认可他的产品,这个生意维持不下去;可如果她的产品大受市场欢迎,一下子吸引来了成千上万的顾客来访问他的网站,那么他在自家地下室里攒出来的网站服务器很快就会瘫痪。那个时候就已经有人开始思考这个问题了:能不能将计算能力变成一种"大路货",让中小型企业就像用水电气一样,用多少就付多少费用呢?

　　于是 IT 技术公司的巨头们瞄上了这个个体虽小,但数目巨大、行业众多的中小企业的群体。这里面有美国的 Amazon,Microsoft 和 Google 等[①],以及中国的阿里云、腾讯云、百度云、华为公共和企业云等[②]。它们就像当年的炼油厂和发电站那样,在确定了企业和普通大众对汽油和电的潜在需求后,开始大规模地建立全国范围内的加油站和电网,让加油和用电变成"付钱就给你、用多少付多少"那样简单。而大规模基础设施的实现又反过来对消费行为产生了影响。比如,规模经济使电力的成本和价格下降,有能力维护发电设备的大企业也慢慢转向电网来通过付费得到电力。同样地,大企业也开始使用公有云,或者建立起自己的私有云并将其运维工作外包出去。背后的目的是集中精力在企业自己的核心业务上,将 IT 基础设施的成本变得更加可控。云计算的兴起实际上是专业分工和规模经济的体现。

　　国家和地方的政策倾斜,也同样会对云计算的采用造成巨大的影响。

　　在初步了解了云计算的需求由来之后,就很容易理解,对于非 IT 技术的企业来讲,云计算就是计算能力和 IT 基础设施的商品化,并在运营上将原来一部分固定资产的投入转变成流动资金的支出。一个企业是否采用云计算及采用云计算具体的步骤和时间表的确定,受到来自业务、技术、金融、社会和政治等多方面的影响,对于本书来说这个话题太大了。在这里,讨论的重点是:

- 云计算对本书至此所论述的围绕 API 技术的各个方面都有什么样的影响?
- 企业在 API 的技术上向云平台过渡的过程中会遇到哪些问题?如何应对?

---

① 　https://www.datamation.com/cloud-computing/public-cloud-providers.html。

② 　https://www.wikitechy.com/cloud-computing/top-13-cloud-providers-in-china/index。

12.2　云计算对 API 技术的影响

　　本书前面已经提到了应用互联网的概念。如果多个企业的应用接口在公共网络上互相连接起来，那么每个企业都肯定有一部分自己的应用需要部署在企业之外。每个企业都需要将执行内部业务逻辑的应用和系统与执行外部互动的应用分开，同时保证外部应用不会对系统的稳定性、系统和数据安全、网络带宽的使用、运维的可支持性等带来负面的影响。

　　企业在采用云平台部署 API 的工具和应用时，可能会遇到下面几个主要问题。

12.2.1　云计算的平台能为你的 API 和应用提供多少服务

　　一个云平台在最简单的情形下可以只为你提供一个虚拟机，上面只有操作系统[①]。图 12-1 显示的是 Amazon AWS 提供的虚拟机的管理界面[②]。这里，系统集成和 API 所要求的运行环境和工具是完全不存在的，需要自己安装和升级，就像在实体或虚拟机上安装和升级一样。这就像租了一个毛坯房，住之前还有许多装修的事情要做。然而，即使是这样，也比很多企业里申请新的硬件要等上几个月甚至半年强得多。

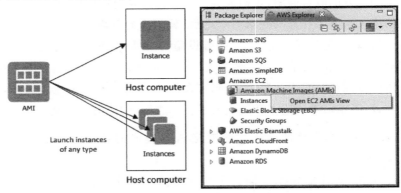

图 12-1　Amazon 云平台 AWS 提供的虚拟机

---

①　或许还有一些基本的应用服务器和其他基本应用。

②　https://docs.aws.amazon.com/AWSEC2/latest/UserGuide/ec2-instances-and-amis.html。

如果把本地数据中心的应用部署模式看作买房子,基本的虚拟机部署模式类比成租公寓,那么马上就可以想到还有另外一种居住方式,那就是住酒店。在现实里,住酒店的人看中的是灵活性和省心,你可以随时入住和离开,但你往往不能像在家里一样,自己起火做饭。与此类似,商用化的 API 平台一般都会比"云上裸机"提供更多的部署、运维和管理功能。比如使用 MuleSoft 的 CloudHub① 作为集成应用或 API 的部署环境时(图 12-2),首先无须更新升级 Mule Runtime——MuleSoft 公司会更新升级云端的运行环境,而只需要从 Runtime version 的下拉框中选择所使用的运行环境版本。已经在运行的应用和 API 并不需要被迫对运行环境的版本进行升级。

其次,可以针对每个应用和 API 对运行时使用的 CPU 和内存进行配置,见图 12-2 中间的 Worker size 的下拉框。这是应用或 API 的每一个部署实体所使用的 CPU 和内存。

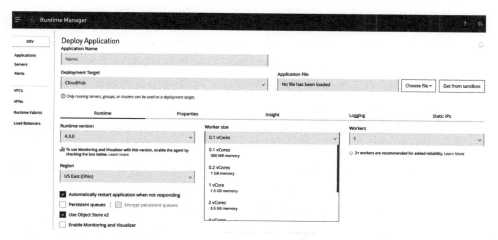

图 12-2　MuleSoft 的云平台 CloudHub 为应用提供运行环境版本、CPU/内存配置、
worker 数目等的选择

最后,还可以选择使用多少个上面配置的 worker(1～4 个)进行部署。这些 worker 相互之间共同承担需要处理的负载。

总之,在采用一个新的云平台来部署应用和 API 时,首先要比较详细地了解云平台能为你做什么,而你自己还需要做什么,以便对人员、资金、培训计划等

---

① 　https://docs.mulesoft.com/runtime-manager/cloudhub。

做出相应的安排。这就像入住公寓或酒店之前要先了解入住后生活方式会受到什么样的影响一样。

12.2.2　现有系统之间的连接是否受到影响

在采用云平台之前，一个应用的所有的相关部分都在企业防火墙后面的内网上，无论你的应用和 API 需要访问什么后台系统，只要有用户/密码都可以实现。然而，当你的应用和 API 被放到云上之后，它们与那些需要访问的后台系统之间的连接就要穿过防火墙。每一个正规企业的防火墙对于允许进出的(尤其是进入的)网络通信协议及其端口都有着极其严格的限制，比如通常只允许HTTP：80 和 HTTPS：443 通过。然而，后台系统的调用方式往往不全是基于HTTP 协议的，即便是 HTTP(s)，很多时候采用的也是非默认端口。

为了使你的应用和 API 在被放到云上之后依然可以对原先的那些后台系统进行调用，你可以有如下几个选择。

- 向公司的网络/安全部门申请，增加新的防火墙规则，开通新的端口。这个方式一般很难实现。一方面，公司的网络/安全部门要对企业整体的安全负责，任何网络安全配置的变动都必须先通过严格的审查；另一方面，新的 API 和应用所采取的新技术五花八门、层出不穷，一个企业的网络/安全部门很难在短时间内搞清楚这些技术对网络安全方面潜在的实际影响。

- 将与新的 API 和应用相关的后台系统的相关资源包裹上一层新的、在现有防火墙规则允许的 HTTP 或 HTTPS 的端口上运行的本地部署的API，让部署在云端的新的 API 和应用来调用。

- 使用虚拟私有云。虚拟私有云就是在公有云的基础设施上为一个企业单独开辟出一块"自留地"，与其他企业在公有云上占据的公有云和虚拟私有云资源分隔开来。一般的分隔办法是通过单独给予一个私有的 IP子网及诸如 VLAN 的具有加密功能的通信通道，使虚拟私有云上和企业内网中的资源之间的相互调用都必须经过安全身份认证和加密。图 12-3 显示的是在 MuleSoft Anypoint 平台上的云环境 CloudHub 中配置 IPSec 网到网 VPC[①]。IPSec 是针对从私有云到内网的连接性问题的最常见的解决方案。

---

① 见 MuleSoft CloudHub 产品文档：https://docs.mulesoft.com/runtime-manager/virtual-private-cloud。

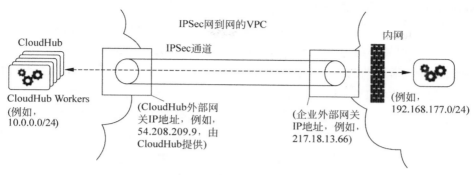

图 12-3　MuleSoft CloudHub 中配置 IPSec 网到网 VPC

　　虚拟私有云是云计算的供应商为企业提供的在公有云之外的另外一个更有私密性的解决方案。除了安全性之外,在自己的私有云中,你还可以使用自己的负载平衡器,有针对性地调整企业防火墙的规则,指定使用你自己的 DNS 服务器,以及利用自己的数字安全证书来为自己的服务端点配置使用自己独特的域名而不是公共云的公共域名等。每一个云计算服务(租公寓)及 API 和应用的云环境(住酒店)都会提供各自的工具和步骤,为你的企业完成虚拟私有云的配置。而上面提到的这些——你在自己的私有云中可以实现的其他功能,大多都需要额外付费。

12.2.3　是否需要增加安全措施

　　在采用云平台之前,所有与应用相关的部分都在企业防火墙后面的内网上,往往不需要通过身份认证和授权及通信加密等安全措施,基本上属于"家里的房间不上锁"的情形。

　　然而,当你的 API 代理和实施部分中的全部或一部分被部署到云上时,就好像你的财产不再是全部放在房子里了,而是有一部分放到了房子的外面,必须要有相应的安全措施的保护。一种常见的做法是只将需要与云端资源(比如 Salesforce)及其他企业的资源进行连接的业务逻辑部分以 API 和 API 代理的形式放在公共云或者私有云中。API 代理与云端资源及其企业资源的连接可以通过使用目标系统所提供的安全方式进行(比如使用用户名/密码,或者 OAuth2 令牌通过 HTTPS 与 Salesforce 相连);与现有的企业内网里资源的连接则通过 VPC 来完成,使用所连接系统指定使用的身份认证和授权机制以成功登录每一个需要调用的系统。

另外，由于 API 和应用可以同时被部署到本地和云端，即我们常说的"混合型（hybrid）部署环境"，我们的 API 和应用的运行会变得分散化、多样化。同时，围绕 API 生命周期的各个角色的人员也需要在已有的系统登录之外，登录 API 平台，使用各种 API 工具。因此，单点登录的要求也就显得十分重要。

为了解决单点登录及中心式的调用授权令牌的颁布，很多软件公司给出了自己的解决方案和相应的产品，比如 Ping Federate，Okta，OpenIAM，Hitachi ID，CA Identity Suite 等。作者在 MuleSoft 的客户咨询项目中曾与客户的网络管理员和安全产品厂商的技术服务专家一道，为 MuleSoft Anypoint 平台使用 Ping Federate SSO 进行单点登录，并提供 API 调用的 OAuth2 令牌进行相应的配置、测试和纠错，最终使用的身份库是客户全公司范围内的 Windows 系统下的 Active Directory①。单点登录的概念还比较简单，在 MuleSoft 的 Anypoint 平台中利用 Ping Federate 进行单点登录的配置（被称为"身份管理的外部身份"，external identity for identity management）也还算直截了当。然而，OAuth2 的概念就复杂得多，将 Ping Federate 配置成为在 MuleSoft 的 Anypoint 平台上运行的 API 并提供 OAuth2 调用令牌的（被称为"API 客户管理的外部身份"，external identity for client management）身份提供者也相应地十分复杂，不仅 Ping Federate 上需要调整相应的配置，而且很多相关部分之间的通信也可能受到现有的防火墙规则的限制，需要企业的网络管理部门的配合。图 12-4 是事后整理出来的整个网络和硬件系统的结构图，并对系统之间的业务逻辑调用和 OAuth2 互动②的请求/回复的线路做出了标注，而其中有些是需要穿过防火墙的③。

在上面这个项目的 OAuth2 配置及其查错的过程中用到了一些网络诊断工具，包括基本的 Linux 命令、Wireshark④ 以及二次开发的、部署在云端的 Java 网络工具⑤等。

当然，介绍这些并不意味着 API 和系统集成的架构师必须成为网络方面的

---

① ActiveDirectory 是 Microsoft 公司的一款用户/身份目录服务器产品，支持使用 LDAP 协议的访问，详见 https://msdn.microsoft.com/en-us/library/bb742424.aspx。

② 常常又被称为"OAuth Dance"。

③ 需要提醒的是，企业内部和外部的 DNS 服务器在图 12-4 中没有被标出。

④ 一款开源的网络数据包（network packet）分析软件，可在 https://www.wireshark.org/download.html 下载。

⑤ 因为在云端，你的 API 和应用没有办法使用 Linux 命令或者安装和运行 Wireshark。

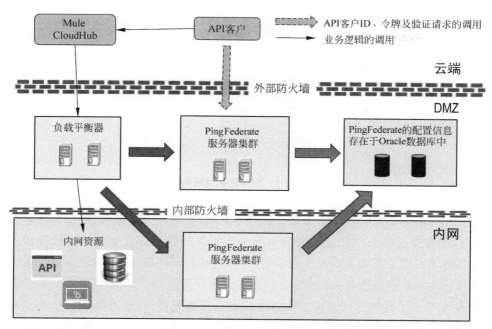

图 12-4　MuleSoft Anypoit 平台使用 Ping Federate 作为 API 的 OAuth2 的身份提供者

专家。我们要做到的是开放头脑,具有清晰的基本概念及严格的逻辑推理。原本做系统集成就肯定会遇到各种各样的系统和技术,必须能够迅速搞清相关的基本概念,然后与有关专家(subject matter expert,SME)一起,依靠严格的逻辑性成功地实现系统的配置。千万不要完全依赖有关的专家来完成你自己这部分的工作!

12.2.4　如何将 API 负责对内和对外的部分分开

在 9.4 节中曾经介绍了 REST API 的结构。为了讨论方便,在此将图 9-9 再次呈现为图 12-5。任何一个 HTTP(s)的端点加上使用 JSON 或者 XML 作为端点接收请求并提供回复的数据格式这个特点,都可以在广义上称为 REST API。然而,从技术角度讲,API 之所以成为 API,是因为有 API 代理。在 10.1 节中介绍的 API 的生命周期(图 10-2)中,在几乎所有阶段的任务中涉及的 API 工具与 API 之间的互动其实都是 API 工具与 API 代理之间的互动。这个其实也很好理解,REST API 的设计、开发、分享、分析、运维和管理之所以能够标准化,就是因为 API 代理的使用和标准化。

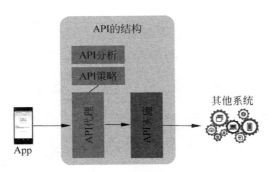

图 12-5　API 的逻辑结构

　　API 结构中的另一个重要部分就是 API 的实施部分。如果说 API 代理指定了 API 要做什么，API 的实施部分就是实现怎么做。当一个 API 的代理和实施部分的开发工作都要由你来完成时，可以选择将这两部分分别打包部署，也可以打包在一起进行部署；而如果一个 API 代理只是指向一个现有的 API 端点①，或者 API 的实施部分可以被其他 API 或者应用重复使用，或者由于 API 的实施部分必须靠近某些系统而不能和 API 代理在一起等，这时，API 代理就必须与 API 的实施部分分开来进行打包和部署。

　　API 的代理和 API 的实施部分可以分别部署在本地或者部署在云端。将打包方式和部署地点这两个因素排列组合并去掉不合理或无意义的部署场景，可以总结出以下几种 API 的部署方式，如图 12-6 所示。其余的排列组合在技术和应用上都不太合理。

　　（1）API 代理和 API 的实施部分都在本地但分别部署，API 的实施部分连接本地系统。这是最传统的 API 部署方式，不涉及云计算/云平台。如果需要创建服务器集群或使用负载平衡器，都需要用户自己来设置；API 运行环境的升级、打补丁等也都需要用户自己操心。另外，由于所有相关部分都在防火墙以内，对安全性的要求可以宽松一些。这种部署方式适合 API 及 API 的调用者都在本地或企业内网里的情形。

　　（2）与（1）相同，但 API 代理和 API 的实施部分合并打包在本地部署。分析同（1）。由于 API 代理和 API 的实施部分被合并打包一同部署，在本地运行环境中占用的系统资源会稍微少一些；如果牵涉商用 API 软件的授权问题，API 占用的授权数量会少些，但部署的灵活性会稍弱一些。

―――――――――――

① 目的是将旧的 API 纳入新的 API 管理范围，或者改变已有的 API 的安全特性和运行行为等。

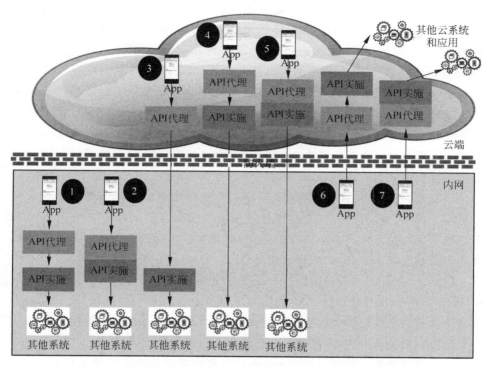

图 12-6   在混合型的部署环境中如何部署 API 的代理和实施部分

（3）API 代理在云端，而 API 的实施部分在本地部署；API 的实施部分连接本地系统。这种部署方式一般是为了企业外部的 API 用户调用，调用时一般需要提供 API 的用户 ID，或者再加上 Oauth2 令牌供 API 代理来进行验证。API 代理与 API 实施的连接部分需要通过 VPC。内网里的 API 实施部分其实也可以按照 API 的形式呈现，供企业内部的 API 用户来调用。由于最终的业务逻辑实现是由同一个软件组件（即 API 实施）来完成的，无论是外部还是内部的 API 用户的调用都会得到一致的结果。与（1）中的情形类似，API 代理和 API 实施的分别部署提供了部署和升级上的一定灵活性。需要注意的是，如果采用的此部署方式是从（1）演变而来，即将原来在内网运行的 API 代理移到云端，除了 API 代理与 API 实施之间的连接问题外，还需要了解 API 代理的代码部分是否需要因此而更改。有些商用 API 平台软件本身上云时就需要再包裹一层代码或配置；即使不需要，在本地部署和在云端部署时也许在所支持的技术细节上可能有所不同。这些都是企业在上云计划前期需要提早考虑的内容。

（4）API 代理和 API 的实施部分都在云端部署，API 的实施部分连接本地系统。与（3）类似，只是 API 的实施部分也移到了云端。需要 API 实施部分部署在云端，是因为 API 的实施逻辑中需要调用其他云端系统和应用（比如 Salesforce）。如果同时也需要调用内网中的系统和应用，就需要对所有 API 实施需要连接的系统做综合考虑，争取获得最佳的 API 回复响应指标。

（5）与（4）相同，但 API 代理和 API 的实施部分合并打包在云端部署。分析同（4）。由于 API 代理和 API 的实施部分被合并打包一同部署，在云端运行环境中占用的系统资源会稍微少一些；如果牵涉商用 API 软件的授权问题，API 占用的授权数量会少些，但部署的灵活性也会稍弱一些。

（6）API 代理和 API 的实施部分都在云端部署，API 的实施部分连接云端系统。与（4）类似，只是 API 实施所连接的系统也在云端。这种情形下，API 的用户既可以在企业外部也可以在企业内部，如图 12-6 所示。当然，从企业内部调用时需要添加 HTTP(s)代理的信息。

（7）与（6）相同，但 API 代理和 API 的实施部分合并打包在云端部署。分析同（6）。由于 API 代理和 API 的实施部分被合并打包一同部署，在云端运行环境中占用的系统资源会稍微少一些；如果牵涉商用 API 软件的授权问题，API 占用的授权数量会少些，但部署的灵活性也会稍弱一些。

除了实现业务功能的 API 之外，还可以根据需要设计提供绩效指标（KPI）数据的 API 来为统计数据面板提供数据，或者某些对你的系统和 API 进行管理的 API。对于这些 API，需要根据其调用者是在企业内部还是企业外部来决定它们的部署位置。

12.3　实战：全云和云-本地混合型的 API 平台

在图 9-23 中曾简单描述过将 API 部署在 MuleSoft CloudHub 上的情形。CloudHub 是一个集成即服务的平台（iPaaS），可以在云端部署集成应用和 API。图 12-7 所示为 CloudHub 的架构，主要由 3 部分组成。

（1）运行管理界面。这里是 API/系统集成的基础设施和应用的管理员针对 API、集成应用及基础设施完成各项平台服务的地方。

（2）平台服务（platform services）。如图 12-7 所示，平台服务包括应用状态数据、业务数据分析、应用和平台日志、出错报警、VPC、Worker 管理，以及对应用和批处理过程进行管理的日程。其他平台服务还包括安全网关、负载平衡、

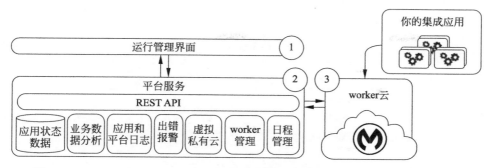

图 12-7　MuleSoft Anypoint 平台上部署 API 和应用的公有云——CloudHub 的架构

mule 服务器集群等。每种平台服务都具备相应的 REST API,供自动化的管理应用和工具来调用。

（3）Worker 云。所部署的 API 和集成应用是由 worker 云分配的 worker 来运行的。在图 12-2 中已经看到了如何为你的 API 或应用选择 worker 的大小和数量。在所有的 API 和集成应用之间分配 worker 需要一些计划工作,但总的来说会比使用物理或虚拟机作为运行环境灵活得多。

如果 API 和集成应用的部署环境同时要求本地和云端这两种选择,即所谓的"混合型部署",就会遇到如图 12-6 所示的一个或多个部署方式。在这一节里,作者将对两个客户项目上部署环境中的细节进行描述。其中一个全部是云端部署,另一个是混合型部署。

12.3.1　项目 1 背景

美国某全国型的行业协会在 2015 年引入了 Salesforce 和某款会员管理软件系统来对它近 300 万会员的方方面面进行管理。由于 Salesforce 只是汇集了会员和非会员的基本信息,而诸如会费管理、活动安排、网上社区等信息都在某款会员管理软件系统及其他存在多年的二次开发系统中,作者在项目的架构设计中使用了 MuleSoft 的 Anypoint 平台,来支持所需的实时的和批处理的业务流程。在这里,只对部署环境进行简单的介绍。

12.3.2　项目 1 云平台的架构

如图 12-8 所示,该行业协会最终使用了全部云端的部署环境。非生产环境

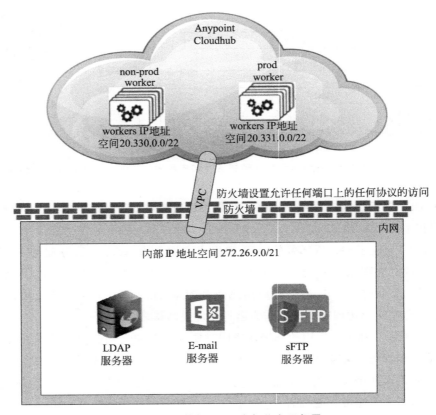

图 12-8　实战例子 1：全部公有云部署

和生产环境分别使用不同"池子"里的 worker。在云端运行的集成流程和 API
有时需要调用协会内网里的 LDAP、电子邮件及 sFTP 服务器，将来的实施项目
还可能需要调用内网里的 SQL Server 数据库。为此，该行业协会选择了仅使用
一个 VPC 来通过所有来自非生产环境和生产环境的从云端向内网系统的调用
请求。在这里，防火墙的设置非常宽松，允许云端 API 和集成应用使用任何协
议在任何端口上对内网里的系统和资源进行调用。另外，由于内网的电子邮件
服务器是用 IP 地址的白名单来完成身份认证的，调用电子邮件服务（通常是为
了针对特定的情形提醒有关人员）的云端应用必须采用静态 IP 地址。

　　在云端，Salesforce、MuleSoft 及某款会员管理软件系统之间相互的 API 调
用采取 OAuth2 或者双向 SSL 的安全措施。

12.3.3 项目 2 背景

2017 年,美国中部一家跨州的电力公司在经历了一场飓风带来的大停电及随之而来的客户服务网站宕机事故所带来的大众舆论的压力之后下决心采用现代 API 的理念和架构来设计和实施新一代的客户服务网站,为客户带来全新的体验。一方面,该电力公司需要对现有在内网运行的系统进行整合;另一方面,由于引入 Salesforce 作为新的客户关系管理(CRM)系统,以及开发出 REST API 来支持手机应用的明确要求,需要有一部分 API 和应用被部署到云端。而部署在云端的 API 或应用有时又需要调用内网里的系统或资源。

12.3.4 项目 2 混合型平台的架构

如图 12-9 所示,该电力公司最终使用了混合型的部署环境。图 12-9 的下半

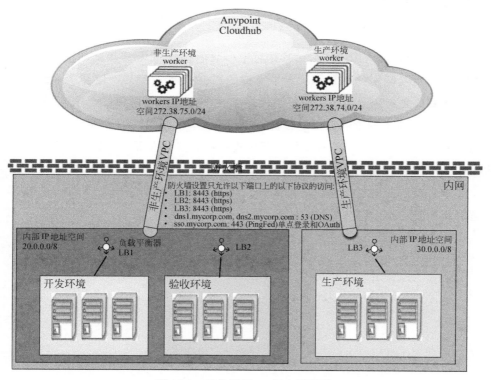

图 12-9 实战例子 2:混合型部署

部分显示的是两个非生产环境（开发和验收）和一个生产环境的 MuleSoft 的运行环境。每一个环境中有 3 台 Linux 的虚拟机，形成一个由 3 个 Mule Runtime 组成的集群。在集群之前有一个负载平衡器，将来自云端的 HTTPs 的调用请求分配到集群中具体的一个 Linux 虚拟机中的运行端点上。

    图 12-9 上半部分显示的云端的运行环境与图 12-8 的没有太大差别。不同之处在于，在这里，非生产环境和生产环境分别使用了各自独立的 VPC，而且该电力公司的网络管理员和安全部门对能够通过防火墙的调用请求进行了极其严格的限制：只有在 HTTPs 的 8443 端口上的调用请求才被允许通过，使用其他端口及其他协议的调用请求则一律被阻挡。这里，作者还对图 12-4 所示的使用 Ping Federate 作为调用 Anypoint 上部署的 API 时的 OAuth2 身份提供者进行了配置。期间不得不请求网络管理员和安全部门添加新的防火墙规则，允许包括内部 DNS 服务器在内的几个协议和端口的调用请求通过防火墙。

12.4　总结

    云计算和云平台对企业，尤其是对中小型企业的 IT 运维模式的影响及围绕 API 的应用互联网的愿景都决定了支持 API 的基础设施是一定要牵涉云平台的。本章首先对企业为什么需要云计算和云平台进行了简单的回顾，然后就云计算对 API 技术的影响进行了分析，包括云计算能为 API 提供哪些服务、云平台的引入会怎样影响系统和应用之间的连接性和安全性等。还对在混合型的环境中的不同 API 部署方式进行了对比。

    本章最后描述了作者在最近的客户咨询项目中遇到的两个不同的 API 部署环境配置的技术细节。

第 13 章
最佳实践的经验

　　迄今为止,本书对系统集成和 API 方面的有关概念、架构理念、具体实施步骤等进行了初步的澄清和介绍,希望能够为读者提供一个粗略的学习路线图。很多客户在共同进行服务项目的过程中常常会向作者索要围绕系统集成和 API 开发方面的最佳实践文档。这些最佳实践(无非是在特定的条件下应该做什么和不应该做什么)既可以是一般意义上不依赖于任何具体的软件和工具的,也可以是围绕系统集成和 API 项目生命周期不同阶段的活动的,还可以是针对某一个特定的软件或工具的具体使用情况的。贯穿本书的每一个实战案例中都多少会包含一些这方面的最佳实践的内容。

　　受篇幅所限,且不能过于局限于特定的系统集成和 API 的软件产品和工具,我们的讲述没有办法再往深处和细处展开。本章作为关于系统集成和 API 战术方面话题的最后一章①,作者希望将近 20 年搜集起来的相关的最佳实践的内容做一个整理。由于具体的最佳实践内容可以按照多个方面和因素进行归类,而并没有一个统一的标准,再加上不一定每一条最佳实践都适用于读者手头的项目,读者在阅读本章时可能会觉得有些凌乱。作者会尽力对每一条最佳实践的适用条件、内容、其中的道理和分析及实行和不实行可能带来的后果进行足够充分的论述。

　　读者最好不要企图在短时间内一次读完本章,可以作为一个个的专题进行思考和讨论。读者也不需要完全同意本章(甚至本书)的全部内容。作者欢迎读者使用电子邮件信箱与作者就相关的话题进行交流和深入的讨论。

　　在讲述具体的最佳实践之前,我们先来再次宏观地回顾一下近 30 年来围绕系统集成和 API 背后的架构理念的演变。

---

① 第 14 章是关于 API 的战略方面的内容,第 15 章是关于架构师成长的人文思考。

1990 年，多数企业里的系统和应用都是各自为政、互不连接的。大家开始认识到了"信息孤岛"对业务发展的制约，并开始致力于不同系统之间的信息共享。这个阶段的做法基本上是不动系统和应用，而将它们各自所需的数据从该数据所在的源系统中复制过来。在 2.2.1 节中对这种"初级阶段的做法"进行了分析。当需要面对的系统和应用超过 5 个时，这种做法就会变得十分混乱，无法管理。

2000 年，有系统、成体系的企业应用集成（EAI）架构和方法开始出现和完善。在 2.2.3 节、2.4.1 节等章节中对此进行了讨论和分析。这一阶段关注的重点是如何从通信机制和通信数据两个层面上利用企业服务总线（ESB）和公共数据模型（CDM）将需要进行集成的系统和应用之间的关联性进行结偶，即解决上一段末尾所描述的问题。事件（event）和公共数据模型（CDM）便是这个阶段相应引入的新概念。然而，作为涉及系统集成应用的开发者来说，针对每一个独特的系统和应用连接的复杂性依然是最大的挑战之一。由于每一个项目需要连接的系统及每一个连接点上的数据都各不相同，每一个项目在设计和实施时都需要应对这些连接的复杂性。尽管不少系统集成软件的厂商为很多的系统提供了连接器（connector，或称为适配器 adapter），但系统连接的复杂性在集成项目中依然无法避免。加之每个系统集成软件厂商的连接器都是将系统连接到自己的集成技术中，无法互换，这个时期集成项目花费最多时间的事情就是如何连接每一个不同的系统。集成架构师擅长系统集成，但却不可能成为所有系统的技术专家，而每一个系统的专家又往往没有全局的集成概念。

2005 年，服务的概念开始被广泛地谈及和采用。一统天下的 SOAP 服务逐渐成为每一个开发员必备的技能。服务主推的是系统连接和系统所包含的业务流程的标准化，将系统连接的复杂性（针对系统集成的设计和实施）掩盖起来，强调的是业务逻辑的重用性。在第一批连接系统的服务之上，SOA 推崇利用现有服务进行组合，以开发新的、组合式的服务。但是总体上还是"服务"的概念，即"我有什么一技之长，就利用它来为别人做点儿什么"的思路[1]。

2015 年，早在 2000 年就已提出的 REST 的架构风格被越来越多的人认识和认可，REST API 大行其道[2]。我们从第 9 章起花了一半的篇幅对围绕 API 的诸多话题进行了讨论，对基于 API 的架构思想有了一定的了解。然而，有一

---

① 再次参见图 5-1。

② 再次参见 9.2 节。

个基本的、常常被问到的问题还没有回答：应该如何在现有的集成平台、服务平台的架构上定位 API？API 并非要取代系统集成和服务，而是要在更高的抽象层次上对业务进行重新思考，力图将企业的资源放到业务应用开发团队的手中，让他们能够自主、自助地完成自己的业务项目。而为了实施 API，不可避免地需要理顺企业内部的系统资源和业务逻辑，也就必然需要服务和集成的支持。所以，API 是"由外向内"，而服务是"由内向外"的。

有了上面概括的这个粗线条的脉络，我们来归纳一下有关的最佳实践。

13.1　关于系统集成的最佳实践

13.1.1　不要以"数据复制"的思考方式设计系统集成

具体分析参见 2.2.1 节的内容。

首先要做的是，必须以"API 为先导"的思想将新系统和新应用提供的所有资源以 API 的形式呈现，并将新系统和新应用需要调用的其他资源都包裹在 API 的后面，即使这些 API 目前并没有被调用。此后的新项目在设计其他资源调用时，必须先搜索有没有现成的 API 可以调用。如果有，必须使用；如果没有，必须在完成新项目的同时开发出相应的 API，供企业项目今后使用，就像 Amazon 公司的 CEO Jeff Bezos 在公司内部强制推广和执行的情形一样（见 9.2 节）。

如果是在现有的系统之上进行集成整合，开发出新的业务功能，应该先对涉及的每一个系统进行研究，看它们是否可以或者通过简单的改动就可以调用外部的 API。如果可以，该系统对外部资源的调用就全部通过 API 的方式进行。同时，为这个系统里的资源包裹上相应的 API。

如果一个现有的系统无法做任何修改，不能调用外部的 API，则应该：

- 让该系统继续通过事件来向外界传送系统内部的变化情况，依然如 2.2.1 节中所描述的那样。
- 将该系统的系统资源包裹成 API。该系统接受外部注入的信息更新必须通过调用这些新的 API（POST，PUT，DELETE 等）来进行，由 API 的实施部分来调用该系统的现有机制。同时也要设计和实施 API 的 GET，这样才会有完整的系统资源 API 供今后项目的重复使用。

- 极其重要的是，这些 API 的设计绝不能只考虑眼前项目的需求。必须在总体业务的通盘考虑下，从 API 调用者的角度，以纯粹的业务语言来设计这样的 API，只有这样，才能保证设计出来的 API 的质量。

13.1.2　尽量避免使用批处理文件的方式

每隔一定时间将源系统中的数据提取出来存入一个 CSV 文件，并 FTP 到目标系统指定的地方，时至今日，这依然是系统之间进行数据复制的常见方式。作者在实际的客户咨询项目中经常遇到这样的情况：2012 年，美国某著名玩具公司每天将全部 5000 多种玩具的设计、制造、成本、市场等信息从一个系统中提取出来[①]，产生一个巨型（约 500 MB）的 XML 文件。然后每晚用一个批处理过程将这个 XML 文件进行解析，并在删除目标系统中的全部内容后将 XML 文件中的全部内容注入目标系统。2015 年，美国某全国性的行业工会每晚使用批处理的方式将近 300 万会员的相关信息注入另一个系统，同样采用的是"先全部删除再全部注入"的方式。

这两个客户的批处理过程出现了同样的问题。

- 一次处理这么大的数据量，系统和数据质量方面的问题使得实际上几乎没有出现过批处理能够顺利完成的情形。
- 批处理一旦出现问题，找到有问题的记录，分析并纠正问题几乎是不可能的。往往是干脆等下一次批处理的进行，只祈祷问题在下一次批处理时神奇地消失。可现实很残酷：批处理过程常常连续几天失败。目标系统的用户再也无法信任该系统中的数据，只好打电话给负责源系统的熟人来确认自己所需数据的可靠性。

再从架构设计的角度来看，使用批处理体现出来的是应用背后落后的架构理念，即一个业务应用就是由一个数据库和一个程序组成的：数据库负责存储和提供数据，程序负责按照业务逻辑处理数据。至于数据库中的数据来源，或者是本系统拥有的，或者是从其他地方复制过来的。这样的做法有诸多致命的问题。

- 每天的工作中只有一小部分的业务数据在源系统被更新了。全部复制

---

① 读者肯定在问：为什么是全部？为什么不能只提取在过去的一天里被修改过的部分？该批处理过程的设计者的回答是：从源头系统提取全部并对目标系统先删除所有信息再注入刚提取的全部内容，批处理的逻辑会更简单。

浪费了大量的系统资源。批处理中出现问题的业务记录可能在下一个 24h 内在目标系统中根本没有被用到,针对该记录,对批处理进行分析和纠错完全是无用功。

- 一旦批处理出现问题,纠错肯定会十分困难。试想,如果认为只从源系统中提取出更新数据是一项困难的任务,那么从上万甚至上百万的记录中根据批处理执行过程的日志来找到处理时产生错误的记录并安排纠错和重试这些记录的批处理执行将是一件多么困难的事情!

- 批处理的内容可以是业务数据,也可以是参考数据。处理业务数据时,相关的参考数据必须首先存在并保证内容正确;否则,业务数据的处理就会出现问题。比如,在一个电商网站上,李先生首先注册成为一个新客户并立即下了一个订单。试想一下,如果电商网站后台使用批处理过程来处理客户信息(参考数据,可能在 Salesforce 中)和订单信息(业务信息,可能在 SAP 中),如果订单信息的批处理早于客户信息的批处理执行,前者就会出错。由于这个错误是出现在多个订单记录处理的过程中,找出根本原因并正确处理这样的错误情形并非易事。

- 由于批处理过程的可靠性方面的问题,目标系统的用户无法建立起对系统中数据的信心。

- 即使批处理过程运行的故障率低,处理的数据量不大,而且出现错误时纠错的工作也不复杂,企业业务的发展和行业竞争的压力也仍然会逼迫企业对市场更迅速地做出反应。只有使用实时数据才有可能进行更敏捷、更准确的决策。

总的来说,这样的架构理念从根本上依然是将每一个系统或应用作为各自为政、毫不相干的单元来对待。除了将各自所需的数据(片段)从相应的源系统中复制过来,无论是在业务流程、业务资源还是在数据方面都毫无"集成"可言。然而,理想和现实总是有距离的:在日常的工作和项目中,依然会遇到大量的批处理数据的情形,而企业和项目会有无数的理由来维持这些批处理过程的存在。如何说服企业将这些批处理过程逐渐淘汰并过渡到实时的模式,这已远远超出了技术的话题,牵涉到一个解决方案架构师的"软实力"的问题。将这个话题留在第 15 章中再做深入的讨论。

13.1.3　对消息服务器运行的认识

如果在系统集成项目中使用了消息服务器(比如 Apache 的 ActiveMQ),会在项目的运行中遇到消息服务器方面的故障，比如待处理的消息由于消息接收应用出现错误和故障而堆积在队列中，越来越多，最终导致消息服务器完全失败。

从概念上来说，可以将消息服务器类比于化工流程中的缓冲罐。如图 13-1 所示，一个缓冲罐在化工流程中将两个直径（及流量）不同的管道连接起来，使流体可以在不同尺寸的管道中流动而不产生压力的积累。

图 13-1   消息服务器与缓冲罐的类比

可以将图 13-1 所示的缓冲罐想象成消息服务器，左边较粗的管道为消息的发送连接，右边较细的管道为消息的接收连接。消息服务器在运行中最常出现的问题是持续、较快的消息发送-较慢的消息接收和处理会造成服务器上消息的滞留和累积。如果消息的接收端出现故障或完全失败，那么服务器上消息的滞留和累积会更加迅速。最终将导致消息服务器中所有系统资源（主要是内存）完全耗尽，造成消息服务器本身停机。

提高消息服务器可靠性的根本在于平衡消息的发送和消息的接收，从而保证消息服务器的正常运行。具体措施可以是监视和实时地报告服务器接收应用的数目、每一个队列中待处理的消息的数量或者每个队列上消息发送和消息接收的速率及消息服务器本身内存和硬盘的使用状况。从这些监控指标的实时数据中，可以及时了解消息服务器的运行情况。另外，最好所使用的消息服务器能够提供预留应急资源（内存和硬盘）的功能，使得在故障状态下消息服务器依然有足够的系统资源正常运行其最基本的功能，让消息服务器的管理员可以进行故障排除和服务器的恢复，而不至于只能将消息服务器停机重启。

13.1.4   使用 SEDA 的架构模式来提高系统集成整体设计的可靠性

在 3.2.4 节中，曾经介绍过 SEDA（分级式事件驱动的架构）的架构模式，并提及 SEDA 在并行处理集成消息以提高集成系统处理的整体效率及集成系统发生故障时保持系统状态以备系统重启后继续正常运行这两种情景下的应用。在这一节里,我们就后者的处理方式作为一种最佳实践来进行详细的分析。

　　有时,一段系统集成逻辑的执行步骤比较多,而且要对多个系统进行操作。如图 13-2(a)所示,一段集成逻辑由 3 步组成。如果直接按这 3 步来进行集成逻辑的代码编写,来看看会出现什么问题。

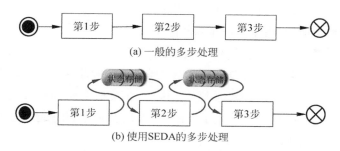

图 13-2　简单的多步处理与使用 SEDA 的多步处理的对比

　　如果一切顺利,第 1～3 步都依次成功地完成,不会有任何问题。然而,如果在执行第 3 步时,执行这部分集成逻辑的程序死掉了该怎么办呢? 假设触发这一段集成逻辑执行的是一个 JMS 队列中的消息,并且在集成逻辑的程序死掉时还没有对该 JMS 队列消息进行确认(acknowledge),那么在集成逻辑的程序死掉时,它正在处理的队列消息并没有丢失。在这部分集成逻辑的程序重新启动时会再次接收到这个消息并重新进行处理。至此,并没有出现任何问题。

　　接下来看看重新处理的过程中会发生什么情况。还记得原先在集成逻辑的程序于处理第 3 步的过程中死掉时,它已经执行了第 1 步和第 2 步。重新启动后,第 1 步和第 2 步各自又要被再执行一次。如果第 1 步和第 2 步只是"查询"而不是"插入、更新或删除"操作,即原先的第 1 步和第 2 步的执行并没有对任何系统的状态造成任何影响,那么,集成逻辑重新启动后各个相关系统也确实是上一次集成逻辑执行之前的状态。这样的结果的确是重新执行了该消息的处理逻辑。

　　然而,如果第 1 步和第 2 步中至少有一步是"插入、更新或删除"的操作,那么集成逻辑重新启动后有些相关系统不再是上一次集成逻辑执行之前的状态了。这时再重新执行这段集成逻辑就极可能出现预料之外的"衍生错误"[①]。比如，这段集成处理逻辑接收的是新订单的消息，而第 1 步的操作在数据库的 ORDER 表中插入一个关于当前消息所包含的新订单的记录。然而，在这部分集成逻辑程序死掉又重启后，再次执行第 1 步的 ORDER 表插入操作时或者会插入一个重复的订单记录，或者会出现"Unique key violation"的错误[②]。前者在集成逻辑的执行中并不显示任何出错，是更隐秘和危险的 bug。而后者是"衍生错误"——集成逻辑再次试图处理同一个业务消息时，系统的状态中错误地存在着"残留状态"。这样的"衍生错误"出现时技术支持人员往往很难正确地判断出错误发生的根本原因，更不要说排除故障了。

为了避免"衍生错误"情况的发生，可以将较长的集成处理逻辑分成多个步骤，每一步由 0 到多个"查询"步骤＋1 个"插入/更新/删除"的操作组成，并在每一步之间加入一个"状态存储"步骤[③]。这样，在集成逻辑的程序失败并重启后就不会有"衍生错误"的情况发生了。图 13-2(b) 显示的就是增加了多个中间状态存储的 SEDA 架构。

这里提到的将较长、较复杂的集成逻辑分成几段的做法与 13.3.5 节中提到的避免保留中间状态的说法并不是一回事：前者是关于如何在一个消息、多个步骤的处理过程中积累处理状态；而后者是关于在前后不同的调用(不同的业务消息)之间进行状态互享。这是两个完全不同的概念。

13.1.5　对容错、负载平衡和高可用性的考虑

任何系统集成和 API 的实施部分都要对容错、负载平衡和高可用性等非功能方面有一定的要求，这些因素在很大程度上决定了一个集成系统或 API 实施的质量。因此，对容错、负载平衡和高可用性这 3 个概念的正确理解是十分重要的。

容错指的是一个系统或应用在某一部分出现问题时依然能够继续完成其设计功能，尽管此时系统或应用的总体处理能力可能已有所下降。解决一个系统的容错问题，通常的做法是为该系统做一个备份。平时在该系统正常运行时，备

---

① 即不是由处理消息的过程本身产生的错误，而是由于设计的集成过程对某些情景的处理带来的问题。

② 取决于 ORDER 的 ID 是由数据库产生还是由消息内容来指定。

③ 比如 JMS 队列。

份处于等待状态或者停机状态。一旦该系统出现故障,备份会被及时启动并接管系统。例如,一对 ActiveMQ 服务器互为备份,可以大大提高 ActiveMQ 作为消息服务器的可靠性。

负载平衡指的是将消息或者 API 的调用请求在一组处理单元之间进行分配,从而提高总体的处理能力。从消息的发送端来说,负载平衡是通过消息发送应用在一组消息服务器中按某种方式选择一个来推送当前的消息来完成的。信息服务器的选择可以是简单的循环往复(round robin),也可以是根据所有消息服务器的忙碌程度(比如现有连接的数目,或者以 byte/s 量度的现有的消息传递速度)来挑选其中的一个消息服务器。从消息的接收端来说,如果是队列,当队列中待处理的消息越来越多时,可以随时再启动一个队列消费应用来分担队列中的消息。而如果是 API,可以在多个机器上启动同一个 API 的服务端点,并在此之前使用硬件或者软件的负载平衡器。

高可用性指的是一个系统或者应用在该系统或应用的用户眼中达到的正常运行时间,一般以持续运行的时间或者一定的时间段内正常运行时间所占的比例来表示。请注意,"在用户眼中系统正常运行"并不意味着系统或应用中的每一个组成部分都一直正常运行,没有故障。例如,ActiveMQ 的 Master/Slave 成对配置[①]中(图13-3),如果使用了公共的消息存储(比如存储文件或者支持 JDBC 的数据库),而 ActiveMQ 的客户端(包括发送端和接收端)如果使用 tcp:// server1：61616,tcp://server2：61616 形式的 URL 来进行连接,那么,即使 Master ActiveMQ 服务器出现故障,Slave ActiveMQ 服务器会自动接手,并从公共消息存储中接管所有 Master ActiveMQ 服务器在失败之时未能完成传递的消息。这样的效果是在 ActiveMQ 用户眼中,整个 ActiveMQ 消息服务器一直是正常运转的,与单个的 ActiveMQ 服务器相比,保证了其高可用性。

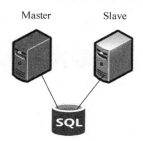

图 13-3 ActiveMQ 的 Master/Slave 的成对配置

---

① http://activemq. apache. org/masterslave. html。

13.1.6　对灾难恢复设置的考虑

关于灾难恢复（disaster recovery，DR）的基本概念及关键指标（比如 RPO 和 RTO 等）的含义，网上有很多中文和英文的资料可以参考[1]，本书无意重复。这里想讨论的是两个 DR 系统与生产运行系统之间的物理距离应该是多少，以及 DR 系统中的每一个硬件部分与生产运行系统中对应的部分相比应该如何设计。

这两个问题本来不应该由系统集成和 API 的架构师来回答：DR 系统的定位在解决方案架构师接手项目之前早就决定了，几乎不可能改变；而 DR 系统的"尺寸"也许还来得及改动，尤其是在 DR 系统的部署环境为虚拟机时。

DR 系统的定位一般需要与生产运行系统之间保持一定的距离，以保证在可预见的灾难发生而生产环境被毁时 DR 系统仍不受影响。然而，DR 系统与生产运行系统之间往往需要有高速、专用的通信渠道相连，以保证持续地由生产运行系统向 DR 系统的系统状态和数据的复制。因此，DR 系统与生产运行系统之间的距离又受到一定的限制。作者经历的项目中即有一例。10 多年前美林证券的系统集成生产运行系统位于曼哈顿，而 DR 系统位于仅仅 17 英里（大约 27km）之外的新泽西。如果遭遇飓风、洪水或核弹袭击，生产运行系统和 DR 系统同时被毁的可能性相当大。因此，这样的距离是不合适的。然而，也不能只看距离而不考虑其他因素。比如，作者经历的另一个项目中，2012 年加拿大不列颠哥伦比亚省的乐透公司的生产运行系统和 DR 系统之间仅有 5km，都在卡尔加里与温哥华之间的山区，深入加拿大的内陆，遭受自然灾害和恐怖袭击的可能性极小，因此，这样的 DR 系统存在的意义不大。实际上，该公司也时常拿 DR 系统当容错的备用系统来用，即将"热-冷"的 DR 配对变成了"热-温"的容错配对。

由于虚拟机的使用，DR 系统的"尺寸"决定还存在一定的灵活性。在这一点上有两种不同的看法：一种看法认为，DR 系统中的所有细节必须和对应的生产环境中的一模一样，这样，在生产环境遭到破坏时，才能保证 DR 系统可以很快地、顺利地启动并接手，恢复与生产环境一样的运行状态；另一种看法认为，既然 DR 系统在绝大多数情况下并不启动，使用与生产环境同样的"尺寸"实在是

---

[1]　比如 https://en.wikipedia.org/wiki/Disaster_recovery。

浪费。到底要如何选择 DR 系统的"尺寸",其实还是应该具体问题具体分析。举两个作者经历过的客户项目中 DR 系统的例子。首先,还是美林证券的 DR 系统,选择了和生产环境的配置一模一样。其实想想,当发生如大地震或"9·11"那样的天灾人祸时,股市会休市,以避免恐慌情绪的蔓延。这种情况下的 DR 系统的"尺寸"选得小一些完全没有问题。第 2 个例子,位于美国休斯敦的某跨国石油公司的能源交易部将 DR 系统的"尺寸"确定为生产环境中对应部分的一半。结果在亲身经历的 3 次因热带飓风而启用 DR 系统的过程中,发现飓风造成的石油、天然气等能源价格更大的波动性吸引来了比平时多得多的交易员,并造成了比平时高得多的交易量,大大超过了一半"尺寸"的 DR 系统的处理能力。因此,对于 DR 系统"尺寸"的选择,一定要结合企业业务在平时和灾难发生时的具体情况来决定。

13.1.7　接收 JMS 消息时的消息确认方式对消息处理可靠性的影响

在 JMS 的消息接收端,消息的消费应用会在某个时刻对收到的消息向消息服务器进行确认(acknowledge)[①]。在此之后,该消息完全从消息服务器交接给了消息的消费应用。在这一节里,我们来看看不同的消息确认方式会对消息处理产生什么样可能的影响。

如果消息处理应用与 JMS 服务器连接中的 Session 上的确认方式(acknowledgement mode)是 AUTO_ACKNOWLEDGE,那么当消息处理应用从消息服务器上收到/拿走当前的消息时,当前的 Session 就会自动地向 JMS 服务器进行收到当前消息的确认,JMS 消息服务器随之会立即将当前消息从自己的消息储存中删除。在随后的消息处理过程中,如果出错情形或消息处理应用失败造成消息处理应用丢失了当前的消息,那么这个消息的丢失是不可逆转的。

如果消息处理应用与 JMS 服务器连接中的 Session 上的确认方式是 CLIENT_ACKNOWLEDGE,那么消息处理应用可以控制在什么时候通过调用 message. acknowledge()来手工地对(当前 Session 上所有还未被确认的)消息进行确认。如图 13-4 所示,这个确认点如果选在 A,则与前面 AUTO_ACKNOWLEDGE 情形实

---

① 关于 JMS 标准定义的 3 种消息确认方式的定义和细节请见 javax. jms. Session 的文档 https://docs. oracle. com/javaee/7/api/javax/jms/Session. html。

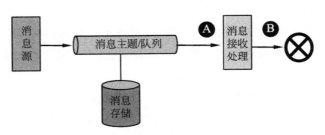

图 13-4　JMS 消息接收、确认的处理

际上的效果是一样的；如果确认点选在 B，即作为消息处理逻辑的最后一步，则可以保证消息不会丢失，因为只要没有被确认，该消息就一直在消息服务器的消息存储中，而重启消息处理应用或者调用 session. recover() 就会触发消息服务器重新向消息处理应用递送当前的消息。然而，在此之前，消息应用中的消息处理逻辑已经部分（甚至全部）地执行了。因此，消息应用的消息处理逻辑中要对当前的消息是否为重复发送的消息进行判断（比如利用消息中的标识特性等）。

　　DUPS_OK_ACKNOWLEDGE 是 JMS 标准定义的 3 种消息确认方式的最后一种，基本上与 CLIENT_ACKNOWLEDGE 的确认方式一样，即必须由 JMS 消息的接收应用明确地通过调用 message. acknowledge() 来手工地对消息进行确认。与 CLIENT_ACKNOWLEDGE 的确认方式不同的是，具备 DUPS_OK_ACKNOWLEDGE 特性的 Session 为了提高效率、改善性能，并不会对每一个消息都进行确认，而是对一组处理过的消息一起进行确认。这样就造成消息重复发送的可能性提高。因此，在消息处理应用与 JMS 服务器连接中的 Session 上的确认方式为 DUPS_OK_ACKNOWLEDGE 时，消息应用的消息处理逻辑中必须要对当前的消息是否为重复发送的消息进行判断。

　　当图 13-4 中 A 点与 B 点之间的消息处理逻辑较长、有很多步骤时，可以参考 13.1.4 节中的 SEDA 架构进行实施，确保在所有场景下消息处理的正确执行。

13.2　关于 API 的最佳实践

13.2.1　在设计 API 的过程中使用"资源"的字眼，而不要使用"数据"

　　我们反复强调，API 代表的是企业的业务资源，不依赖于某种特殊的 IT 技术,是不懂 IT 的业务人员都能理解的东西,是在更高的层次上为业务应用的解决方案提供构建的模块。而一说到"数据",就必然牵扯到技术细节,包括数据的格式、传输和存储的系统及方式等。统一使用"资源"这样的字眼,有利于在包括业务和开发人员在内的所有团队成员中建立起统一的用词和"业务第一""数据是可以带来营收的资源"的理念,并将对企业和社会的创新文化产生深远的影响。基于此,作者建议,以"数字化资源共享"来取代"数据共享"的说法。

13.2.2　不要使用 API 的概念和方式来做系统集成

有一种系统集成的设计方法将作为业务数据存储的系统,比如数据库,用 API 来直接包裹。当进行系统集成牵涉到这些业务数据存储系统时,不再直接对数据系统进行调用,而是通过调用包裹数据系统的 API 来对业务数据进行操作。

从表面上看,这样的做法掩盖了对业务数据系统调用的复杂性,并以标准的 API 的方式将业务数据系统中的数据进行呈现,完全符合系统资源 API 的概念。然而,由于实施这种 API 包裹的设计者的初衷并非为 REST 的架构风格提供应用构件的模块,而是将其作为按原有(甚至还是点对点)的指导思想实施集成的新的连接机制,这种办法并没有解决任何原有的集成架构中已经存在的问题。同时,也并没有实现新的 REST 架构风格所带来的任何优点。

这里有一个将业务数据库中的数据原封不动地以 REST API 的形式对普通大众公开呈现的例子。ArcGIS[①] 是一款用于处理地图和地理信息的地理信息系统(GIS)软件,可用来创建和使用地图、编辑地理数据、分析映射信息、共享和发现地理信息,可以在各种应用程序中使用地图和地理信息并对数据库中的地理信息进行管理。无须登录,任何人都可以访问美国休斯敦市政府的网站(https://cohegis. houstontx. gov/cohgisapps/rest/services),看到它们利用 ArcGIS 开发的各种市政服务的 REST API。仔细研究一下可以发现,他们将 ArcGIS 信息数据库中的每一个表都单独呈现为一个 JSON 的 REST API[②]。这种做法的确做到了数据公开和数据共享。然而,无论作为 REST 架构的基本构件,还是作为系统集成中系统连接的方式,这样的 API 用法问题很多。

---

① 　https://pro. arcgis. com/en/pro-app/。
② 　例如,关于火车站的地理位置信息可以在 https://cohegis. houstontx. gov/cohgisapps/rest/services/
GovernmentServices/GovernmentServices/MapServer/0 找到。

　　如果这样的 API 的意图是企业资源的呈现，那么 API 的设计本应依照业务资源的概念来建模，而不是按照数据库中的实体关系模型来设计（数据库中的实体关系图，即 ER 图中除了业务模型外，还有如数据库设计的技术因素）。调用一个业务 API 不是必须知道 API 底层实施的技术细节。换句话说，绝不应该要求 API 的调用者调用两个 API 之后将得到的结果进行 join，就像 join 两个数据库的表一样，因为那样的话，就没有人会愿意调用你的 API 了，也就不会实现 API 的广泛采用了。

　　如果这样的 API 的意图是进行系统集成，此时的 API 只不过是调用存在于数据库中的 GIS 信息的一种机制。然而，与直接连接数据库的方式相比，这样的 API 并没有提供任何掩盖系统复杂性、抽象系统实施细节的好处。

　　另外，同一个业务对象（如"订单""客户"等）在不同的系统中（如 SAP、Salesforce、你自己二次开发的系统等）经常会有 ID 甚至整个对象的相互映射（见 7.1.3 节）转换的要求。因此，每个系统中关于同一个业务概念的表达是不同的。然而，API 代表的应该是逻辑上的业务概念，是"中性的"，不依赖于任何系统①。如果你在 SAP 系统上包裹一层"客户 API"，同时又在 Salesforce 系统上也包裹一层"客户 API"②（图 13-5），调用一个客户 API 时的 URI 参数 customerid 只能使用其所包裹的系统中的客户 ID。这两个"客户 API"都不能在全局范围内代表"客户"这个业务概念，而绝大部分客户 API 的用户会变得彻底地无所适从，干脆选择不使用你的 API。最终的结果就是这两个 API 根本无法被广泛地采用。

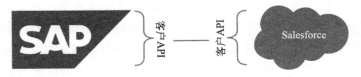

图 13-5　在 SAP 和 Salesforce 系统上各自包裹一层"客户 API"的错误做法

　　于是读者会问，如果不能用 API 来做集成，那么到底 API 和集成是什么关系？如果还记得图 9-9 中关于 API 的定义层面和实施层面的解释，可以同样在设计思考上将架构师的工作分为两个领域，如图 13-6 所示。

　　图 13-6 所示的下半部分是"具体的世界"，或者叫作"实施的领域"。在这个

---

① 　API 的 URL 在全局范围内唯一地确定资源。
② 　即使是以 API 包裹，也只能包裹在所涉及资源的源系统上。

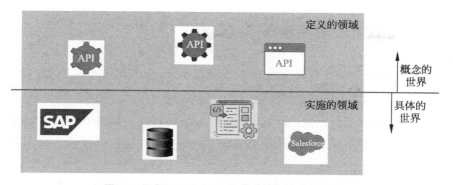

图 13-6　在架构上 API 只呈现在定义的世界里

世界里,都是"脏活儿、累活儿"——系统被调用、数据被转换等。这里的设计和实施大多是我们习以为常的传统方式。当然,在这里同样需要遵守优秀的设计理念、良好的开发指导原则和严格的纪律。本书第一部分基础篇中的内容都应该在这个世界里进行应用。然而,本书第二部分正篇关于 API 的内容则不应该应用在这里。比如图 13-5 中在 SAP 和 Salesforce 两个系统之间进行数据同步这样的应用情形里,如果使用 API 作为两个系统之间的界面,就会出现上面已经阐述过的问题。

图 13-6 所示的上半部分是"概念的世界",或者叫作"定义的领域"。这个世界里"亮丽光鲜",只专注于对外的呈现,即力图有更多的应用来调用这些API——依然还是在概念的层面上。本书第二部分正篇中的内容全部是在这里进行的。这里的思考需要全新的方式,即第 9 章中的 REST 的架构理念。

一个架构师在日常的工作里常常既有"亮丽光鲜"的呈现,也有不少的"脏活儿、累活儿"。我们自己一定要清楚地意识到手上的工作应该在哪个层面上进行,应该遵从哪一类的原则。

如果需要再打个比方来解释这两个世界的关系和区别,可以用一辆小汽车来进一步解释。你作为一个想买车的顾客来到 4S 店,销售人员与你的互动就是在"概念的世界"里:销售人员努力多卖出车子、双方达成共识后的效果就是更多的顾客拥有车子(与车子相关联)。而在另一个场景中,你把同一辆车开到 4S 店后边的维修部里,引擎盖被打开、车子被举起时,机修工与车子的互动就是在"具体的世界"里,这一部分工作的目的是支持"概念的世界"里的互动顺利地完成。而你作为一个顾客完全可以不关心这里发生的事情。这里的两种与车子的不同互动遵从完全不同的规律。

13.2.3　API 还是连接器

如果对如何与一个系统相连有一定的选择性，那么大致可以将选择方式分为 3 类。

- 该系统特有的方式：比如 SAP 的 BAPI 调用、数据库的 JDBC 调用等。这样的方式由于牵涉到很多系统自己独有的、复杂的技术细节，一般都不是最好的选择。
- API：即将该系统所代表的业务资源以 API 的形式加以包裹和呈现，而所有对该系统中的业务资源的访问都通过调用 API 来进行，从而将访问该系统所涉及的复杂性掩盖起来。
- 连接器：每一个系统集成软件中都使用连接器或适配器①，从而将开发工作中复杂的系统连接任务变成非常统一的对连接器的配置。如图 13-7 所示，在 MuleSoft 的数据库连接器中，可以直观地对数据库的连接参数、连接池参数和自动重新连接的参数进行配置，同样将调用数据库所涉及的复杂性掩盖起来。

那么使用 API 和使用连接器进行系统连接这两种方式到底有什么区别呢？换句话说，在对系统进行连接时究竟在什么情况下应该使用 API、在什么情况下使用连接器呢？

为了回答这个问题，可以从以下几个方面对 API 和连接器进行对比。

- API 是自成一体、可运行的软件组件，而连接器只是设计时段里一个底层的软件开发构件。这一点是 API 和连接器之间最根本的区别。
- API 是将系统信息转换到通用信息（比如 JSON），而连接器是将系统信息转换到集成软件产品自己特有的信息格式。
- 它们代表了不同的视角和处理方式。系统 API 的出发点是从使用者的角度考虑，即需要得到什么形式的业务资源；而连接器的出发点是从提供者的角度考虑，即将系统中的资源数据依原样调入特定的软件开发工具之中。
- 它们代表了不同的目的。API 的目的是以标准的方式呈现资源，而连接器的目的是在特定的软件开发工具中以统一的方式进行集成开发。

---

① 见图 2-8。

图 13-7　在 MuleSoft Studio 中配置数据库连接器

- 它们与系统的互动方式稍有不同。用来包裹系统的 API 只能由系统外部的其他应用来调用;而用来包裹系统的连接器既可以由系统外部的其他应用来调用,也可以由系统内部的某个机制(比如数据库里面的触发器,即 trigger)发起,将系统中的更新信息推送给与连接器相连的系统外部的其他应用。

- 它们进出的数据格式不同。API 的调用请求和回复数据的格式一般是通用的(比如 JSON),而且往往连不懂 IT 技术的业务人员都能够看得懂;而连接器的调用请求和回复数据的格式一般是系统独有的(比如 Salesforce 回复数据中的 myproperty__c)。

- 它们针对的使用者不同。API 通用性强,可以被任何能够调用 REST API 的应用所使用;而连接器只能在其对应的软件开发工具中才能使用,一个 MuleSoft 的连接器只能在 MuleSoft 的 Studio 中使用。

- 安全措施:采用政策(policy)对 API 端点进行安全保护是非常标准和通用的做法。API 用户 ID 和密钥及调用令牌的使用使调用 API 应用的身份可以中心化和标准化,而连接器一般仍要使用用户名/密码的方式来实现安全的连接。当多个应用同时使用一个连接器的配置或者使用多个不同的连接器的配置连接同一个系统时，将会给密码的管理带来难度。

- 如果对某个系统的调用会产生费用，而费用的计算又与调用的次数有关，则使用 API 比较合适；而对系统连接性的管理，比如连接池、自动重新连接等，则使用连接器更容易实现。

以上对比为在系统集成开发工作中进行具体系统的连接时，应该使用 API 还是使用连接器提供了比较完整的一套考虑因素。

13.2.4 API 实施中的出错处理

在 7.1.2 节将出错处理作为一种公共服务进行了论述。API 的实施部分中如果出现出错的情况，同样可以对出错处理的公共服务进行调用。然而，与系统集成的情形不同，API 的调用者如果不是遇到调用超时的情形，在任何情况下都必须从 API 的服务器端得到 HTTP Status Code 和 HTTP Status Message，以便决定下一步要做什么。

从 API 实施的角度看，必须针对每一个要返回的 HTTP Status Code 完成其相应的业务逻辑处理及对出错处理公共服务的调用；同时，在 HTTP 的回复上设置该 HTTP Status Code，以及相应的对 API 调用者有意义的 HTTP Status Message。这种做法有点像 Java 中的 catch，从最细致的 exception 开始，对每一种 exception 逐个地 catch 并进行有针对性的处理，而不是笼统地只 catch 一个概括性的 exception，甚至将 stacktrace 直接扔出来。

13.2.5 API 的 URI 的每一个部分都应该是名词，而不是动词

一个 API 的 URI 代表的是一个实际上或概念里存在的"东西"，因此，不应该出现动词。对 URI 所代表的"东西"的操作是由标准的 HTTP 的方法来定义的。比如，一个订单 API 的 URI 可以是：

- /orders；
- /orders/ponumber123。

但绝不应该是：

- /getOrders；
- /deleteOrders/ponumber123。

熟悉面向对象编程和 SOAP 服务的开发员非常容易犯这样的错误。

如果遇到 API URI 所代表的概念是一个一组单体的集合，可以用诸如"/orders"这样形式的 URI 来代表集合，而使用诸如"/orders/{id}"这样带有"{id}" URI 参数的 URI 来代表集合中的一个单体。与此相对应，HTTP method 的操作在应用到集合和单体上时行为会有所不同。具体如下：

- **POST**。
  - 对"/orders" URI 进行 POST 调用会在该 URI 所代表的集合中生成一个新的 Order 单体。在该调用的回复中会存在一个"Location" HTTP Header，含有指向这个新单体的链接"/orders/<id>"，其中的<id>是新生成的单体的标识，同时，HTTP Status Code 被设为"201（Created）"。
  - 对"/orders/{id}" URI 进行 POST 调用会生成一个独立于任何单体之外的新的 Order 单体，其标识为 URI 参数{id}所含有的值。如果这个 API 的调用不能成功地产生{id}指定的 Order 单体，则调用回复中的 HTTP Status Code 应根据具体出错情况设为 404（Not Found）或者 409（Conflict）。
- **GET**。
  - 对"/orders" URI 进行 GET 调用应该返回 Order 集合的清单，如果返回的集合中单体的数量比较多，可以考虑在调用回复中使用分页和过滤，也可以进行单体的排序。调用正常返回时 HTTP Status Code 应设为"200（OK）"。需要特别注意的是，如果调用的执行没有找到任何满足条件的 Order 单体，那么返回的 HTTP 回复包含的还是一个集合，只不过这个集合是空的或者说其包含的单体个数是 0，而此时返回的 HTTP Status Code 依然为"200（OK）"。调用 API 的应用需要针对这种看似一切正常但实际特殊的情况给予正确的处理。
  - 在对"/orders/{id}" URI 进行 GET 调用时，如果由"{id}" 所指定的 Order 单体的确存在，应该返回该 Order 单体的信息，并将调用回复中的 HTTP Status Code 设为"200（OK）"。与此相反，如果由"{id}"所指定的 Order 单体并不存在或者"{id}"的内容无效，则返回的 HTTP Status Code 应该设为"404(Not Found)"。这是一个客户端错误的信息，与上面对集合进行 GET 调用时返回空集的情况完全不同。

- **PUT**。
  - 对"/orders" URI 进行 PUT 调用一般是不被允许的[①]，这时，HTTP 回复中的 HTTP Status Code 应该设为"405(Method Not Allowed)"。
  - 对"/orders/{id}" URI 进行 PUT 调用时，如果由"{id}"所指定的 Order 单体被成功替换，此时返回的 HTTP Status Code 应该设为"200(OK)"或者"204(No Content)"[②]。

- **PATCH**。
  - 对"/orders" URI 进行 PATCH 调用一般是不被允许的[③]，这时，HTTP 回复中的 HTTP Status Code 应该设为"405(Method Not Allowed)"。
  - 对"/orders/{id}" URI 进行 PATCH 调用时，如果由"{id}"所指定的 Order 单体被成功修改，此时返回的 HTTP Status Code 应该设为"200(OK)"或者"204(No Content)"[④]。

- **DELETE**。
  - 对"/orders" URI 进行 DELETE 调用一般是不被允许的(除非确定就是想删除整个 Order 集合，而这样的情况比较少见)。这时，HTTP 回复中的 HTTP Status Code 应该设为"405(Method Not Allowed)"。
  - 对"/orders/{id}" URI 进行 DELETE 调用时，如果由"{id}"所指定的 Order 单体被成功删除，此时返回的 HTTP Status Code 应该设为"200(OK)"。与此相反，如果由"{id}"所指定的 Order 单体并不存在或者"{id}"的内容无效，则返回的 HTTP Status Code 应该设为"404(Not Found)"。

[①] 除非你想将整个 Order 集合的内容进行替换。

[②] 与"200(OK)"的情形相比，"204(No Content)"表示服务器端成功地完成了单体的替换，但并未产生 HTTP 回复的 payload。有时服务器端可能选择将一些描述调用结果的元数据放在 HTTP 回复的 header 中。

[③] 除非你想对 Order 集合本身进行修改。

[④] 与"200(OK)"的情形相比，"204(No Content)"表示服务器端成功地完成了单体的修改，但并未产生 HTTP 回复的 payload。有时服务器端可能选择将一些描述调用结果的元数据放在 HTTP 回复的 header 中。

13.2.6　API 的版本管理

与任何软件产品和项目一样,API 也具有自己的生命周期,如图 10-2 所示,因此也同样存在 API 的版本号的管理问题。然而,与一般的软件应用、系统和项目的版本号相比,API 的版本号具有不同的意义。API 的设计者对此应该有清醒的认识。

我们已经讲过多次,API 的目的是以不依赖 IT 技术的形式呈现企业的业务资源,让业务线的 IT 项目开发人员能够利用 API 来自主地、自助地快速完成他们自己的项目。因此,API 的设计者追求的是 API 的广泛采用。而为了 API 能够得到广泛的采用,API 的定义和运行都必须十分稳定。打个比方,人们生活中对付费用电已经习以为常了,就是因为大家都知道(几乎)任何时候想要用电,只要将电器的电源线插到墙上任何一个电源插口就可以了。这样的信心来自供电方面(发电站和电网,类比 API 的实施和定义界面这两部分)的稳定性和可预测性——电一直会有,并且一直是 220 V/50 Hz,不会随机地变化而烧掉你的电器。

API 设计思想的独特性在于 API 的设计者应该站在 API 调用者的角度看"API 应该长成什么样",而不是从 API 的提供者的角度看"API 应该提供什么"。这一点听起来简单,但至关重要,而且在 API 的设计时往往会被 API 的架构师忽略掉。设计新的 API 时绝不应该带有"赶快标上 version 1 上线"的想法。好的(即会被广泛采用的)API 绝对不会出现 v10 之类的版本号,因为如此频繁的 API 变化只会让调用者放弃使用你的 API。在 API 的世界里,高的版本号绝不意味着成就。恰恰相反,API 的高版本号往往意味着没有人采用你(失败)的API。从 API 的提供者的角度讲,维护多个版本(而又无人采用)的 API 费用也会很高。

这样的说法并不意味着 API 绝对不能发生任何变化,而是说在设计 API 时要具有长线的、业务上的考虑;实施 API 改动之前要了解什么样的改动需要采用一个新 API 版本号,而什么样的改动并不需要 API 的版本号更新;推出 API 的新版本之前要与 API 社区中使用你的 API 的开发人员做好沟通和文档工作,并给予他们足够的时间从旧版本转向使用新版本的 API。

表 13-1 列出了一些需要和不需要新的 API 版本号的 API 的改动情形。尽管并不全面,但仍然可以为 API 的设计者提供一些思考的切入点。

表 13-1　API 版本号需要更新和不需要更新的一些情形

改动类型	需要新版本号的情形	不需要新版本号的情形
服务协议	删除某个 API 端点； 某个 API 调用的效果有所变化； 某个 API 调用相应的类型有所变化； 某个 API 调用时增加了必需的参数	添加新的 API； 在现有 API 中增加新的 API 操作
数据协议	去掉现有的数据元素； 增加必须存在的数据元素； 改动现有的数据元素	添加非必需的数据元素； 在 API 的回复中添加数据元素； 添加可以从 API 中的其他数据推导出来的"衍生数据"
实施	API 底下的系统和平台的基本功能已经改变； 支持用户界面的用户体验 API，而用户界面已经完全改变	API 实施部分的变化，比如原来用.NET 而现在用 Java
调用时数据处理	删除某些已有的调用数据	增加某些已有的调用数据
调用限制	从宽到严	从严到宽

除此之外，根据具体情况，是否采用新的 API 版本号还有一些特殊的考虑。在此仅举两个例子。第 1 个例子，如果 API 更新后调用的请求和回复都没有发生变化，但是 API 的在线时间和响应时间的要求有所提高，而违反这两项要求又存在惩罚条件时，就有必要将更新后的 API 采用新的版本号，并使用不同的端点 URL。第 2 个例子，如果 API 更新后调用的请求和回复都没有发生变化，但是调用回复中某些数据项[①]可以采用的有效值有所变化，那么 API 更改后应该采用新的 API 版本号，避免原先的 API 调用者由于出现它们不能识别的参考数据值而出现错误的情形。

决定采用新的 API 版本号之后，建议将版本号放在 API URL 中域名之后的第 1 个位置，并使用"v1"而不是"v1.2"的格式，即仅使用主版本号。例如，http://www.mycompany.com/v1/products 和 http://www.mycompany.com/v2/customers/1234。

---

① 比如产品种类、付款方式等，常常是某个参考数据的有效值。

另外,同一个 API 不要同时支持和维护超过两个版本。新版本的 API 上线后,在 API 门户中要将旧版本的 API 标为"DEPRECATED",提醒新的 API 用户使用新版本。同时,在足够长的一段时间内继续运行和支持旧版本,让 API 现有的用户进行针对新版本的测试和最终的采用。

13.2.7　API 调用全程中的错误查找

在 API 调用的整个过程中,从 API 的调用者到 API 的实施部分这中间可能会有多个环节。例如,在图 13-8 中,一个手机应用程序对某个 API 的调用请求可能经过了公共网/DMZ 中的负载平衡器、穿过防火墙,才最终抵达那些 API 的端点之一。而这些 API 端点背后的 API 实施部分可能还会对其他 API 端点进行调用。同时,API 的调用响应会沿着相反的方向和顺序逐步返回。这其中的每一步都会返回响应的 HTTP 状态码(statuscode)。手机应用程序对某个 API 的调用有时会返回一些意义不太明确的 HTTP 状态码。在这一节里,来看看其中常见的两个:502 和 503。

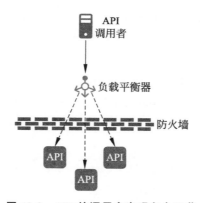

图 13-8　API 的调用会出现多个环节

关于 HTTP 状态码 502,HTTP 的状态码标准[1]里是这样定义的:

10.5.3 502 Bad Gateway

The server, while acting as a gateway or proxy, received an invalid response from the upstream server it accessed in attempting to fulfill the request.

---

[1]　https://www.w3.org/Protocols/rfc2616/rfc2616-sec10.html。

在图 13-8 中，返回 502 的状态码表示调用请求确实到达了 API 的一个端点（否则，应该收到的是 503 状态码）；但是，负载均衡器无法理解从响应 API 端点返回到负载均衡器的响应内容。为什么会出现这样的情况呢？如果设计那个 API 的架构师在 API 定义（比如 RAML，Swagger/OAS 等）的设计里涵盖了所有可能性，那么就不应该出现负载均衡器无法理解 API 端点响应内容的情形。然而，如果某些（较少遇到的边缘）情况未能得到周到的考虑和设计，抑或是有些异常出错的情形未能得到正确的处理（比如在 API 响应中返回了原始的exception stacktrace），这些事先没有想到的情况都会造成负载均衡器无法"消化"这个响应，于是就会造成 502 错误的 HTTP 状态码的出现。

在查找原因、处理这种情况时，应该尝试获取原始的 API 请求内容（HTTP的 body，queryparameters 和 headers），并尝试查看 API 响应的形成过程的细节。如果观察到出乎意外的响应内容，可以尝试对 API 的定义内容进行增补，将这个特殊情形里应该回复的 HTTP 的响应内容再特别地包括在 API 的定义之中。这样做了以后，此 502 错误应该不再出现。

关于 HTTP 状态码 503，HTTP 的状态码标准里是这样定义的：

10.5.4 503 Service Unavailable

The server is currently unable to handle the request due to a temporary overloading or maintenance of the server. The implication is that this is a temporary condition which will be alleviated after some delay. If known, the length of the delay MAY be indicated in a Retry-After header. If no Retry-After is given, the client SHOULD handle the response as it would for a 500 response.

Note：The existence of the 503 status code does not imply that a server must use it when becoming overloaded. Some servers may wish to simply refuse the connection.

在图 13-8 中，负载均衡器的后面有几个 API 的端点，并且在 API 端点组和负载均衡器之间存在防火墙。503 错误的出现表示该 API 的调用请求确实到达了负载均衡器，但却无法到达负载均衡器转去的那个 API 端点。出现这种情况时，要从以下几个可能的考虑来试图排除故障：

- 使用 RESTAPI 测试器（如 Postman）直接调用每一个 API 端点，从而绕过负载均衡器。如果某些调用失败，则说明：①有些 API 端点停止运行了；②从手机应用到 API 端点的网络通信被阻端；③前两种状态同时存在。

- 如果上面的测试都没有问题,就应该再检查:
  - 负载均衡器的调用转移规则-转移规则表的内容(所有的 host:port/ip:port 条目)正确吗?作者曾在实际的客户项目中遇到过这样的 503 错误。最后发现其原因是负载平衡器后面的两台运行 API 的机器曾被两台新的机器更新换代,两台新机器的 IP 地址被加入了负载平衡器的转移规则表,但两个旧机器的 IP 地址却忘了移除。于是负载平衡器是在向四个 IP 地址转移 API 的调用请求,而其中两个 IP 地址根本不存在! 当一个 API 的请求被转到一个不存在的 IP 地址时,就会出现 503 的错误。
  - 防火墙规则是否有任何更改,尤其是如果之前同样的 API 调用都是成功的情形。
  - 负载均衡器的转发列表中是否使用主机名而不是 IP 地址。如果是,应检查 API 调用端与 DNS 服务器的连接是否出现了问题。

13.3　关于架构设计的最佳实践

13.3.1　不要使用 UML[①] 的时序图来编写系统集成的用例文件

时序图(sequence diagram)是 UML 中的一种建模工具,对一个用例场景中涉及的对象和类及执行场景功能所需要发生的对象之间的互动顺序进行描述。时序图通常与正在开发的系统逻辑视图中的用例实现相对应,是实现用例的具体实施的逻辑内容。图 13-9 显示的是一个客户进行网购操作时后台处理逻辑的时序图的例子。

然而,从根本上来说,用例图/文档的内容是业务要求,是一个项目要解决的问题的描述,是"做什么"(what);而时序图的内容是满足业务要求、解决业务问题的"一种方式",是"怎么做"(how)。在按照时序图的内容实施项目后,需要按照用例文档推导出测试用例文档,以对实施的项目进行测试和验收。如果用时序图来作用例文档,则完全是本末倒置了。同时,由于指定要求的业务人员不懂

---

① 见 https://en.wikipedia.org/wiki/Unified_Modeling_Language。

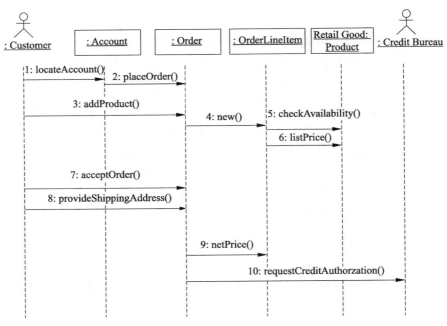

图 13-9　客户网购用例中后台处理逻辑的时序图

IT 技术，他们完全看不懂使用时序图记录的用例文档中的具体要求，因而无法确定时序图中的内容是否准确无误地反映了真实的业务要求。

13.3.2　注意区分设计中功能方面和非功能方面的要求

功能方面的要求来自业务，是一个项目有人出资的理由，通常由用例文件来描述。而非功能方面的要求是围绕所设计的系统或应用的运行方面的，比如可处理的流量、响应时间、安全性，甚至还包括一些不太容易定量测量的指标，如可测试性、可扩展性等。通常功能方面的要求由所设计的系统或应用来解决，而非功能方面的要求由技术来解决。

13.3.3　API 与敏捷开发的关系

敏捷开发[①]（agile software development）是目前最流行的软件开发项目实

---

① 　https://wiki.mbalib.com/wiki/%E6%95%8F%E6%8D%B7%E5%BC%80%E5%8F%91。

施的方法论。与以往传统的"瀑布式"[①](waterfall)软件开发方式相比,敏捷开发的确更能适应对软件产品和软件项目的完成周期(time to market)要求越来越快的现实情况。况且目前也并没有其他主流的、经实践检验的、更好的软件开发的方法论了。

　　然而,再好的经也有可能被某些和尚给念歪了。作者在多个客户项目的实施过程中曾观察到敏捷开发在具体运用中出现的一些问题。例如,敏捷开发的主持人(agilescrum master)有的根本不懂软件开发,对开发工作中所讨论的问题根本无法理解,也没有兴趣去搞清楚,只会在每天的例会上照本宣科地重复那三个问题(昨天干了什么、今天准备干什么、有什么障碍)。有的主持人还自豪地告诉我,敏捷开发不仅可以用在软件开发上,还可以用在其他很多事情上,比如减肥、戒烟等。她说的也许是对的,毕竟作者本人没有亲身减过肥、戒过烟,更不用说将敏捷开发的方式用在这些活动上。但是,作者坚信,如果你连一件维持你生计的事情都没有兴趣去搞清楚,你是绝对没有可能将这件事情做好的。如果这样的人来主持完成一件(任何)事情,整个过程必然流于形式、本末倒置,其结果也就可想而知了。

　　具体到 API 的开发工作,敏捷开发中可能遇到的另一个问题是急功近利,只考虑眼前项目的完成,而根本不管长期的、设计企业整体软件环境的课题。在本书 10.2 节的末尾,讲到了 API 的生命周期中"利他主义"的重要性。如果在涉及 API 的软件开发项目中急功近利,就会在长时间里无法形成一个健康的、围绕企业的 API 生态社区,也就无法实现 API 所承诺的愿景。

　　敏捷开发只是一个框架和指导原则,再好也只是手段,它绝对不能高于目的——即按时、保质、尽量低耗地完成项目的要求。

13.3.4　不要在没有系统性能指标要求的情况下对系统进行性能的评价和测试

　　常常在项目设计阶段就有人会问"这样的系统会不会太慢?"而当你回问关于系统的性能指标从业务的角度是否有定量的要求时,却没有人能回答你。对于这个问题的全面的、正确的思考方式应该是这样的:

---

① 　https://wiki.mbalib.com/wiki/%E7%80%91%E5%B8%83%E6%A8%A1%E5%9E%8B。

- 首先满足业务功能的要求。
- 其次满足架构设计上的目标，比如将来改动的影响局部化等。
- 再次满足系统非功能的要求，包括性能指标的要求。但必须要先明确所要求的性能指标。没有明确的性能指标要求而针对系统的性能进行测试和优化完全没有意义，是浪费时间，因为你无法对性能测试和优化工作的结果进行评价。

在系统性能优化上还要避免另一种倾向，系统设计要求每秒钟处理 3000 个调用请求、现在实施的系统实际测试可以处理 4000 个调用请求，而有人非要对系统进行性能优化，达到每秒处理 5000 个调用请求。这样的努力不仅会消耗掉不成比例的时间和人力，而且对项目的成功毫无意义。毕竟系统的性能指标只是综合评价一个系统/项目的指标之一。

13.3.5　数据验证逻辑与数据的关系

当系统集成的消息在不同的系统之间传递或者 API 的实施逻辑需要跨越不同的系统时，经常会出现要求对各种信息进行验证的情形。这些验证的内容可能是业务概念和业务逻辑上的要求（比如当一个订单的内容包括某个产品时，订单中必须同时包括该产品两年的配件），也可能是技术上的要求（比如存入某个古老的 DB2 数据库的某个数据项不能超过 8 个字符的长度）。在集成逻辑中处理这两种验证逻辑的地点有不同的考虑：前者是业务概念和业务逻辑上的，应该在订单生成或被更改时施以该验证逻辑，而不应该让不符合业务逻辑的订单进入下一步的订单处理流程和其他系统；而对后者来说，数据项的长度不超过 8 个字符只是 DB2 数据库一个系统的技术上的限制，其他系统并无此要求。因此，这个数据验证逻辑只有在数据进出 DB2 数据库时才应该执行。

总的来说，属于单个系统的验证逻辑由该系统自己负责执行（正如每一项数据都有一个作为记录系统的源系统，该项数据相关的验证逻辑也应该由要求该验证逻辑的系统所拥有和管理），而涉及业务概念和业务逻辑的验证由系统集成或 API 的实施部分来完成。

13.3.6　API、服务和集成中均不保留状态

在单个的 API 调用、SOAP 服务调用及集成逻辑中都不要保留调用状态。

换句话说,每一次的调用或逻辑执行都不依赖任何前面调用或执行的结果,也不为任何此后的调用或执行提供数据。API 及 SOAP 服务的服务器端及集成逻辑就像一个失忆的人一样,每一次都可以回答对他提出的问题,但每一次回答时都已经忘了前面回答过的内容。

尽管如此,有时还是会遇到需要保留应用状态,即前后调用相互关联的情形。当出现这样的情况时,尽量在你的应用中以某种方式实现应用中间状态的存储,而不是依赖应用所调用的 API 或 SOAP 服务器端针对每一个调用者保持前后调用之间的相关状态[①],毕竟整个业务逻辑的执行是由你的应用来控制的。

13.4　实战案例——现有的老旧 IT 系统的改造

作为本章的总结,一起来看一个老旧 IT 系统改造的案例。这本书里迄今为止的案例都是从技术的角度展开的,换句话说,是从战术上论述的。这个案例则是从战略的角度对一个实战中遇到的咨询项目案例进行深入的剖析,企图找出在实施这样一个针对老旧 IT 系统的改造项目时,如何帮助企业领导走出对 IT 认识上的惯性和误区,将项目引向健康发展的方向,而不是重复过去的思维方式,造成重现过去的结果。

这个项目的客户是美国某州政府的一个居民服务部门。服务的内容十分具体,服务涉及的居民大概有三百万人。1980 年该部门使用 IBM 公司的 Mainframe 系统[②]对全部四个主要的服务功能模块进行了实施。从那时起到现在,这个部门的工作人员就一直每天面对闪着绿莹莹光的电脑屏幕。

近十年来,新生代的居民们不再像他们的父辈和祖辈一样,使用纸质信件和电话与这个服务部门进行联系了。网络、手机、社交媒体是新生代的标配,他们习惯的是自我服务,随时获取信息。然而,在 Mainframe 系统中进行任何修改都是十分困难的事情,懂 Mainframe 的人几乎全都退休了,根本无法满足系统功能维护和升级的迫切要求。这就是这个项目的大背景,客户将这个项目的正

---

① 想象一下成千上万个 API 或 SOAP 调用者的情形。

② https://en.wikipedia.org/wiki/Mainframe_computer。读者请注意,Mainframe 系统不是这个实战案例的重点,任何老旧系统的改造都会面临同样的架构理念更新的问题。

式名称定为"系统现代化"①（system modernization）。

从 2015 年到 2019 年，该服务部门雇用了全球最大、最著名的一个 IT 咨询公司，动用了近百人实施"系统现代化"项目，力图打造一个能满足新生代居民需求的全新服务系统。然而，残酷的现实是，在项目资金从六千万追加到近四亿美元、项目时间从一年多次延期到四年之后，项目公开宣布失败，该州政府部门从法律上起诉负责实施的 IT 咨询公司。大概也是因为这段历史，作者在进入这个项目后就一直感觉到来自各个方面、各个层次的质疑的眼光和种种阻力。编写这个案例的目的不在于具体的技术细节，而是希望作为架构师或者项目经理的读者意识到：

- 这种阻力的存在及从技术以外的角度应付这种阻力的重要性。
- 需要深入思考这种阻力的由来与原因。
- 需要一套完整的应付这种阻力的方式方法。
- 需要按照确定好的方式方法来有效地应对这种阻力。

其实作者在开始这个项目之前就已经多次遇到过针对 Mainframe 的集成项目。然而，那些项目里除了 Mainframe 之外，还存在大量的其他系统，比如 SAP、Salesforce、Oracle 的数据库、数据仓库等。反观现在这个项目，只有孤零零的一个 Mainframe，真的有考古挖出了恐龙②的感觉！

在项目的开始，基本架构已被定为引入 Salesforce 系统来对居民的基本信息进行 CRM 管理；其他方面的数据依然留在 Mainframe 系统中，同时依靠 MuleSoft 在两个系统之间进行数据同步。根据作者的项目经验，如果客户开始直接告诉你怎么做而不是做什么，随后肯定会出现大的问题：

- 直接跳入"做什么"，往往产生对项目要求理解的偏差、造成项目的失败。这是现实里项目失败的最常见的原因。
- 直接跳入"做什么"，具体的做法中肯定已经带有设计者目前的认识水平、架构理念和思维方式，造成新的理念无法被呈现、讨论和推广。

为了帮助客户尤其是他们的 IT 领导者意识到他们需要在架构和理念上的一次革命（不是调整，而是革命！），作者向他们展示了本章开始时的历史回顾，并在具体分析后指出他们的系统、现有理念，以及应该具备的全新理念在历史的时间点上分别处在什么位置，如图 13-10 所示，并向他们指出，目前最大的问题是

---

① 这个项目名称也反映了这个客户在理念上的局限性。如果将系统用户体验放在第一位，项目的名称就可能被定为类似"XXX 客服 360"之类的。

② Mainframe 有个别名叫 T-Rex，即"霸王龙"。

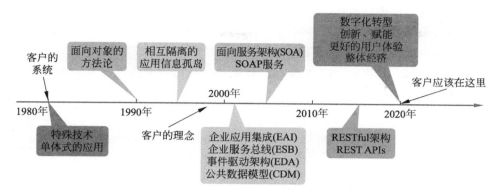

图 13-10　案例中客户系统和客户理念的现状分析

他们现有的技术和思维决定了架构理念和项目执行方式的现状。如果不从这些方面进行根本性的改变,整个项目还会重蹈失败的覆辙。

　　在书写这一小节的内容时,作者已经在这个项目上担任集成及 API 架构师近 5 个月,项目也还在进行中。作者并没有解决这么大一个问题的金钥匙,也没有对项目全局的掌控,项目团队在认识上的反复也是会发生的。作者最深的体会就是人的思维惯性和行为惯性是最难改变的,而一群人的思维惯性和行为惯性更难改变,真的是需要一个"洗脑"的过程。但是,这个过程必须发生。如果没有这样一个痛苦的过程,并由此产生出全新的架构理念和思维方式,再先进的软件工具也没有用,就像把 21 世纪的导弹交到 18 世纪骑兵的手里一样,是完全不能发挥作用的。在类似这样的项目上,一个架构师会面对各种巨大的阻力,千万不要低估了这项"洗脑"任务的必要性和艰巨性。

13.5　总结

　　本章试图在读者大致了解了与系统集成和 API 有关的概念、架构理念、具体实施步骤等之后,归纳总结出一些对读者的实践有帮助和指导意义的具体的最佳实践,并鼓励读者就每一项最佳实践的内容进行思考、展开讨论。读者也应该尝试在自己的项目实践中积累系统集成和 API 方面的最佳实践。

　　需要强调的是,这一章的内容远远不是围绕系统集成和 API 最佳实践的全部内容。同样重要的是,每一条最佳实践的解释的目的是提醒读者围绕系统集成和 API 开发工作中可能遇到的问题及提出问题解决方案时的一种思考方式。

由于每一个具体项目都有自己独特的问题和语境，应该不存在一个"标准答案"来适应所有项目中出现的具体情况。读者应该在消化这一章内容的基础上，将之转化为自己的东西，并灵活有效地应用到自己的工作中去。

在第 14 章中，将对 API 在技术上和业务上可能带来的影响及未来可能发生的变化和趋势作一些展望。

第 **14** 章
围绕API的展望

　　系统集成已经谈了 20 多年,似乎成了旧的话题。然而,20 多年后我们依然还在谈论着这个话题这件事情本身就说明系统集成的问题并没有从根本上得到解决。很多软件公司和研究机构认为,系统集成的市场需求在千亿美元的量级[1],而且这个市场需求每年还在不停地增长。这其中到底有多少是由于业务扩展、新企业出现、企业并购和重组等产生的真正的新的系统集成的需求呢? 又有多少是由于企业没有从根本上解决好这个问题而反复出现的同一类甚至同一个问题呢? 有没有办法至少让这个问题得到控制、不再恶化呢?

　　从一个架构师的角度来说,API 是否不过又是一个"热门词",我们不过是在旧瓶装新酒,使用 REST API 替代 SOAP 服务,以同样的指导思想来进行系统集成的设计呢?

　　每一种新技术的出现都可能对企业并最终对人们的生活产生影响。作为一个解决方案架构师,不仅仅要成为新技术的专家,更要将对新技术的愿景、设计原则背后深层的指导思想及解决方案实施后对企业业务的影响等的理解达到比大多数人更高的层次。如何有意识地锻炼自己在这方面的认识水平并对周围的人和项目产生积极的影响,作者会在第 15 章中分享一些个人的体会。在这一章里,谈谈作为围绕贯穿本书主题的 API 在技术之外会造成哪些深远的影响。这些影响的对象涉及企业的 IT 运作的改变以适应企业业务的要求,企业的业务模式因为 API 的出现而可能发生的积极变化,全面采用正确的 API 战略后会逐渐出现的"API 经济",以及 API 经济对方方面面的深刻影响。尽管这些只是 API 可能在技术之外带来的影响中的一部分,但对这些话题的探索可以帮助 API 的

---

[1]　比如 https://globenewswire.com/news-release/2016/03/14/819305/0/en/System-Integration-Market-Is-Expected-To-Reach-393-10-Billion-By-2020-Radiant-Insights-Inc.html。作为研究和咨询权威机构的 Gartner 及主要集成软件供应商的市场调查和研究得出的结论与此类似。

架构师深入理解企业的业务和IT的需求，并使IT真正成为业务的使能者，参与企业的业务决策。一个系统集成/API的架构师只有真正深刻地理解了这些话题，才能够设计出真正解决企业问题的解决方案架构。

14.1 关于企业的"IT欠债"

在第1章的概述里，曾经提到了企业的"IT欠债"这个概念。将图1-1再次在这里显示为图14-1。这个概念代表的是企业业务的发展对IT部门能力的要求与企业实际具有的能力之间的差距。读者不禁要问，难道这个差距是最近才出现的，以前没有这样的问题吗？

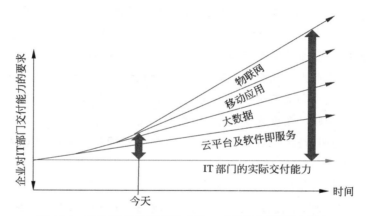

图 14-1 数字时代的压力造成了IT部门"欠债"越来越多

要回答这个问题，先来看看组成标准普尔500指数（S&P 500）的公司构成在最近几十年里的变化情况。标准普尔500指数由美国的股票市场上市值最高的500家公司的股票价格按照各自市值的权重综合计算得出。由于每个公司业务发展的不同，市值前500名的公司排名会不断地变化。由公共信息参与的金融市场信息供应商 Seeking Alpha 的研究报告[①]表明，S&P 500 中的公司被剔除指数组成公司清单的速度越来越快——一个公司在 S&P 500 中停留的平均时间从1935年的90年大幅减少到2014年的18年。致力于推动和帮助中小企业

---

① https://seekingalpha.com/article/2651195-increasing-churn-rate-in-the-s-and-p-500-whats-the-lifespan-of-your-stock。

发展的 Inc 公司[①]在 2016 年也得出了类似的结论[②]：一个公司在 S&P 500 中停留的平均时间从 1965 年的 33 年减少到 1990 年的 20 年，并预测这个平均时间在 2026 年会缩短到 14 年，同时 S&P 500 的构成公司中会有一半以上在 10 年后被其他公司替换掉（即市值掉出前 500 名）。

造成这个现象背后的原因有很多，但公认的最主要的原因之一是企业所在的行业及大环境的加速变化，尤其是软件及服务、移动应用、云平台、大数据/人工智能和物联网等最前沿的技术对企业业务带来的冲击，不仅加剧了各个行业内部的竞争，更使外来者可以在短时间内改变游戏规则，彻底颠覆现有的业务模式。这方面最经典的莫过于 Sears 和 Amazon 的对比案例[③]。

Sears 的正式公司名称是 Sears，Roebuck and Company，1906 年在美国芝加哥成立，最初靠大量邮寄商品目录并接受电话订单起家，并于 1925 年起开设实体连锁店。商品几乎涵盖了每一个郊区农场家庭的所有需求。1924 年 1 月 22 日，Sears 取代 Texas Co 成为道-琼斯工业指数的 20 个构成公司之一[④]。1999 年 11 月 1 日，Sears 被从道-琼斯工业指数的构成公司中剔除，由微软取代。另一方面，Sears 在标准普尔 500 指数（S&P 500）于 1957 年创立时就是其中的成分股之一。然而，Sears 却在 2012 年 9 月 4 日之后被剔除了标准普尔 500 指数。巅峰时期的 Sears 在 1965 年是全美国市值第五的大公司，但时至今日却濒临破产。

与 Sears 的情形完全相反，Amazon 公司以电子商务平台/服务商为主业于 1994 年 7 月 5 日成立，后进入云计算、零售业、家电、软件平台等多个领域，对多个行业产生了颠覆性的影响。2005 年 11 月 18 日，Amazon 公司进入标准普尔 500 指数，目前在标准普尔 500 指数的构成公司中按市值仅次于苹果公司和微软公司，股价更是达到了惊人的 1700 美元。

关于这两个公司有无数的商学院案例和工业界的研究。作者认为，有一点是这其中成败的关键——速度，即企业应对市场变化及主动寻找机会的创新行为所要求的敏捷性和快速反应能力。在现在这样的信息发达时代，企业竞争的格局不再是"大鱼吃小鱼"，而是"快鱼吃慢鱼"。

正是这个"越来越快"的特点，回答了本节开始时读者可能会提出的问题。

---

① https://www.inc.com/about。

② https://www.inc.com/ilan-mochari/innosight-sp-500-new-companies.html。

③ 关于道-琼斯工业指数、标准普尔 500 指数、Sears 和 Amazon 的数据均来自维基百科。

④ 1928 年 10 月 1 日，道-琼斯工业指数的构成公司数量增加至 30 个，直至今日。

当整个企业都必须具备生死攸关的敏捷性和快速反应能力时，IT 部门也同样不能例外。举个例子，如果一个企业的 CEO 决定，在兼并了另一个企业后的 6 个月内将被兼并企业的各种产品整合到现有的销售渠道中来，包括订单管理、分销系统网站、供应链整合、库存管理、手机应用等。而 CIO 告诉 CEO，IT 部门需要一年才能将相关的系统和应用理顺，这时 IT 部门就成为了整个企业发展的瓶颈[①]。

在今后相当长的时间内，企业不可能再对 IT 部门大幅度地增加投入。从 CEO 的角度来看，在亲眼看到 IT 部门不再是制约企业发展的瓶颈之前，这一点无法改变。更糟糕的是，绝大多数企业的 IT 部门面对越来越多的"IT 欠债"问题束手无策，疲于应付，甚至在系统和应用问题越来越复杂的情况下出现"偷工减料"的短期行为。这样的做法只会让问题越来越严重。

在 10.3 节中介绍的使能中心的做法就是目前解决图 14-1 显示的越来越多的"IT 欠债"问题最成功的努力。这种做法的思路是：

- 中心 IT 部门不再负责完成具体业务功能的 IT 项目，而是以 API 的形式将企业的核心业务资源和服务进行呈现，建立并施行相关的标准，对业务 IT 项目在使用企业核心业务资源和服务方面进行指导并听取反馈意见，对积累起来的企业核心业务资源和服务进行监管，并推动其广泛地采用。

- 业务 IT 项目不再每次都从头写起，而是必须首先使用已有的、代表企业核心业务资源和服务的 API 组合来完成业务逻辑的实施。

在这样一种新的企业 IT 运作方式下，中心 IT 部门由于不再负责完成每一个具体的业务 IT 项目，工作变得专一，时时刻刻存在的业务项目交付日期的压力也有所减轻，同时可以对覆盖所有业务 IT 项目的共同问题进行思考和安排。同时，业务 IT 项目由于有了系统性的、代表企业核心业务资源和服务的 API，可以在更高的抽象层次上对解决业务问题进行更深入的思考，而不是在紧张的项目过程中陷入系统连接等技术问题的泥沼。当这两方面都不再疲于应付，而是有计划、有步骤地施展自己的长处并相互合作时，企业才会开始真正地减少"IT 欠债"。

从作者自己在客户咨询项目中的第一手观察来看，虽然只有少数企业开始采用上述 IT 运作模式，但由于长期饱受围绕系统集成的各种问题之苦，CIO 们

---

① 这是作者所在的软件公司其他同事亲身经历的一个实际的项目，不过他们最终满足了 CEO 的要求。

都愿意和软件及服务供应商探讨这个 IT 战略的问题。他们意识到目前的系统集成架构和 IT 运行方式不但没有解决现有的痛点，反而在制造更多的问题。即便维持现状也不可接受，必须进行变革。企业 IT 运行模式从"中心控制"向"推动使能"的转变势在必行。

14.2 利用 API 产生新的业务——创新和数字化转型

从事管理的人甚至绝大多数非管理人员都知道，一个企业要生存和发展，必须不断提高自己的创新能力。与发明创造不同，所谓创新，并不是像留声机、电报电话、汽车飞机等那样高深复杂，对人类文明都产生巨大、深远的影响，只有大师巨匠才能发明出来的东西；创新可能是一个新主意、新设备/仪器，甚至完成一项具体任务或功能的新方法。从更接地气的角度来说，创新更多地是在现有的条件和限制下，利用现有的资源、方法、流程和方案来满足新的要求及明确的或潜在的市场需求。因此，创新并不是远离大众、高不可及的东西。创新的结果会产生更有效的技术、产品，以及生产和服务的流程和商业模式，并最终对市场、政府部门和社会产生积极的影响。而这就是为什么政策要进行宣传和倾斜，鼓励创新，增加社会经济的活力。

创新的核心是"原创性"，即你的主意是独一无二、别人没有的。在"现有的条件和限制下，利用现有的资源、方法、流程和方案"这个前提条件下，要能做到独一无二，就必须对这些现有的条件具有深刻的理解。在现在的企业里，完全停留在人脑中和纸面上而不存在于计算机里的信息几乎不复存在了，信息都以电子/数字化的形式来存储。因此，所有企业商业模式的战略性转变，提高运营效率以适应市场竞争、进行市场开拓的努力，均被称为"企业的数字化转型"。而由于现代 API 所代表的最终是企业的数字资源，对 API 的深入了解就是对企业业务的深入理解，对 API 的分析就是对企业资源利用情况的分析，对 API 的安全采取措施和进行监管就是对企业资源的安全采取措施和进行监管。一旦采用了以 API 为基础的技术架构和 IT 运行模式，人们在创新和数字化转型方面的思考可以从似乎毫无头绪的方方面面聚焦到 API 这个层次上[1]。这个时候只需要

---

[1] 人的思维方式的局限性决定了在思考一个问题的某一个具体时刻只能局限在同一个抽象水平上，就像一个人看世界不能一只眼用望远镜而另一只眼用显微镜。拘泥于细节必然影响对大局的思考。

站在 API 的调用者的角度深入思考用这些作为基本构件的 API 能玩出些什么花样。

来看看利用 API 战略来推动创新和数字化转型的几个例子。

14.2.1 优步(Uber)的创新

尽管绝大多数初创公司的主业都是创始人在某个技术领域中多年研究和从事的各自的长项，然而有的非常成功的企业并没有什么高深的科技，而只是贴近普通大众生活的东西。如优步①(Uber)打车，使用一系列电子技术已经创立了全球品牌。根据 2018 年 1 月的统计数据②，全世界 78 个国家的 450 个城市中有700 万优步司机和 5000 万优步乘客，每天载客的旅程超过 100 万次。优步的运营不仅极大地方便了人民的生活，还对传统的汽车制造业这个超过 300 亿美元的市场造成了巨大的冲击③。

优步(Uber)并不是世界上拥有车辆最多的公司，然而它却能够成为全球最大的打车服务供应商。抛开这其中商业运营方面的因素不谈，这个极其成功的商业点子和其他成百上千成功的(还有成千上万夭折的)点子一样，都是互联网时代大规模"试错"(trial and error)的产物。如果占据天时地利，初创公司可以在几个月甚至几个星期内一跃成为全世界瞩目的耀眼的明星。如果运气不好，就会迅速消亡，被人遗忘。在这个过程中，网上公开的、包罗万象而又唾手可得的 API 对于所有创业项目的开发人员来说是一个重要的关键因素。这些 API 的内容从资源调度、地图和付款，到数据分析、预测引擎、政府部门的历史数据等，应有尽有。不仅仅是初创公司，每一个企业都需要在企业内部重复地使用这其中的一些 API 的功能。同时，每一个企业又需要将它们自己的数据和资源的潜在价值释放出来，使企业本身、合作伙伴、客户，甚至企业外部的开发人员可以利用这些 API 资源，就各种各样的新点子进行快速试验：快速成功或快速放弃。无论是创业者还是风险投资人都很清楚任何创业的风险。如果能够大幅缩短试错的时间，快速得出是继续投入还是马上放弃的结论，对于创业和投资双方的风险控制会有极大的帮助。

优步的创新并没有就此止步。2015 年初，优步对第三方开发人员公布了包

---

① 其他众多的打车服务，还有诸如空中食宿(Airbnb)等住宿服务都是同一个商业点子的追随者。

② https://expandedramblings.com/index.php/uber-statistics/。

③ 别忘了传统的汽车制造行业同时还要承受来自如苹果和谷歌等非传统企业的无人驾驶车辆的挑战。

括搭乘、驾驶和商用的 3 组 API[①]。这一措施为优步带来了一整套全新的数字渠道。现在,如果使用美联航的手机应用,在电子登机牌页面上就可以预定去机场的优步车;如果使用谷歌地图查找如何去一个地方,交通方式的选项之一就是优步车。这些地图搜索查找每天被使用上亿次,优步就这样加入了别人的价值链当中。而只需数月或数星期的时间,其他公司又将优步提供的价值吸收到它们自己的应用中,从而进一步创造更高的价值。这就是企业需要达到的运作模式的一个新的境界。在这样的新格局下,企业再也无法以一种与世隔绝的方式进行运营,企业的 IT 部门再也不能以中心模式集中进行运作,而必须分散化,使更多的人能够利用企业的核心资源为企业客户、员工和合作伙伴实现更多的价值。

14.2.2   邮局的数字化转型

近 20 年来,全世界各国的邮局的营业收入逐年大幅下降。电子邮件等即时通信方式几乎完全取代了纸质的信件,高速增长的电子商务带来的货运量却由于物流业革命性的发展,并没有流向邮局这样传统的分发和投递系统,反而是新物流产业抢了邮局的业务。在这样严峻的现实面前,各国的邮政系统都在积极地展开自救,开发新的业务营收来源。在这个过程中,大家不约而同地意识到,邮政系统所拥有的全国范围内的地址信息可能对所有涉及物流和运输的企业具有价值。最直接的价值体现在保证货运地址的正确性以减少由于货运/投递地址的错误而带来的直接和间接的损失,以及让收货人可以随时跟踪货物投递的进度。于是各国邮政系统纷纷公布自己的 API[②]。在 14.2.4 节中,会介绍作者亲身经历的一个客户咨询项目是如何利用这一类的物流 API 来提高公司运营的效率、减少错误发生的。

14.2.3   电力公司旨在提高零售用电顾客满意度的数字化 转型

位于美国密苏里州圣路易斯市的一个跨州的零售电力供应商负责向包括圣

---

① https://developer.uber.com/。在访问这个网页时跳出的提示框显示的是"Explore the Power of the API"。

② 比如美国邮政的 https://www.usps.com/business/web-tools-apis/welcome.htm,中国邮政的 http://shipping.ems.com.cn/apiService/domesticAddressQueryIntro。

路易斯市在内的密苏里州和伊利诺伊州的部分地区的居民提供生活用电。在
2016 年 7 月 13 日和 2017 年 5 月 19 日，圣路易斯市及周边地区发生了两次严重
的龙卷风袭击，造成了大面积的停电事故。停电和夏季高温的热浪给社会和人
们的生活带来了严重的影响。然而，更严重的是，在停电的过程中，关键的客户
信息系统也宕机了。结果普通居民无法利用余电不多的手机通过电力公司的网
站或者客服热线得到电力恢复预期的更新信息，怨声载道，最终上了当地报纸的
头条，差点儿演变成一场公关危机。

2017 年初，该电力公司聘请了麦肯锡和埃森哲两家著名的业务咨询公司，
进行事故分析并确定相应的企业数字化转型的战略。这两家公司不约而同地推
荐了以 API 为主导、挖掘现有的企业资源并以可靠的方式进行呈现，然后使用
将 API 进行组合的方式开发面向广大电力用户的手机应用的战略方针。

2017 年的后 3 个季度，作者都在该电力公司进行围绕 API 战略和 API 实施
的咨询项目。项目的第 1 阶段首先将麦肯锡和埃森哲两个公司推荐的以 API
为主导的企业数字化转型战略中的技术部分具体化，包括 API 整个生命周期的
平台/工具的确定和标准化，以及相关的工作流程及人员的确定，即建立 10.3 节
中描述的使能中心的运行模式。然后，由新建立起来的使能中心出面，推动首批
业务资源 API 的产生，同时引入 Salesforce 作为新一代的客户信息管理系统，以
"API 为先导"的 REST 架构思想建立全新的、支持 API 资源组合及移动应用的
API 库，供全公司范围内的新项目重复使用。另外，利用 Ping Federate[1] 对所有
的系统建立起单点登录管理，并对 API 进行 OAuth2 安全保护，作为 API 监管
的一部分。同时，建立对 API 使用情况的监测、实时 API 分析数据及历史分析
数据报告的图表面板，在短期内为深入了解业务热点和 API 资源的实际使用情
况提供以数据为坚实基础的依据；而长期来说，将在 API 的调用点采集到的带
有完整"语境"的业务数据统统送去数据库，供将来任何围绕大数据/人工智能的
项目使用，力图最终能够将从中得到的对业务运营深刻的洞察用来指导业务决
策，及时地对可能发生的机会和威胁提前做出反应和安排。

14.2.4　玩具公司旨在减少货运差错和加快货款回收的数字化转型

作者在执行 2.5 节中描述的某世界著名玩具公司的 PLM 集成项目的过程

---

[1]　https://documentation.pingidentity.com/。

中,在一次与公司负责运营的副总裁的用餐时偶然获悉了困扰他多年的两个运营方面的问题。

- 每年由于人为的货运地址的错误造成的直接经济损失达 400 万美元,这还不包括因为客户不满意造成的间接损失。

- 公司大多数客户(分销商和大型连锁店)的付款条件是"货到两周内付款"。然而,客户通知公司收到货物,一般都是在实际收到货物之后的一周或两周。这倒不是客户有意拖延,而是他们正常处理的速度只能做到这样了。据这位负责运营的副总裁介绍,如果能将付款周期缩短一到两周,将会给公司带来过百万美元的效益。

在了解了这两个运营问题之后,作者快速在脑子里过了一下潜在的解决方案中的关键步骤。由于在手头的 PLM 集成项目中恰巧掌握所有开发环境中内部相关系统的调用权限,并知道如何调用 FedEx[①],UPS[②] 和 DHL[③] 等货运商的货运跟踪 API,作者在这次午饭结束前邀请这位副总裁在当天下班之前参加围绕解决上面两个运营问题的主要概念验证的演示。

演示由两部分组成。

- 演示对美国邮政的地址验证 API(见 14.2.2 节)进行调用。如果是一个真实存在的地址,地址验证 API 的调用会返回所输入的地址的确存在,以及所输入的公司商号在这个地址上是否存在。如果输入地址不存在,可以试着用公司名称与邮政编码再进行 API 的调用,看是否能找到公司正确的收货地址。这两个 API 的调用会大大减少货运地址标签打印过程中出现的地址错误。

- 演示一个如下的集成流程:
  ○ 从发货记录的数据库中找出过去 24h 内所有已安排货运的记录,这个数据库的表含有订单号码、客户信息、承运商名称(FedEx,UPS,DHL 等)及承运商在接受货运委托时对每一个货运任务赋予的跟踪号。
  ○ 对上一步查询结果中的每一条记录,调用相应承运商的货运跟踪的 API。如果当前记录的货运状态是"delivered"(已投递),在集成逻辑

---

① 　https://www.programmableweb.com/api/fedex。
② 　https://www.programmableweb.com/api/ups-shipping。
③ 　https://www.programmableweb.com/api/ups-shipping。

中会从这条 API 调用回复信息中提取客户签收投递的签字及其他相关信息并生成收款发票，同时将这两部分信息合并成一个 PDF 文件，利用电子邮件发到收款客户财务主管的信箱里（演示时说明，如果对方有发票/支付处理系统，比如 Oracle EBS 或 Concur 等，并对商业伙伴开放的话，可以直接将收款通知送入对方的支付处理系统中）。

当然，以上描述的只是匆匆编写的一个演示，很多细节及出错处理等都未来得及考虑。即使这样，这个演示已经足以让这位负责运营的副总裁当场表态，拨出相应的资金支持一个新项目，让公司每年节约大约 500 万美元的运营费用。

另外，还有大量其他 API 战略在各个行业中帮助企业实现创新和数字化转型的例子，包括消费者产品①、报业和出版社②、新媒体③、金融业④、政府与公共服务部门⑤、智能城市⑥等。我们看到，使用合适的 API 战略来推动企业和政府与公共服务部门创新的数字化转型，不仅早已远远超越了纸上谈兵的阶段，而且已经积累了大量相关的 API 及从技术、人员和流程全方位进行设计和实施的丰富的经验。

另一方面，越来越广泛和深入的 API 的采用所得到的 API 分析数据又反过来为企业对实际运营情况的了解提供了准确和完整的信息。据此，作者预测，API 将取代其他各种数据源和数据形式，成为目前最热门的大数据和人工智能分析所采用的数据来源。

至此，读者应该已经意识到了，API 的应用不仅对 IT 技术、企业业务是一个新的机会，对我们 IT 人，尤其是架构师、CIO 和企业的 IT 高管们同样开启了一扇新的大门，使我们可以在 API/企业资源的高抽象层次上与企业的 CEO，CFO 和 COO 们使用同样的语言来参与企业的决策活动，甚至以企业业务高管们没有的视角和洞察力提出新的经营战略，从而真正成为企业经营的主人，而不再是企业经营和决策执行的工具。作者因此预测，由于 API 的出现，IT 人在企业中的地位将会大幅提高。

---

① https://www.programmableweb.com/api/coca-cola-enterprises。

② https://www.programmableweb.com/news/how-many-newspapers-have-api/2012/01/09。

③ https://www.programmableweb.com/api/netflix。

④ https://www.mulesoft.com/resources/api/api-strategy-financial-services。

⑤ https://www.data.gov/developers/apis。

⑥ https://smartcitiesworld.net/news/news/smart-city-organisations-adopt-opanpeien-apis-2312。

14.3　利用 API 产生应用互联网和 API 经济

如果每一个企业对内和对外的资源及业务功能都通过 API 来呈现，那么企业内部不同部门之间及企业与其他相关企业（客户、供应商和合作伙伴）就相互连接起来，形成了一个网络。在这个网络中，节点是 API，节点之间的边缘是节点 API 中指向其他 API 的链接①。这就是 9.2.2 节中提到的"应用互联网"。在此，不再讨论有关技术方面的话题，而是从业务活动的角度来看看应用互联网。

大家都注意到了这样一个趋势，在企业的客户心甘情愿地为之付款的直接原因中，实物商品所占的比例越来越少。如何在卖出产品和服务的过程中创造出独特的客户体验，越来越成为每个企业提高自身竞争能力的秘密武器。举例来说，单单只负责机票订购或者只负责酒店预订服务的企业早已不复存在了；不仅出现了大量像携程、去哪儿、Priceline 这样的出行一条龙服务的网站，航空公司往往同时在网站上推出酒店和租车预定的链接。越来越多的公司提供的完全是没有牵涉实物的客户体验，如微信、Facebook。这时，企业的资产大多以电子/数字资产的形式存在，有时甚至完全不存在有形资产。于是，企业开始重点思考如何改进、提高和创造出新的用户体验，以给客户带来新的价值。这一点和本书中一直在强调的"以 API 为先导"的技术上的架构思想不谋而合，用户体验从业务的角度提出要求，以驱动 API 定义的设计，而 API 将所有的应用连接起来。

为了对应用互联网中边缘连接上的调用走向即应用互联网中价值链上的商业价值走向进行引导和影响，每个企业可以选择将自己的 API 对调用者甚至是普通大众免费开放，或对调用者按调用次数进行收费。

- API 免费的情形：这有点像 API 世界里的开源软件，比如 GitHub 上的 public-apis 项目②，目前已经包括了从艺术、商业到生活、科技等 40 多个类别的几百个免费的 API。
- API 的提供者向调用者收费的情形：API 的提供者毫无质疑地为 API

---

① 还记得 HATEOAS 吗？参考 9.1.1 节和图 9-3。
② https://github.com/toddmotto/public-apis。

的调用者带来了他们愿意为之付费的价值。比如 Concur[①] 向调用其出差、报销和收款等云端服务功能 API 的用户进行收费；14.2.4 节描述的演示中对 FedEx，UPS，DHL 等承运商的货运跟踪 API 的调用都是要付费的。不过，调用这一类的 API 会给 API 的调用者带来更大的收益。

在经济学里有一个企业运行需要固定资产和流动资金投入的概念。由于无论是否生产出产品，企业都需要先投入固定资产的费用，这就形成了每个行业的准入门槛。这在一定程度上限制了行业外面的新人进入这个行业，从而保护了行业内现有的企业。

然而，API 却极有可能改变固定资产投入这个概念。由于创新性的商业点子，Uber 在启动时并不需要购买大量的车辆，招聘大量的司机，因而避免了高风险的固定资产投入。企业在建立出差、报销和收款这些财务功能时，也不必再首先购买硬件和软件，而是在 Concur 提供的云端服务上随用随付。这些企业经营上大局或局部的变化让高额固定资产投入造成的门槛大为降低，甚至消失。这就让传统企业不仅要面对行业内的竞争对手，还要应付不知从哪儿在什么时候冒出来的、对新技术使用长袖善舞的初创公司。作者认为，这也是传统企业必须进行数字化转型才能在业务和 IT 技术上不处于劣势的严酷的现实。随着固定资产投入及行业准入门槛的不断降低，传统经济学中"规模经济"的概念不复存在。例如，网上出现了许多量身定制服装的供应商[②]，完全按你的尺寸做出衬衣、裤子等，最低的起订数量是一件而价格却非常具有竞争性。这时，大企业不再具有规模经济的优势，小企业反而"船小掉头快"，大家拼的是谁能将手头的资源创造性地组合起来，产生独特的、有价值的客户体验。

而在另一端，谁能够提供这些被用来进行新的组合、创造新的客户体验的资源，谁也同样会创造出新的商机。每个企业都在利用别人提供的资源，同时也为别人提供资源，真正成熟的经济体就会出现。此时，企业完全可以在更高的层次上专注于思考如何创造性地对自己和别人的业务资源（即 API）进行组合和利用，同时缩短 IT 应用上线的周期，做一条商海中的"快鱼"。

当应用互联网和 API 经济慢慢成型时，企业内部逐渐建立起来的使能中心推动的"加强核心资源、鼓励自主开发"的新的 IT 及业务运营思想会在更广阔的范围内逐渐被企业的客户、供应商和合作伙伴所理解和接受；他们也会向企业提

---

① https://www.getapp.com/finance-accounting-software/a/concur-travel-expense/。

② 例如，https://www.tailorstore.com。

出建议和反馈,指出各自需要什么样的 API 资源。从企业的角度看,所有的业务活动依然是围绕企业的核心资源和功能的。然而,企业的影响会由于 API 的使用而延伸和覆盖到应用互联网中更大的范围内,最终为企业带来更多的营收;从利用其他企业 API 的公司的角度看,它们加速了新功能和新业务的开发,并有可能产生颠覆性的市场效果,真正做到了双赢。

在进行了成功的数字化转型之后,成熟企业和初创公司都同样可以从应用互联网和 API 经济中获益,以应对新的数字化的竞争环境。而在这个过程中,企业的 CIO 和 IT 高管们扮演着至关重要的角色。比如,上面提到的数字邮政的开发工作,完全是由 IT 人发起并实现的。在新的 API 经济中,IT 人,尤其是架构师们不再是被动地完成企业业务提出的具体要求,然后埋头忙于运行维护和故障排查;架构师们的新角色是和 CIO 及 IT 高管们一起,主动出击,积极创新,甚至带头主动打破自己企业和行业现有的运营模式。所有 IT 人在企业里扮演的角色将发生重大的改变。我们要从数据中心和机房的局限中走出来,变成企业的高级业务顾问,甚至是数字革命的推动者,在将各个行业搅得天翻地覆的大风大浪中保护企业平安发展前行。这也意味着 IT 人必须从技术支持的从属地位转变成参与企业运营的主人翁。

虽然"应用互联网"(以及随之而来的"API 经济")的概念正在逐渐变得清晰,但目前还没有出现技术上如何设计和实施应用互联网的设计原则、参考架构或实施技术。目前,已有少数公司开始对此进行思考和展望,但还未有哪一家软件或者咨询公司真正开始开发"应用互联网"的基础设施及其上面的应用的软件工具。这部分细节工作的结果,也许会在今后的五年内出现。

应用互联网和 API 经济不仅彻底改变了每个企业的运营思想,也彻底改变了我们 IT 人,尤其是架构师的地位、职责和技能要求。这一点对于希望成为解决企业业务问题的架构师的人员来说至关重要。在第 15 章,也就是本书的最后一章中,作者会抛砖引玉,分享在架构师成长过程中有意识地培养 IT 技术之外的相关技能的一些思考和体会。

14.4　关于 API 经济的最新展望

在本书的第 1 版于 2018 年初完稿之后的这两年多里,在 API 经济这个话题上又有了进一步的研究和进展。例如,2018 年初,MuleSoft 公司的 CTO Uri

Sarid 在麻省理工学院斯隆商学院的管理学杂志上提出了 coherence economy 的概念[①]，随后又在 2019 年的 6 月[②]和 9 月[③]分别进行了更深入的阐述。

作者无意在此大段地抄写相关的内容。有兴趣的读者可以自己到本页脚注中列出的三个网址去阅读。这里只将这三篇文章中的要点摘录如下：

- 经济活动中的价值所在（即客户愿意掏钱的直接原因）在历史上首先是产品，后来变成了服务，而在新的工业革命中将变成体验。

- 传统经济活动中企业看中的是"拥有"，甚至是"独占"客户，最大的企业优势出自自己的品牌和行业垄断。而在正在到来的工业 4.0[④] 中，企业之间将会相互合作，共同建设提供个性化用户体验的数字生态系统。不愿意参与这样的合作与共建的企业将被淘汰。

- 与第一次工业革命中部件的标准化极大地推动了企业的发展和社会的进步类似，在正在到来的变革中，API 是创新的发动机里可以互换的核心标准件。然而，与实体的标准件相比，API 还可以即时地被个性化，而且不会因为每次调用的个性化增加成本。换句话说，传统经济学中的规模经济（即生产的数量越大，单位成本就越低）的规律不见了。

- 为了实现 coherence economy，必须出现大量的 API 和成熟的 API 社区。但更重要的是，企业必须改变过去的经营观念，与其他经营活动的参与者甚至是与自己的竞争对手共生共存。

- 这些文章还对 coherence economy 的特点、它到来时会出现的现象、支撑它的技术要素等进行了展望和概述。

Coherence economy 目前还处在初期的概念阶段，还没有形成系统的、有共识的、可执行的理论体系和实践框架，今后可能还要经过不停的演绎和发展。但是，coherence economy 提出来的愿景及实现后所带来的价值，都是非常诱人的；而且率先拥抱 coherence economy 的企业会受益匪浅，而没有了解和拥抱 coherence economy 的企业将会面临生存危机。所以，作者提醒大家，尤其是企业的 IT 方面的决策者，应该给予这个话题足够的重视和关注。

---

① https://sloanreview.mit.edu/article/welcome-to-the-coherence-economy。作者至今尚未看到对 coherence economy 这个名词比较贴切的中文翻译。也许可以翻译成"侧重即时即景体验的经济体"，但稍嫌太长。

② https://diginomica.com/taking-frictionless-tour-coherence-economy-mulesofts-cto♯:～:text＝A％ 20coherence％20economy％20is％20where,this％20moment％20in％20their％20journey。

③ https://www.itproportal.com/features/from-experience-to-coherence-the-next-economic-shift。

④ https://www.itproportal.com/features/what-is-industry-40-everything-you-need-to-know。

14.5 总结

本章从战略的角度,对 API 在为减少企业"IT 欠债"的新的 IT 运作模式、企业的创新和数字化转型、应用互联网及随之而来的 API 经济中所起的极其重要的作用进行了论述,其核心的主题是提高企业的生存和竞争力。关于企业的创新和数字化转型,本章中列举了不少真实的企业案例。

在此,API 不再仅仅是一个 IT 的技术概念,而是作为企业业务资源的构建模块及企业业务和 IT 决策者们的共同语言——他们终于可以一同在更高的抽象层次上对企业的业务和战略发展进行思考了。而这一点是过去所有其他相关技术都没有做到的。

只有对 API 在战术(即 IT 技术上)和战略上(即企业业务上)都具备了深刻的理解,一个架构师才有可能真正地超越仅仅是一名 IT 专家的状态,而进入更高的境界。

一个这样的架构师可能工作在软件公司的售前或服务部门、软件公司的合作伙伴、独立的集成咨询服务公司里,当然,最重要的还是在客户企业里。以作者极其有限的观察,在国内,围绕 API 架构、API 经济这样前沿的甚至是超前的观念的推动工作可能还是以各个参与方面的架构师为主。这一点可能是与国外情形不一样的地方。

一个这样的架构师需要面对很多具体的问题,如 API 的平台和工具到底要做多少、多深入? 是应该主要自己做还是主要去采购现成的来搭建? 面对最终用户的决策者时如何将这样的理念传授给他们? 这其中的每一项任务都任重道远。然而,一旦所有的架构师共同合作努力,一定会让企业的决策者最终了解这方面的内容、将由此产生的巨大变革和人人受益的前景。

第 3 部分
闲篇——感悟与随想

本书到这里，技术内容的部分就结束了。和每一个其他行业一样，做的时间久了就会生出些感悟和想法来，对技术和项目本身、开发员和架构师等IT从业者个人的成长道路和职业规划，甚至对高校相关的计算机软件专业的课程设置都积累了一些思考和看法。作者清楚，这些东西并没有完全理清，更谈不上体系，完全是作者个人主观的东西，不过是拿出来与读者分享一下①，抛砖引玉。

在这一章，也是本书的最后一章里，作者首先分享一下对学习过程（不仅仅是IT技术的学习过程）中3个境界的看法及其在工作中的一些具体应用的例子。然后就架构师在成长过程中需要着重培养的硬实力和软实力谈谈个人的一些观点。最后，再针对架构师行业的大环境，包括职业规划和软件行业的发展，以及与IT架构相关的高校课程设置提出作者个人的一些初步的建议。

---

① 读者可以发电子邮件给作者到 charlesquanli@gmail.com，或者到作者的博客（http://blog.csdn.net/charlesquanli）留言。

第 15 章
架构师的人文情怀

在一个架构师的成长过程中，软件的专业知识及与所解决的问题相关的业务和行业知识都很重要。除此之外，一个合格的架构师应该知道的"常识"还有哪些呢？

在一个架构师的成长过程中，快速学习的能力应该是最重要的一个因素。了解需要学习的内容，并非常自律地持续不断地学习，是成为一个成功的架构师必不可少的条件。然而，这样就够了吗？

我们可以调整甚至改变自己的学习计划和行为方式，然而，我们却无法立即改变周围的大环境。比如，计算机软件这个行业对年龄的敏感，现实工作中感觉到的学校里软件课程的设置与工作项目要求之间的差距。针对这些问题，我们应该具有什么样的现实的认识？又能做些什么呢？

到此为止，本书前面所有章节所讨论的都是集成和 API 技术话题及其对解决业务问题的影响，即本书前言中所说的"事"的主线。本章将展开讨论的是"人"的方面，即通过回答上面的问题，与读者分享作者在近 20 年的解决方案架构师的工作中积累下来的一些不成体系的感悟和看法。

15.1 关于学习过程中的三个境界

无论是个人的某项技能的提高，还是企业里一个团队在项目中对解决方案认识的深化，我们都可以把它看成是一个学习的过程。人们往往认为学习就是对知识的掌握。然而，作者认为，对于一个解决方案架构师，学习的过程应该有三个境界：知识（information）、洞察（insight）及影响（impact），作者称之为"3i 理论"。

如图 15-1 所示，在学习过程的第一阶段，即知识阶段，个人或者团队的主要

知识　　　　　　洞察　　　　　　影响
(information)　　(insight)　　　(impact)

图 15-1　学习过程中的三个境界

活动是搜集有关的基本信息进行整理，并根据现有的知识和理论体系推导出比较直接的结论。一般的某某知识大赛，都是处在学习过程中的这个阶段，比的是谁能记得住更多的事实和基本信息。

在学习过程的第二阶段，即洞察阶段，个人或者团队的主要活动是在第一阶段中得到的事实和基本信息的基础上进行梳理、挖掘和思考，力图找出更深层次上的关联，得出更进一步的结论。一般学术性很强的专业论文都是处在学习过程中的这个阶段，注重的是找出课题中前人没有发现过的规律。

在学习过程的第三阶段，即影响阶段，个人或者团队的主要活动都围绕着如何根据第一阶段和第二阶段中得到的知识和洞察来确定行动方案，以达到预定的目标或效果。作者认为，无论是作为一个解决方案架构师还是作为一个其他角色，"影响"即能够对什么人、什么事产生积极的、根本性的变化，这是前面两个阶段的积累的真正目的。换句话说，前面两个阶段是为"产生影响"做准备；如果没有"影响"，前面两个阶段的努力除了"自娱自乐"外毫无意义。

当然，这个"影响"可大可小，可宽可窄，而且可以阶段性地发生变化。在此举两个例子来说明作者的观点。

- Dropbox 是一家提供文件共享云存储的公司，成立于 2007 年，2018 年计划上市。2012 年左右，作者的一个朋友在私人聚会上称 Dropbox"没什么了不起的"——他可以轻而易举地用 UNIX 来做出同样的东西来。作者回应这个朋友说，抛开技术细节不谈，即便他真的可以做出同样的东西来，也仅仅掌握了"知识"，可能也具备了一定程度的"洞察"，但他无疑没有产生任何 Dropbox 带来的那种影响。眼高手低的人缺的往往就是这种最高层次上的"影响"。

- 作为一名 IT 开发人员，往往对书写文档和项目进度报告、参加会议等很反感或者至少不积极。但如果在心中有意识地把"影响"作为自己工作活动的最终目的，在了解了文档的目的和会议的主题后，你就会积极地去完成文档、参与会议的议程，为团队努力的最终"影响"尽自己一份力。

　　了解了学习的最终目的是产生影响,在工作(还有生活)中就不会仅仅满足于"知道"或者"想得到",而是会去追求"做得到"。

15.2　架构师所要具备的硬实力

　　这个"硬实力"的基础当然是扎实的与 IT 技术相关的知识、经验,以及对有关的产品和技术的愿景、路线图的熟知。由于集成项目的复杂性和多样性,要学习的东西与一般常见的 IT 项目的要求相比又多了许多。因此,必须安排好优先顺序,并根据实际情况的变化及知识和认识水平的提高,不断地进行调整。

　　在战略上,对系统集成和 API 相关的愿景的认识极其重要,如果只了解 HTTP 和 JSON 这些 API 中战术上的东西,而没有掌握本书中重点论述的 REST 的架构风格的精髓及应用互联网的愿景,一个架构师充其量不过是一个 API 的工匠,而无法成为完成高质量、对企业业务具有深远影响的 IT 项目的领军人物。

　　在战术上,一定要具备具体某一些系统集成和 API 相关软件工具的特殊专长。必须意识到,仅仅依赖 Java,. NET,Python 等基本的语言已经远远无法满足大型复杂项目的需要了 ——这不仅是架构师,也是开发员必须面对的现实。作者建议,一个架构师在战术上的技术知识储备应该分成这样几个层次。

- 核心部分:某一个或某几个系统集成和 API 的开源或商用软件的平台[1],尽量深入钻研,逐渐成为专家。至于到底选用哪种系统集成和 API 的工具平台,可以参考自己眼前和近期的项目、权威机构的软件工具评级(如 Gartner 的魔力象限)、技术博客上的讨论热点、主要招聘网站上相关工作岗位的具体技术要求及朋友之间的口口相传。这一部分是一个架构师的看家本领。核心部分还应该包括对架构风格和愿景的深入理解、对架构设计和项目实施方法论的掌握,以及在第一线进行项目实施的经验积累。在这一方面,作者最欣赏的一句话[2]是:You don't become an expert by doing a thousand things one time. You become an expert by doing one thing a thousand times. 译成中文就是"做一千件

---

①　例如,ESB、消息服务器、云平台、网络通信、API 管理工具、数据库、LDAP 等,仅举几例。

②　作者未能找到这句话的出处。

事不会让你变成任何专家；把一件事做一千遍，你才有可能成为专家"。

- 相关部分：系统集成和 API 的项目往往会牵扯到多个其他业务功能系统。本书在第 4 章中对集成项目中经常遇到的几十个主要功能系统进行了简单的介绍。一个架构师在工作中如果反复遇到针对某些业务系统的集成要求，就需要从系统集成的角度对这些业务系统进行深入的了解。并不是说你需要成为每一个牵涉到的业务系统的专家，而是说只需要对每一个系统的基本功能及从系统外部如何调用这些基本功能有较为深入的了解。

- 前瞻性的部分：在专注于眼前和近期工作的同时，眼睛的余光也应该随时关注那些热点甚至是超前的 IT 技术领域，比如大数据/人工智能、区块链等。作者认为，对于一个解决方案架构师，这种关注更多的是了解这些技术的基本信息、成熟度及在具体应用上的突破，而不是深入了解每一项技术的底层的技术实施细节。同时，要将这些新的技术放在系统集成和 API 的大框架下进行研究和理解。作者认为，随着这些热点技术的成熟和越来越多地采用，针对它们进行系统集成、将它们所代表的业务资源和业务服务进行呈现并推动其在应用互联网和 API 经济中广泛地采用是必定要发生的事，而且是会很快出现的。

总的来说，一个解决方案架构师的知识结构应该是"在核心部分是专家，在外围部分是杂家"。

15.3　架构师所要具备的软实力

按照百度百科的解释[①]，个人软实力（soft power）于 20 世纪 90 年代初由哈佛大学教授约瑟夫·奈（Joseph Nye）首创，与硬实力一起组成了一个人的综合实力。与硬实力往往比较客观、可以量度的特点不同，软实力常常无法量化，难以评估或比较，如思维能力、沟通能力、表达能力、文化修养、学习能力、团队协作能力等。软实力是一个人修为高低的体现。

具体到一个解决方案架构师身上，相关的软实力应该包括技术因素以外所

---

① https://baike.baidu.com/item/%E4%B8%AA%E4%BA%BA%E8%BD%AF%E5%AE%9E%E5%8A%9B/1679264。

有的、对项目成功实施有帮助的能力和特征，比如逻辑分析能力、沟通和表达能力、从复杂的时局中抓住主要矛盾进行突破的能力、总结经验教训的能力、团结有关各方参与者的亲和力等。由于这些都是无法量化、难以评估、十分主观的东西，作者在这一节里只能罗列出这些年积累下来的一些想法和例子。

15.3.1　时刻分清目的和手段

无论做任何事、解决任何问题，要达到的目标及问题最终的解决是目的，而为了达到这个目的所采取的方式和步骤、利用的资源等都是手段。前者可以用"做什么"（what）来定义，后者则是"怎么做"（how）。解决方案架构师主持一个项目，以正确的用例文件所定义的所有用例中的功能要求和非功能要求就是目的；而架构师完成的设计内容和实施方式就是手段。架构师应该时刻明确地知道项目的目的是什么，不忘初心，这样才能将业务目的放在第一位。常常发生的情况是主持项目设计的架构师将手段或者阶段性目标当成了项目的最终目标。要知道，架构设计实际上是根据设定要达到的目标，来对一组结构设计进行挑选和取舍。如果错将手段当成目的，势必没有抓住真正的目的而导致错误的架构。更有甚者，有的架构师沉溺于技术上的牙机巧制，沉溺于构建原本可以免费或付费获得的软件功能和工具，并骄傲地声称自己有能力"从头开始编写一个新的操作系统"。然而，为项目出资的客户的业务经理就毫不留情地在团队会议中当着那个架构师的面说他们是"技术呆子的自娱自乐[①]"。这个架构师完全忘记了项目出资人关心的业务问题。

最常见的混淆了目的和手段的另一个例子是架构师使用 UML 的时序图来书写用例文件：如果用时序图中的"怎么做"来代替"做什么"，怎么才能知道你理解的问题就是项目的业务要求指定的需要解决的问题呢？你又如何在测试中衡量每个测试项目是否成功通过了呢？如果对需要解决的业务问题缺乏正确和充分的理解，就不可能真正成功地解决问题。一个 IT 项目一般面临三个方面的风险：未能全面、准确地理解项目要求，没有采用正确的架构及正确的技术决定，以及项目相关方之间和项目团队的内斗。而未能正确地把握项目要求是大多数项目失败的主要原因。作者常常提醒客户和团队成员，作为项目要求正式文档的用例文件是项目的"根本大法"，其作用无论怎么强调都不为过。这个"根

---

① 　原话要难听得多。

本大法"也是项目周期中一系列活动（如质量保证测试、用户验收测试等）及项目管理、进度安排的基础。

时刻明确真正的目的，并将手段从目的中分离开来，还有助于团队整体对具体问题的分析，在行动上达成共识。

15.3.2　处处讲究形式逻辑[①]

不仅仅是技术设计和实施中需要逻辑，围绕 IT 项目的实施有很多方面的工作需要很多人一起协作，而清晰的逻辑可以帮助每一个团队成员更有效、更有质量地完成自己的工作，并与其他团队成员进行沟通。具体来讲，作者认为形式逻辑可以在以下几个方面有助于 IT 项目的进行和项目团队成员的工作效率。

- 软件设计的方法论需要强大的逻辑支撑，尤其是方法论中每一个步骤背后的目的和指导思想及如何通过具体的活动贯彻该指导思想达到该目的，都需要很强的逻辑思维才能理解并正确执行。架构设计中牵涉到的任何决策过程都需要逻辑的支撑。大多数时候，人们的决策过程非常草率，没有系统，不讲逻辑，事后却又用事情发展的结果来评判当初决策的结果是否正确，而完全忽略了对当初决策的过程做出评估，并为逐渐建立起自己的一套架构设计和项目执行中的决策系统提供积累。软件设计的方法论就是企图建立起一套行之有效的步骤，通过系统性的决策过程来提高项目成功的可能性。

- 表达和说服需要逻辑。主持集成和 API 项目的架构师不仅要完成解决方案的架构设计，还经常需要花费大量的时间向有关人员对设计思想和实施细节进行解释，回答和回应针对解决方案的架构设计和实施细节提出的问题甚至是质疑。这些问题可能来自客户、合作伙伴、团队内的开发人员、项目经理、项目出资方。最具挑战性的情况是个别越俎代庖的项目管理经理甚至 IT 总监坚持认为他们应该为整个项目的技术设计负责，而没有他们的首肯，你作为一个解决方案架构师寸步难行。在回答和回应技术上的这些问题甚至质疑时，逻辑清楚、条理清晰（但态度平和）的论述必不可少。同时还要结合 15.3.1 节中讨论过的明确目的和手段的框架思路，从这些提问的人和他们所负责的部门利益的角度展开

说明。只有这样做，才有可能赢得他们的支持，最终产生你想要造成的
"影响"。

- 清晰的逻辑可以帮助架构师找出与当前问题相关的影响因素及这些因素之间的相互关系。成型的设计方法论中处处体现着前后一致的逻辑性。一个解决方案架构师必须利用成型的方法论和严格的形式逻辑对项目的业务问题进行分析并做出设计方案和设计细节上的一个个决定，以保证每次决定的科学性和一致性。

- 培养新人需要逻辑。架构师还有一项重要的任务，就是传授知识、培养新人，比如对公司、合作伙伴和客户的技术人员进行的技能及具体项目方面的指导和解惑。清晰的逻辑可以帮助架构师将技术问题讲透，使团队的整体水平得以有效地提高。

说话前后不一致、偏离主题、"西瓜芝麻一起抓"等，都是思维缺乏逻辑性的表现。严重时会使谈话和交流的对方十分恼火，甚至放弃沟通。有句俗话叫作"宁和明白人吵架，不和糊涂人说话"，讲的就是这个意思。一个解决方案架构师必须与相关各方进行充分的、有条理的沟通，并得到他们的支持。因此，解决方案架构师的思维和表达方式必须具有严格的逻辑性。

15.3.3　强调利用抽象思维的能力

一般而言，人们的知识是一层一层搭建起来的，上面的知识利用下面各层的知识。当问题的实质变得越来越复杂后，解决问题所利用的知识和工具也相应地变得越来越复杂。假设一个问题的解决方案需要第 5 层上的知识，而一个人只具有第 2 层的知识和理解力，这个人如果想理解第 5 层上的方案和知识，就只可能有两个办法。

（1）先学习第 3 层和第 4 层的知识，再来研究和理解第 5 层上的东西。这样做的好处是这个人的知识体系得到了扎实的提升和扩展，对第 5 层上东西的理解可以做到全面和深入，也为未来知识体系的进一步提升和扩展打下了基础，但相应地要花费的时间和精力也要大大增加。

（2）由位于第 5 层上高屋建瓴的其他人为这个人进行简单的、最基本的讲解。由于这个人没有时间掌握第 3 层和第 4 层的知识，其他人只能以举例、打比方甚至过度简化的方式向这个还在第 2 层上的人进行讲解。其结果可想而知：这个人不可能在一孔之见中知其然又知其所以然。因此，他得不到对问题的深刻

认识和对讲解方案的深刻理解。同时，这样脆弱的知识体系很难再向上发展，拥有这样的知识体系的人在解决更复杂问题的能力方面受到了极大的限制。

在生活中经常看到这方面的例子。作者记得第 1 个学期的 MBA 经济学基础课中讲到商品的价格弹性时，那上千页、5 磅重的课本花了近 30 页、五六张图和十几个例子来解释这一个概念。可如果你有微积分最基本的知识，只需要根据需求与价格关系函数按照价格弹性的定义进行适当的求导①，就可以根据某一个(数量、价格)点上的导数值直接得出结论。这样的例子比比皆是。没有抽象思维而只依赖举例和形象思维，一个架构师是不会走得太远的。有意识地将思辨过程建立在理论基础和逻辑推理的基础上，是一个架构师发现、分析和解决问题能力提高的关键。

15.3.4 表达和交流要看对象

当一个架构师与另一个人就项目有关的特定的话题进行交流时，一定要专注于当前的主题，而不要偏离主题去提其他无关的事情。否则，不仅可能让对方糊涂，还会浪费时间。

同一件事，根据交流对象不同的角色，也要将侧重点、细节程度，甚至表述方式进行调整。比如在用户验收测试过程中出现了问题，作为架构师，你已经详细、深入地了解了问题的根源，并在心中对相应的解决方案有了初步的权衡。这时，你对这个问题的陈述和答疑在面对不同的团队角色时会有所不同。

- 项目出资方的业务高管关心的是项目的进度和质量会不会因此而受到影响。这时，你要使用通用的语言对问题的根源和影响及相应修正活动的规模和花费的估计等重点进行高度概括性的描述。
- IT 高管关心的是这个问题是否意味着整体解决方案架构存在严重问题，是否会影响 IT 部门在企业业务高管心目中的信誉。
- 项目经理关心的是这个问题是否会严重影响项目的进度，是否需要具备某种新技能的开发和技术支持人员介入，能不能找到这样的人员。
- 项目团队的开发人员关心的是解决这个问题的技术方案有哪些选择，如何确定采用哪种方案，在实施的过程中又会遇到什么样的问题。

以上列出的相关各方的关心内容只是几个例子，作者的目的是要说明项目

---

① 本书讲的是系统集成和 API，经济学方面学术问题的技术细节略过。

相关人对同一个问题所关注的侧重点有所不同,架构师要用对方听得懂的语言着重说明对方关心的问题而忽略掉其他方面和无关的细节。还可以明确地向交流的对方询问其所关心的具体问题是什么。只有这样,才能有效地进行沟通,获得对方的支持。

15.3.5　坚持原则,但也要知道妥协

架构师都是追求完美的人。他们经常在架构和实施细节的设计上进行很多的考虑,尽量在这些方面做到完美。然而,与艺术[①]不同,旁人是完全看不到架构的完美之处的。

在生活中,一个处处追求完美、不知道妥协的人必定是处处碰钉子的。一样的道理,在项目负责人的认知水平、技术团队的技术水平、涉及的集成系统状况、项目时间表等现实因素面前,架构师需要不断地对自己心中的"完美架构"进行综合的调整和妥协[②],让项目得以向前进行。还记得我们的"3i 理论"吗? 只有项目顺利完成,业务问题才能得到一定程度的解决,那个"完美的"解决方案才能部分地实现,项目负责人和团队的认知和技术水平才能提高,下一个项目才能更接近完美。

作者曾经在客户咨询项目中遇到一个来自合作伙伴的解决方案架构师。他的优点之一是锲而不舍,遇到问题就想方设法一定要解决。然而,在架构设计方案的选择上他过于执拗,不肯让步[③]。每次有机会就旧事重提,强调最初还是应该选择他的方案;测试验收出现问题时,他也会说:"看到了吧? 我早就说过会这样的"。且不去深究技术上他的方案是否有道理,这样不合群、没有建设性的做法根本不会有任何积极的效果。他实际上只是在争个谁对谁错,完全忘记了要产生影响的最终目的。这个架构师最终被"请"出了项目团队。很遗憾,这样一个技术水平挺高的人,由于缺乏相应的软实力,无法施展自己的才华。

需要妥协的另一个深层的原因在于技术是手段,业务才是目的。业务的决策者需要考虑包括 IT 活动在内的更大范围的各种因素,甚至存在他们不想与作

---

①　艺术有两类:音乐会展示的是艺术的过程(是表演艺术),而画展展示的是艺术的结果。对这两种艺术形式的欣赏,即使是外行也能大致分出水平高低,得到一定的美的享受。但是,架构之美是外行完全看不到的,这一点可能更像数学。

②　"妥协"并不一定是个贬义词。大多数时候,为了最终产生的影响,必须做出妥协和让步。

③　在 2001 年 9 月 11 日之前的架构师的圈里曾经流行过这样一个架构师们自嘲的笑话:架构师与恐怖分子的区别是什么? 答案是恐怖分子会和你谈判。架构师们的倔强可见一斑。

为架构师的你分享的东西。这有点儿像军事与政治的关系：军事是手段，政治才是目的；军事是政治大棋盘上的一枚棋子，为政治服务。谈到这里，作者想起一件往事。2001 年的"9·11"事件后不久，TIBCO 软件公司[①]的 CEO Vivek Ranadivé 在美国有线财经新闻电视 CNBC 上接受采访时表示，恐怖袭击之所以未被阻止，一个主要原因在于相关政府部门之间信息不共享，应该利用有关的 IT 新技术进行政府部门信息系统的升级改造和现有系统的集成整合，实现部门之间的信息共享，从而在政府各部门之间进行有效的合作，打击恐怖活动。然而直到 2018 年，从作者本人在亲身参与的美国联邦和州政府的系统集成和 API 项目中的观察来看，Ranadivé 先生的建议还远远未被采纳。想必这背后的主要原因不是技术问题。

15.3.6 知之为知之，不知为不知

一个架构师要保持开放的头脑，清醒地认识到 IT 方面、业务方面乃至大千世界，自己不知道、不了解的事情太多了，新事物还在不断出现。永远不要自以为是，固执己见。对不知道或者不了解的事物和问题坦诚地说"我不知道"，并谦虚地询问，认真地学习，只会让你赢得信任和尊重。毕竟，一个架构师的信誉和口碑不是靠说而是靠一个个成功实施的项目建立起来的（"3i 理论"又来了）。

即便对自己认为熟知的话题，也不要将学习的大门在心里关闭。多听听别人从不同视角给出的看法也是学习和提高的手段之一。同时，经常强迫自己将对一个概念、一个理论或一个方法的理解和认识口头表达出来；也可以找一个合适的听众，听取其反馈和意见。这个方法来自于作者在研究生院时的导师。作者曾师从 Dr. Raphel Tsu[②] 学习用于高速计算机的量子元件理论。Dr. Tsu 和我们这十几个研究生每周有一个下午聚在一起，天南海北、不设主题地聊天。他经常教导我们，并身体力行这样一个做法：在回答"是什么"（what）的问题时，以"这不过是……"（This is nothing but…）开始作答；而在回答"为什么"（why）的问题时，以"这其中的奥妙在于……"（The name of the game is…）开始作答，并且不要超过 3 句话。Dr. Tsu 说，如果你做不到，就说明你对这个话题的理解和认识还有待提高。

---

①　http://www.tibco.com，著名的系统集成软件平台及工具的软件供应商。作者当时在该公司的咨询服务部任资深解决方案架构师。

②　北卡罗来纳大学终身教授，美国物理学会院士。https://ece.uncc.edu/directory/dr-raphael-tsu-phd。

学无止境,不仅意味着不断了解新的事物,也在于对现有的认知和知识体系的深化、完善和提高。

15.4 架构师所处的大环境

本章到此为止讨论的都是架构师自身成长的话题。在这一节,我们来看看架构师成长的环境中的有关因素。架构师需要了解这些因素,但这一节的内容主要是作者在深入思考后对有关的政策决策者的进言和建议。这一节的内容同样是贯彻作者"3i 理论"的核心精神,即追求最终产生的效果和影响,为架构师的成长提供一个更健康的大环境。

15.4.1 架构师的职业规划

关于信息技术,尤其是软件行业,在业内和社会上似乎有这样一个认识:这是"一碗青春饭",与其他行业相比,要不断地学习快速更新的专业知识。因此,只有年轻人才能够在业内生存下来。于是,我们看到不到 30 岁的开发员对自己的职业前途忧心忡忡,担心随着年龄的增加会竞争不过那些刚从学校出来的更年轻的人。

对这个问题,作者有两方面的看法。

从个人角度来说,任何一个行业里的专家都需要积累。仅靠几门课和对某种计算机语言的熟练掌握是成不了合格的架构师的[1]。如果你有志成为一名架构师并非常享受这个外人看来十分痛苦的"终生学习"[2]的过程,你就应该坚持走下去。

从职业的大环境来说,作者呼吁企业给那些希望走技术路线的开发员们一条职业规划的康庄大道,并在薪酬、福利、培训等相关方面的政策上进行倾斜。毕竟如果一个行业里高端技术人才不断流失而只留下缺乏深度认知和实践锤炼的新人,这个行业的整体水平就无法提高。这是一个行业整体战略的大问题。

---

[1] 即便是对某种计算机语言的熟练本身也需要实践的积累。

[2] 作者倒是觉得,如果停止学习,你会很痛苦。

15.4.2　软件工程问题与业务问题的分离

　　仔细观察企业里的每一个 IT 项目，会发现其中有业务问题，也有软件工程的问题。

　　在为企业的 IT 项目提供解决方案时，有两种做法：一种是利用最基本的计算机语言和工具，尽量一切自己开发，如图 15-2(a)所示；另一种是利用已有的平台、框架、工具，尽量只专注于解决具体的业务问题[①]，如图 15-2(b)所示。

图 15-2　实施企业 IT 项目解决方案的两种不同的做法

　　随着企业业务问题越来越复杂，图 15-2(a)所示的第 1 种方式能够在要求的时间和预算内，按要求的质量完成的可能性越来越小。企业应对市场竞争和数字化转型（参见 14.2 节）所必须具备的敏捷性要求企业的业务 IT 应用应该尽快上线（time to market）。要做到这一点，业务项目的技术平台必须要有一个很高的起点。如果使用第 1 种方式，项目大部分的时间就不可避免地被用来解决技术问题，而不是业务问题，项目的技术风险和整体风险会随之大为增加。

　　在图 15-2(b)所示的第 2 种方式中，业务项目只专注于解决各自独特的业务问题，而将平台和工具的问题交给 IT 软件公司来解决。这样一来，各个行业、各个企业的各种各样的业务问题中共同的 IT 技术问题被抽象出来，交由 IT 软件公司来解决。而 IT 软件公司不仅具备解决这些技术问题的能力，它们的产品也有着更广大的客户群，有机会得到更多的验证、丰富和提高。想一想 SAP，Oracle，Microsoft，IBM 等公司的软件之所以越做越精致，是因为它们有着成千上万的企业用户。将 IT 技术问题抽象出来单独进行解决，对于一个国家软件工业水平的提高大有益处。

　　与专业软件（比如财务软件、图像处理软件、股票交易软件等，仅举几例）相比，IT 软件公司的主要营收为版权授权营收（还有一部分是服务营收），即出售

---

① 　这是一个"做还是买"的问题。

软件版权所得①；IT 软件公司产品的直接用户是 IT 开发人员（而不是业务人员），他们一般是 IT 咨询公司或者最终用户业务线上的 IT 开发员。他们利用 IT 软件公司的产品来实施业务项目的解决方案。

作者认为，和制造业一样，软件工业的水平可以体现一个国家的整体工业水平，是其他任何行业的基础；软件工业的战略必须提到国家发展战略的高度来进行考虑和安排。国家、政府必须制定出相应的法规和政策，对软件工业进行有效的扶持。

以往，由于软件版权保护及其他方面的综合因素，国家整体的软件工业水平并没有得到充分的发展，至少与高校的软件教育水平及从业人员的数量和整体水平等因素不相匹配。在广泛采用云计算和云平台的新形势下，软件用户不再需要得到软件的拷贝，而改为付费订阅（subscription）的软件版权使用模式。这一转变将有利于软件版权和知识产权的保护，鼓励软件工业的发展。

15.4.3 高校计算机软件课程设置与现实对架构师要求的匹配问题

在 15.4.2 节中，谈到了将业务 IT 项目分成解决业务问题和解决软件工程问题两个部分，这两部分的问题由软件公司和咨询公司分别解决。这两种公司里的技术人员关心的侧重点不同，所需要的硬实力和软实力也不同。

对比高校计算机软件教育的课程设置（包括中国和美国的顶尖高校），作者发现，几乎所有课程都是软件工程方面的，而与解决企业实际的业务 IT 问题有关的课题涉及得很少，比如大型复杂系统解决方案的架构和方法论、IT 咨询技能及类似 15.3 节中的软实力等。这就造成了刚出校门的学生的知识技能与工作市场和企业 IT 项目具体要求不相匹配的情况。

- 学校里教授的是软件工程和计算机科学。除了基础课之外，专题研究的方向多为计算机科学的前沿领域。然而，大多数毕业生会直接进入工业界。他们缺乏上面提到的解决企业实际的业务 IT 问题的相关技能，短期内只能靠他们自己摸爬滚打，进行适应和提高。
- 即使在工业界中，软件公司和 IT 咨询公司一般都希望招聘有经验的、在项目上能够立即上手的人。咨询公司常常更是拿到了项目才找人。给新人足够的时间在工作上成长又提供系统性培训的公司并不多。

---

① 从这一点上来说，印度只能说是一个 IT 服务大国，而根本谈不上软件大国。

- 在工业界里，解决实际业务 IT 问题需要与学术研究不同的侧重点、思维
  方式、方法论和软实力。除了在高校进行计算机教育之外，似乎并没有
  在大范围内系统教授这方面的知识和技能的地方。

与解决企业实际的业务 IT 问题有关的课题不仅在战术上直接关系到各个
行业、各个企业的 IT 项目的成败，还在战略上反过来促进软件工业的整体发展，
并对企业能否顺利完成数字化转型、在新的互联网经济的大环境中生存和发展
具有至关重要的、决定性的意义，因此也是高大上、"诗和远方"的东西。作者认
为，高校的本科计算机软件基础教育应该在高年级增加诸如大型复杂系统解决
方案的架构和方法论、IT 咨询技能及软实力等方面的课程，并像商学院、医学
院、法学院、军事学院和体育学院那样，在课程中增加对实际案例的分析，以实践
来加深学生对理论的认识。

15.5 总结

本章是在技术之外对本书的主题，即如何成为一名合格的架构师，从人文的
角度进行的补充。内容包括作者就一个架构师如何有意识地修炼相关的硬实力
和软实力方面的一些不成体系的分享。

本章还就架构师的职业规划、软件工业的发展及高校软件基础教育等战略
性的大问题简单地论述了作者的一孔之见。目的是抛砖引玉，希望与读者进行
进一步的探讨。读者可以发电子邮件到 charlesquanli@gmail.com，或者到作者
的博客(http://blog.csdn.net/charlesquanli)留言。

在本书结束时作者想说，一个合格的架构师将会拥有的绝不仅仅是谋生的
技能，也不仅仅是可能在或大或小的范围内产生的影响。架构师的心里也有一
个小宇宙。伴随着架构师成长而不断成长的对各种事物的见解和成就感，才是
对架构师们最大的报酬和奖励。

祝你成功！

关于实践

　　为了避免有纸上谈兵之嫌,让读者能够在动手的过程中加深对本书内容的理解,作者认为必须选用一个具体的软件工具和部署平台。

　　本书的宗旨是对系统集成和 API 架构设计思想的深入阐述,而非对软件工具的选择进行论述,也无意推荐某个软件公司的具体产品。市面上有许多系统集成和 API 工具的软件厂商①。结合这本书的写作,作者选择了 MuleSoft 公司的 Anypoint 平台。这个选择主要基于以下几个理由。

- 开发环境的试用版可以公开下载。开发环境基于广大 Java 开发人员所熟悉的 Eclipse 环境。
- 运行环境的社区版是开源的,并且可以公开下载。
- 所有的系统集成的模式(integration patterns)都已在这个平台上得到实现。
- 在开发环境的试用版和运行环境的社区版中可以进行 API 的初级开发,尽管没有企业版中丰富的提高开发效率的各种功能。熟悉了这种初步开发之后,可以选择采用付费的企业版进行更高级、更完善的开发、部署和管理。
- 拥有众多参与的开发员社区,可以得到免费的技术上的帮助。

　　重申一下,作者在此绝对无意特别推荐某个具体的软件公司及其产品。具体使用某个产品完全是出于架构理论学习的目的。

----

① 有兴趣对不同厂商进行对比选择的读者请参考 Gartner 的魔力象限,https://www.gartner.com/doc/reprints? id＝1-3KZGFI4＆ct＝161031＆st＝sb。

A.1 搭建 MuleSoft 的开发和运行环境——开源版

A.1.1 开发环境

MuleSoft 的开发环境是基于 Eclipse 的 Studio。其 30 天的试用版可以在 MuleSoft 公司的官网上（https://www.mulesoft.com/lp/dl/studio）下载。

下载得到的是一个 zip 压缩文件。将下载文件解压至一个文件夹里，比如 C：/studio，我们称之为〈studio_home〉。开发环境的安装就完成了。

启动开发环境，只需运行〈studio_home〉下面的 AnypointStudio.app[①]。图 A-1 显示的是一个典型的开发环境。

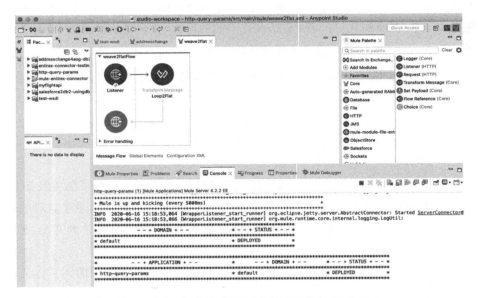

图 A-1 MuleSoft 的系统集成与 API 的开发环境

在 MuleSoft 的官网上可以找到一个很详细的入门辅导教材：https://developer.mulesoft.com/tutorials-and-howtos/quick-start/developing-your-first-mule-application。

---

① 这里讲解使用的是 Mac OS 的版本，Linux 和 Windows 版本同样存在，与此类似。

A.1.2 运行环境

MuleSoft 的运行环境,即 Mule Runtime 分为企业版(enterprise edition, EE)和社区版(community edition,CE)[①],企业版的版权需要付费,具有很多可极大提高开发效率的功能;而社区版虽然有一定的局限性,不具备企业版中的一些功能,但完全可以通过 Java 编程的方式实现绝大部分的实际要求,而且可以完全免费地使用。

安装 Mule Runtime CE 版需要首先在 MuleSoft 的官网上下载安装包(zip 文件或 tar.gz 文件,取决于使用的操作系统)。然后将压缩的安装包解压到部署机器的目标文件夹〈mule_home〉里,如 c:/mule-standalone-3.8.1。安装后需要设置/修改以下环境参数(以 Windows 操作系统为例):

MULE_HOME = c:/mule-standalone-〈version〉
PATH = % MULE_HOME % ; % PATH %

有关 Mule Runtime 的详细文档可参考 MuleSoft 的官网[②]。以下简单的步骤可以很快地启动 mule Runtime 并部署新开发的应用。

- 运行〈mule_home〉/bin/mule.exe。在命令终端的大量输出行中,特别留意关于 Mule Runtime 版本的信息(图 A-2)及 Mule Runtime 启动完成的信息(图 A-3)。
- 将在 A.1.1 节中按照入门辅导教材开发的 Mule 项目打包部署在刚刚启动的 Mule Runtime 中。具体步骤如下:
  - 在 Mule Studio 中完成测试后,右击你的 mule 项目;选择 Export……,然后选择 Anypoint Studio Project to Mule Deployable Archive (includes Studio metadata);按 Next 键;指定产生的 jar 文件地址和名称;按 Finish 键。
  - 将产生的 jar 文件复制到〈mule_home〉/apps 文件夹中,Mule Runtime 会自动识别这是一个新的应用文件,自动解压、部署并运行,如图 A-4 所示。

---

① 关于 Mule Runtime 企业版和社区版的具体区别,详见 https://www.mulesoft.com/platform/soa/mule-esb-enterprise。

② https://docs.mulesoft.com/mule-user-guide/v/3.8/。

```
* Mule Runtime and Integration Platform                                    *
* Version: 4.2.0 Build: 7df635f2                                           *
* MuleSoft, Inc.                                                           *
* For more information go to https://developer.mulesoft.com/               *
*                                                                          *
* Server started: 6/16/20 2:20 PM                                          *
* JDK: 11.0.6 (mixed mode)                                                 *
* JDK properties:                                                          *
*   - java.vendor = AdoptOpenJDK                                           *
*   - java.vm.name = OpenJDK 64-Bit Server VM                              *
*   - java.home =                                                          *
* /Library/Java/JavaVirtualMachines/adoptopenjdk-11.jdk/Contents/Hom       *
* e                                                                        *
* OS: Mac OS X (10.15.5, x86_64)                                           *
* Host: charlesli-ltm1.internal.salesforce.com (192.168.1.15)             *
* Mule services:                                                           *
*   - mule-service-weave-2.2.0                                             *
*   - mule-service-scheduler-1.2.0                                         *
*   - mule-service-oauth-1.2.0                                             *
*   - mule-service-http-1.4.0                                              *
*   - mule-service-soap-1.2.0                                              *
* Applied patches:                                                         *
*   - mule-artifact-patches                                                *
* Mule system properties:                                                  *
*   - mule.metadata.cache.expirationInterval.millis = 5000                 *
*   - mule.base = /Applications/mule-standalone-4.2.0-hf1                   *
*   - mule.home = /Applications/mule-standalone-4.2.0-hf1                   *
*   - mule.metadata.cache.entryTtl.minutes = 10                            *
****************************************************************************

* Started domain 'default'                                                 *

+++++++++++++++++++++++++++++++++++++++++++++++++++++++++++++++++++++++++++++
+ Mule is up and kicking (every 5000ms)                                    +
+++++++++++++++++++++++++++++++++++++++++++++++++++++++++++++++++++++++++++++

*           - - + DOMAIN + - -            * - - + STATUS + - -             *
* default                                 * DEPLOYED
```

图 A-2　MuleSoft Runtime 启动过程中显示的版本信息

```
****************************************************************************
* Started domain 'default'                                                 *
****************************************************************************

+++++++++++++++++++++++++++++++++++++++++++++++++++++++++++++++++++++++++++++
+ Mule is up and kicking (every 5000ms)                                    +
+++++++++++++++++++++++++++++++++++++++++++++++++++++++++++++++++++++++++++++

*           - - + DOMAIN + - -            * - - + STATUS + - -             *
****************************************************************************
* default                                 * DEPLOYED
****************************************************************************
```

图 A-3　MuleSoft Runtime 启动过程最后显示的运行状态

```
*           - - + DOMAIN + - -            * - - + STATUS + - -             *
****************************************************************************
* default                                 * DEPLOYED
****************************************************************************

*       - - + APPLICATION + - -    *      - - + DOMAIN + - -   * - - + STATUS + - -  *
* query-params                     * default                  * DEPLOYED
****************************************************************************
```

图 A-4　MuleSoft Runtime 自动识别和部署新的应用

A. 2 　安装 Apache ActiveMQ 消息服务器——开源版

在 Apache ActiveMQ 的官网[1]上可以下载安装包,并得到全部的文档及大量的教材和例子。

Apache ActiveMQ 支持全部 JMS 标准,并具有大量 JMS 标准之外的功能[2],也支持第 3 章中介绍的与消息服务器有关的消息传送通道一类的系统集成模式。

Apache ActiveMQ 在很多大型企业的生产环境中都有运行。

---

[1]　http://activemq. apache. org/。

[2]　http://activemq. apache. org/features. html。

集成中常遇到的功能系统

在 4.2 节中曾经提到,如果一个架构师对常见的功能系统及其调用机制有较深入的了解,肯定会对做出高质量的集成设计大有帮助。在这里,将实际工作的项目中常常遇到的一些需要进行集成的功能系统罗列出来,并对每一个系统的主要功能、调用机制、文档地址等进行简单的说明。目的是使读者在集成项目开发过程中遇到这些系统时能够尽快上手,少走弯路。

所有系统按照系统功能名称的英文字母顺序排列,共 18 个大类;每一类中按系统的软件厂商在该功能上产品的使用普遍程度进行排列。当然,无论是系统功能的分类还是厂商产品使用普遍程度的认定都是非常主观的,请不要深究。

B.1 业务流程管理系统

1. Pega Systems Pega

简介:美国马萨诸塞州剑桥市。主要产品 Paga 是业务流程管理(BPM)和客户关系管理(CRM)软件,专注于金融服务、生命科学、医疗保健、制造业、保险、政府部门、高科技、通信和媒体及能源和公用事业。

调用方式:REST APIs。

文档地址:https://pdn.pega.com/pega-api-pega-7-platform。

2. Appian

简介:美国弗吉尼亚州雷斯顿市。一个旨在降低二次开发工作量的软件开发平台，使客户可以设计、构建和实施企业级的自定义应用程序，以实现重新设计产品、服务、流程和客户互动。产品包括业务流程管理(BPM)软件、案例管理、移动应用开发和平台即服务(SaaS)。客户行业包括能源、保险、制造业、公共服务、零售和运输等。

调用方式：Web APIs。

文档地址：https：//docs. appian. com/suite/help/17. 2/Web_APIs. html。

B.2　复杂事件处理

1. EsperTech Esper(开源及企业版)

简介：美国新泽西州韦恩市。将事件系列分析和复杂事件处理(CEP)代入集成系统。主要客户行业包括金融、医疗、软件、在线游戏、移动通信、国防、制造、网络安全等。

调用方式：Java 工具包。

文档地址：http：//www. espertech. com/esper/release-5. 5. 0/esper-reference/html/api. html。

2. Drools(开源)

简介：由美国 RedHat 公司支持的社区开源项目(www. drools. org)，提供业务逻辑规则管理系统的引擎、系统管理、规则管理和开发工具。

调用方式：XStream、JAXB、JSON 工具包。

文档地址：https：//docs. jboss. org/drools/release/7. 2. 0. Final/drools-docs/html_single/ # _commandsapisection。

3. TIBCO BusinessEvents

简介：美国加利福尼亚州帕罗奥图市。提供系统集成、信息分析和事件处理的软件和开发工具。

调用方式：JMS Messaging、Java 工具包。

文档地址：https：//docs. tibco. com/products/tibco-businessevents-5-2-0。

B.3　云端系统

1. Amazon Web Services

简介：美国华盛顿州西雅图市。Amazon.com 的子公司。按付费订阅方式向个人、公司和政府提供按需云计算平台，包括计算、存储、数据库、信息传递、网络连接、安全移动、物联网及开发管理和分析工具，并提供 12 个月的免费试用。

调用方式：多种语言的开发工具包，包括 Java，.NET，JavaScript，Python，Ruby 和 PHP，以及 iOS 和 Android。

文档地址：https://aws.amazon.com/documentation/。

2. Microsoft Azure

公司简介：美国华盛顿州雷德蒙德市。通过 Microsoft 管理的全球数据中心网络向客户提供构建、测试、部署和管理的应用程序和服务。提供软件即服务、平台即服务及基础设施即服务，并支持微软和第三方的多种编程语言、工具和框架。

调用方式：.NET、Java、命令行工具包，REST APIs。

文档地址：https://aws.amazon.com/documentation。

3. 阿里巴巴阿里云

简介：中国浙江省杭州市。中国最大的公有云，旨在构建云计算服务平台，包括电子商务数据挖掘、电子商务数据处理和数据定制。

调用方式：Java、C＃、Python、PHP 工具包，REST APIs。

文档地址：https://help.aliyun.com/document_detail/25699.html? spm＝5176.doc25488.6.951.dsRmAs。

B.4　客户关系管理系统

1. Salesforce CRM

简介：美国加利福尼亚州旧金山市。最著名的 CRM 软件厂商，并涉及社交网络的商业应用。

调用方式：SOAP Webservices，REST APIs。

文档地址：https：//developer. salesforce. com/docs/atlas. en-us. api. meta/api/sforce_api_quickstart_intro. htm。

https：//developer. salesforce. com/page/REST_API。

2. Microsoft Dynamics

简介：美国华盛顿州雷德蒙德市。该客户关系管理软件包主要集中在销售、营销和服务(帮助台)部门。微软一直将 Dynamics CRM 营销作为 XRM 平台，并鼓励合作伙伴使用其专有(基于. NET 的)框架进行自定义。它是 Microsoft Dynamics 系列业务应用程序的一部分。

调用方式：Web APIs，. NET、Java、JavaScript 工具包。

文档地址：https：//msdn. microsoft. com/en-us/library/hh547453. aspx。

3. Oracle Siebel

简介：美国加利福尼亚州圣马特奥市。主要从事客户关系管理(CRM)应用的设计、开发、营销和支持。

调用方式：SOAP Webservices、REST APIs。

文档地址：https：//docs. oracle. com/cd/E14004_01/books/PDF/CRMWeb_8182. pdf。

http：//docs. oracle. com/cd/E74890_01/books/PDF/RestAPI. pdf。

4. SugarCRM

简介：美国加利福尼亚州库比蒂诺市。SugarCRM 的功能包括销售自动化、营销活动、客户支持和协作、移动 CRM、社交 CRM 和报告等。

调用方式：SOAP Webservices、REST APIs。

文档地址：http：//support. sugarcrm. com/Documentation/Sugar_Developer/Sugar_Developer_Guide_6. 5/Application_Framework/Web_Services/。

B.5 数据库系统

1. Oracle Database

简介：美国加利福尼亚州红木市。最著名的对象-关系型数据库之一。

调用方式：JDBC。

文档地址：https：//docs.oracle.com/database/122/JJDBC/toc.htm。

2. Microsoft SQL Server

简介：美国华盛顿州雷德蒙德市。最著名的关系型数据库之一。

调用方式：JDBC。

文档地址：https：//docs.microsoft.com/en-us/sql/connect/jdbc/microsoft-jdbc-driver- for-sql-server。

3. Oracle MySQL

简介：美国加利福尼亚州红木市。最著名的关系型数据库之一。

调用方式：JDBC。

文档地址：https：//dev.mysql.com/doc/connector-j/5.1/en/connector-j-usagenotes-basic.html。

4. Postgre(开源)

简介：PostgreSQL Global Development Group 开源。著名的对象-关系型数据库之一。

调用方式：JDBC。

文档地址：https://jdbc.postgresql.org/documentation/94/index.html。

5. Apache Derby(开源)

简介：阿帕奇软件基金会。常用的轻量型、可内置的关系型数据库之一，常被用来开发演示用软件。

调用方式：JDBC。

文档地址：https://db.apache.org/derby/integrate/plugin_help/derby_app.html。

6. MongoDB(开源)

简介：美国加利福尼亚州帕罗奥图市。一款免费和开源的跨平台、文档型的数据库软件，属于 NoSQL 数据库。使用类似 JSON 的文档与模式。

调用方式：Java 开发工具包。

文档地址：https://www.mongodb.com/blog/post/getting-started-with-mongodb-and-java-part-i。

7. HBase(开源)

简介：阿帕奇软件基金会。常见的开源、非关系型、面向列的 key-value 存储的分布式数据库,以 Java 编写,是从 Apache Hadoop 项目中的一部分开发而来,运行在 Hadoop 分布式文件系统(HDFS)之上。

调用方式：Java 软件包、REST APIs。

文档地址：https://hbase.apache.org/apidocs/。

http://blog.cloudera.com/blog/2013/03/how-to-use-the-apache-hbase-rest-interface-part-1/。

8. CassandraDB(开源)

简介：阿帕奇软件基金会。一种免费的、开源分布式的 NoSQL 数据库,旨在处理许多低端服务器上的大量数据、提供高可用性和无单点故障。Cassandra 为跨多个数据中心、具备异步无主复制功能的集群提供强大的支持,从而允许所有客户端的低延迟操作。

调用方式：多语言的客户端驱动器(Java,Python,Ruby,.NET/C♯,Nodejs,PHP,C++,Scala 等)。

文档地址：http://cassandra.apache.org/doc/latest/getting_started/drivers.html? highlight＝driver。

9. Neo Technology Neo4j(开源及企业版)

简介：美国加利福尼亚州旧金山市。这是目前 db-engines.comdb-engines.com 认定的最流行的、具有本机图形存储和处理的符合 ACID 的事务数据库,用 Java 编写,有开源版和企业版。

调用方式：.NET,Java,JavaScript,Python 工具包,REST APIs。

文档地址：https://neo4j.com/docs/。

10. Redis Labs Redis(开源)

简介：美国加利福尼亚州山景市。这是一个内存,但可以选择带有持久性的联网型 key-value 存储的开源数据库软件。Redis 支持不同类型的抽象数据结构,如字符串、列表、映射、集合、排序集、超文本记录、位图和空间索引。

调用方式：Java，C♯，PHP 等 49 种语言的工具包。

文档地址：https://redis.io/clients。

B.6　电子内容管理

1. Microsoft SharePoint

简介：美国华盛顿州雷德蒙德市。与 Microsoft Office 集成的基于 Web 的协作平台，主要作为文件管理和存储系统。该产品具有高度的可配置性，不同公司之间的使用差别很大。

调用方式：SOAP Services。

文档地址：https://dev.office.com/sharepoint/docs/general-development/accessing-the-soap-api。

2. OpenText Documentum

简介：加拿大安大略省滑铁卢市。一个著名的企业内容管理软件。

调用方式：REST APIs，WebDAV，FTP，Java 工具包。

文档地址：https://msroth.wordpress.com/2014/02/21/documentum-rest-services-tutorials/。

B.7　电子商务

1. Paypal

简介：美国加利福尼亚州圣何塞市。这是一款全球性的在线支付系统，支持网上汇款，并可用作传统纸币方式（如支票和汇票）的电子方式，还可为在线供应商、拍卖网站和其他商业用户处理付款业务。

调用方式：Java，PHP，Node，Python，Ruby，.NET 工具包，REST APIs。

文档地址：https://developer.paypal.com/docs/。

2. Stripe

简介：美国加利福尼亚州旧金山市。

调用方式：Ruby，Python，PHP，Java，Nodejs，Go，.NET 工具包，iOS 和

Android 移动工具包,REST APIs。

    文档地址:https://stripe.com/docs/api。

3. 阿里巴巴支付宝

    简介:中国浙江省杭州市。蚂蚁金服开放平台基于支付宝的海量用户,将强大的支付、营销、数据能力通过接口等形式开放给第三方合作伙伴,帮助第三方合作伙伴创建更具竞争力的应用。

    调用方式:蚂蚁金服开放平台的 Java,PHP,.NET 工具包。

    文档地址:https://doc.open.alipay.com/。

B.8 电子数据交换

1. X12 电子数据交换(EDI)

    简介:认证标准委员会 X12(ASC X12)是一个标准组织。1979 年由美国国家标准学会(ANSI)特许,开发和维护 X12 电子数据交换(EDI)、受上下文启发的组件架构(CICA)标准及推动业务流程的 XML 模式。ASC X12 已经赞助了超过 315 种基于 X12 的 EDI 标准及越来越多的 X12 XML 模式。ASC X12 的成员包括 3000 多名技术人员和业务流程专家,代表着来自医疗、保险、交通、金融、政府、供应链等多个行业的 600 多家公司。

    调用方式:最终是解析特定格式的文件。有很多的系统集成软件厂商提供 X12 的连接器。

    文档地址:X12 文档编号 https://en.wikipedia.org/wiki/X12_Document_List。

2. EDIFACT EDI

    简介:1987 年,随着联合国和美国/ANSI 语法提案的趋同,国际标准化组织批准了 UN/EDIFACT 的语法规则成为 ISO 9735 国际标准。EDIFACT 标准规定:

- 一组结构数据的语法规则;
- 交互式的协议交换(I-EDI);
- 允许跨国和跨行业交换的标准信息。

调用方式：最终是解析特定格式的文件。有很多的系统集成软件厂商提供 EDIFACT 的连接器。

文档地址：https://www.edibasics.com/edi-resources/document-standards/ edifact/。

3. RosettaNet EDI

简介：一个旨在建立商业信息共享(B2B)标准流程的非营利组织，主要的计算机和消费者电子产品、电子元件、半导体制造、电信和物流公司的联盟，致力于创建和实施跨行业的开放电子商务流程标准。这些标准形成了一种通用的电子商务语言，在全球范围内协调供应链合作伙伴之间的流程。

调用方式：最终是解析特定格式的 XML 文件。有很多的系统集成软件厂商提供 X12 的连接器。

文档地址：https://www.edibasics.com/edi-resources/document-standards/ rosettanet/。

B.9 企业资源计划

1. SAP R/3

简介：德国巴登-符腾堡州沃尔多夫市。提供一个企业范围的信息系统，旨在协调完成业务流程所需的所有资源/信息和活动，如订单履行、计费、人力资源管理和生产计划等。

调用方式：SAP Java Connector(JCo)BAPI, IDOC。

文档地址：https://help.sap.com/saphelp _ nwpi711/helpdata/en/48/ 70792c872c1b5ae 10000000a42189c/frameset.htm。

2. SAP Concur

简介：德国巴登-符腾堡州沃尔多夫市。提供一个企业范围的信息系统，旨在协调完成业务流程所需的所有资源/信息和活动，如订单履行、计费、人力资源管理和生产计划等。

调用方式：SAP Java Connector(JCo)BAPI, IDOC。

文档地址：https://developer.concur.com/api-reference/。

3. Oracle EBS

简介：美国加利福尼亚州圣马特奥市。Oracle EBS 由利用 Oracle 的核心关系数据库管理系统技术、自主开发和收购的企业资源计划（ERP）、客户关系管理（CRM）和供应链管理（SCM）等一系列的应用程序组成。应用程序中包含的重要技术包括 Oracle 数据库技术（RDBMS，PL/SQL，Java，.NET，HTML 和 XML 引擎）和"技术栈"（Oracle 表格服务器、Oracle 报表服务器、Apache 网络服务器、Oracle Discoverer、Jinitiator 和 Java）。

调用方式：PL/SQL，REST APIs。

文档地址：https://blogs.oracle.com/stevenchan/a-primer-on-oracle-e-business-suite-rest-services。

4. Oracle JD Edwards

简介：美国加利福尼亚州圣马特奥市。这是一家企业资源计划（ERP）软件公司。产品包括 IBM AS/400 小型机世界（使用计算机终端或终端仿真器的用户）、CNC 架构的 OneWorld（客户机-服务器的胖客户端）和 JD Edwards EnterpriseOne（基于 Web 的瘦客户机）。主要应用于金融管理、项目管理、资产周期管理、订单管理、生产过程管理、移动应用和报表解决方案等。

调用方式：JMS Messaging。

文档地址：https://smartbridge.com/advanced-integration-techniques-for-oracle-jd-edwards-enterpriseone/。

B.10　人力资本管理

1. Oracle PeopleSoft

简介：美国加利福尼亚州圣马特奥市。这是一款提供人力资源管理系统（HRMS）、财务管理解决方案（FMS）、供应链管理（SCM）、客户关系管理（CRM）和企业绩效管理（EPM）及制造和学生管理的软件，主要针对大型企业、政府和其他组织。

调用方式：SOAP WebServices，REST APIs，JMS，FTP。

文档地址：http://www.oracle.com/us/products/applications/peoplesoftenterprise/tools-tech/054003. html。

2. Workday

简介：一个按需、基于云的财务管理和人力资本管理软件供应商。主要功能模块包括缺勤、学术基础、福利、校园管理、现金管理、薪酬、财务管理、人力资源、身份管理、薪资、绩效管理、专业服务自动化、招聘、资源管理、收入管理、人员配置、人才管理、时间跟踪、劳动力规划等。

调用方式：REST APIs。

文档地址：https://community. workday. com/api。

3. SAP SuccessFactors

简介：总部设在美国加利福尼亚州南旧金山的 SAP 子公司，提供使用软件即服务(SaaS)模式的、基于云的人力资本管理(HCM)软件解决方案。

调用方式：API，OData。

文档地址：https://sfapitoolsflms. hana. ondemand. com/SFIntegration/。

B.11　行业标准

1. OData

简介：开放数据协议(OData)是一种开放协议，允许以简单和标准的方式创建和消费可查询和可互换的 REST API。微软公司于 2007 年发起了 OData。版本 4.0 由 OASIS 于 2014 年 3 月发布并标准化。2015 年 4 月，OASIS 向 ISO/IEC JTC 1 提交了 OData 版本 4.0 和 OData JSON 格式版本 4.0 作为国际标准的批准申请。该协议允许创建和使用 REST API，以便 Web 客户端可以使用简单的 HTTP 消息来发布和编辑使用 URL 标识并在数据模型中定义的资源。

调用方式：REST API。

文档地址：http://www. odata. org/getting-started/basic-tutorial/。

2. ISO 8583

简介：ISO 8583 是金融交易卡交换信息的国际标准，是国际标准化组织关于交换由持卡人使用支付卡产生的电子交易信息系统的标准。ISO 8583 定义了消息格式和通信流程，以便不同的系统交换这些交易的请求和响应。客户在使用支付卡进行商店付款(EFTPOS)及在 ATM 上进行交易时,绝大多数交易在通信链中的某一点会使用 ISO 8583。万事达卡和 Visa 网络的授权通信及许多其他机构和网络都符合 ISO 8583 标准。

调用方式：有不少解析 ISO 8583 数据格式的工具包,比如 Java 的工具包。开源的也有。

文档地址：一般使用需要集成的系统已有的 ISO 8583 工具包。

B.12　IT 开发和运行工具

Splunk

简介：美国加利福尼亚州旧金山市。捕获、索引和关联可搜索的存储库中的实时数据,从而生成图形、报告、报警、仪表板及可视化;通过识别数据模式来提供企业里的机器数据指标,诊断问题,并为业务运营提供智能。

调用方式：Java,C♯,Python,JavaScript 工具包。

文档地址：http://docs.splunk.com/Documentation/SDK。

B.13　IT 基础设施管理

1. Atlanssian Jira

简介：澳大利亚悉尼市。这是一款广受欢迎的问题跟踪产品,提供错误跟踪、问题跟踪和项目管理功能。

调用方式：REST APIs。

文档地址：https://developer.atlassian.com/jiradev/jira-apis/jira-rest-apis。

2. Jenkins

简介：Jenkins 是一个用 Java 编写的、开源的部署自动化服务器,有助于将软件开发过程的非人性化部分自动化,促进连续交付、持续整合。构建可以通过各种手段触发,比如通过在版本控制系统中的提交、类似 cron 的机制进行调度、向特定的构建 URL 提出请求、在队列中的其他构建完成后进行触发等方式。Jenkins 的功能可以通过插件进行扩展。

调用方式：REST API。

文档地址：https://wiki.jenkins.io/display/jenkins/remote＋access＋api。

3. GitHub

简介：GitHub 是一个基于 Web 的代码版本控制和存储库,提供基于互联网的托管服务。它提供了 Git 所有分布式版本控制和源代码管理(SCM)的功能,并添加了自己新的功能,为每个项目提供访问控制和错误跟踪及功能请求、任务管理和维基等协作功能。

调用方式：REST APIs。

文档地址：https://developer.github.com/v3/。

4. ServiceNow

简介：美国加利福尼亚州圣克拉拉市。这是一家基于云服务实现企业 IT 运维自动化的提供商,专注于将企业 IT 业务流程自动化和标准化,改变 IT 企业与客户之间的关系,提高大型全球企业的 IT 内部管理效率。

调用方式：SOAP Webservices 和 REST APIs。

文档地址：https://docs.servicenow.com/bundle/geneva-servicenow-platform/page/integrate/web_services/reference/r_AvailableWebServices.html。

5. BMC Remedy

简介：美国得克萨斯州休斯敦市。全名 Remedy Action Request System (ARS),是一组由 IT 服务管理功能组成的平台,旨在提高 IT 服务的质量。

调用方式：C,Java,Perl,.NET,Ruby,Python,PHP 工具包,SOAP Webservices,REST APIs。

文档地址：https://communities.bmc.com/docs/DOC-17512。

B.14　传统系统改造

1. IBM AS/400

简介：美国纽约州阿蒙克市。IBM 的中端计算机系统。1988 年 6 月 21 日首次推出时被称为 AS/400,并于 2000 年更名为 eServer iSeries,随后在 2006 年再次更名为 i 系统。2008 年 4 月,与 p 系统平台进行整合,统一后的产品线被称为 IBM Power Systems,并支持 IBM i(以前称为 i5/OS 或 OS/400),AIX 和 GNU/Linux 操作系统。

调用方式:这一部分的集成方式五花八门,与涉及 AS/400 哪一部分的具体功能有关,也与参与集成的其他系统有关,难以概述。

文档地址:难以概述。

2. Cobol Copybook

简介:在 COBOL 中,Copybook 文件用于定义许多程序可以引用的数据元素,其实就是某种格式的数据文字文件。

调用方式:只要了解了 Copybook 文件中数据内容的具体格式,就可以使用任何语言或工具包对文件进行解析。然而在很多时候,文件的内容和格式过于复杂,还是应该使用合适的工具,如特定的连接器等,来保证开发的效率和可靠性。

文档地址:依赖于具体工具包。

B.15　主数据管理

Informatica

简介:美国加利福尼亚州红木城市。其产品专注于数据集成,包括提取、转换、加载(ETL)、信息生命周期管理、企业之间的数据交换、云计算集成、复杂事件处理、数据屏蔽、数据质量和复制、数据虚拟化、主数据管理等。这些组件构成了一个用于建立和维护数据仓库的工具集。

调用方式:REST APIs。

文档地址:https://www.informatica.com/products/cloud-integration/integration-cloud/api-management.html。

B.16　消息传递服务器

1. ActiveMQ

简介:阿帕奇软件基金会。非常著名的一款开源的消息传递和系统集成服务器。

调用方式：JMS 及特制的工具包。

文档地址：http://activemq.apache.org/getting-started.html。

2. RedHat JBoss 消息服务器

简介：美国北卡罗来纳州罗利市。这是一个基于订阅、开源的 Java EE 的应用服务器运行平台，用来构建、部署和托管高度事务性的 Java 应用程序和服务。

调用方式：JMS 及特制的工具包。

文档地址：https://docs.jboss.org/jbossmessaging/docs/usermanual-2.0.0.beta1/html/using-jms.html。

3. TIBCO EMS

简介：美国加利福尼亚州帕罗奥图市。JMS 消息服务器，并具备多种企业版开发和配置上的功能。

调用方式：JMS 及特制的工具包，支持多种 JMS 客户端的编程语言。

文档地址：https://docs.tibco.com/products/tibco-enterprise-message-service-8-3-0。

4. Oracle WebLogicJMS

简介：美国加利福尼亚州红木市。这是一个 Java EE 的应用服务器运行平台。

调用方式：JMS 及特制的工具包，支持多种 JMS 客户端的编程语言。

文档地址：https://docs.oracle.com/cd/E13222_01/wls/docs81/jms/intro.html。

5. Microsoft MSMQ

简介：美国华盛顿州雷德蒙德市。这是微软公司的队列消息服务器。

调用方式：.NET Java Native 工具包。

文档地址：https://msdn.microsoft.com/en-us/library/ms705205(v＝vs.85).aspx。

6. Kafka

简介：阿帕奇软件基金会。这是一个由 Scala 和 Java 编写的开源的流处理平台，旨在提供统一的高吞吐量、低延迟平台来处理实时数据输入。其存储层本质上是一个大规模、可扩展、分布式的消息服务器。

调用方式：多种语言的客户端工具包，APIs。

文档地址：https://cwiki.apache.org/confluence/display/KAFKA/Clients。
https://kafka.apache.org/documentation/#api。

7. RabbitMQ

简介：这是一款实现高级消息队列协议（AMQP）的开源消息服务器。以
Erlang 语言编写，并且基于开放电信平台框架，用于集群和故障转移。

调用方式：Java，.NET，Erlang 客户端工具包，JMS，AMQP。

文档地址：https://www.rabbitmq.com/api-guide.html。

8. AMQP

简介：高级消息队列协议（AMQP）是面向消息中间件的开放的应用层标准
协议。AMQP 的定义特征是消息导向、排队、路由（包括点对点和发布/订阅）、
可靠性和安全性，要求消息传递提供商和客户端的行为在不同供应商之间可相
互操作（与 SMTP，HTTP，FTP 等类似）。AMQP 是线上数据格式的协议。

调用方式：每一种支持 AMQP 协议的消息服务器产品基本上都支持主要
的编程语言的客户端工具包。下面的链接给出了一些支持 AMQP 协议的消息
服务器产品。

文档地址：http://www.amqp.org/about/examples。

9. MQTT

简介：消息队列遥测传输（MQTT）是在 TCP/IP 协议之上使用 ISO 标准
（ISO/IEC PRF 20922）、基于发布/订阅方式的轻量级消息协议，针对需要"小代
码占用"或网络带宽有限的远程连接的情形。

调用方式：多种主要编程语言的客户端工具包。

文档地址：https://github.com/mqtt/mqtt.github.io/wiki/libraries。

B.17　通信协议

1. HTTP(s)

简介：超文本传输协议（HTTP）是分布式、协作式和超媒体信息系统的应

用协议，是互联网数据通信的基础协议。

调用方式：不同编程语言有不同的 HTTP 工具包。

文档地址：Java JDK java.net 包：https://docs.oracle.com/javase/8/docs/api/。

2. FTP/FPTs/sFTP

简介：这是一组通过网络在计算机之间传送文件的标准协议。

调用方式：不同编程语言有不同的工具包。

文档地址：如 Apache Commons 工具包：https://commons.apache.org/proper/commons-net/apidocs/org/apache/commons/net/ftp/package-summary.html。

3. LDAP(ActiveDirectory，OpenLDAP)

简介：这是一种开放的用于通过 IP 协议访问和维护分布式目录信息服务的行业标准。目录服务通过在整个网络中共享关于用户、系统、网络、服务和应用程序的信息，在开发内部网和互联网应用程序中起重要的作用。LDAP 的常见用途之一是提供用户名和密码的中心式存储，允许不同的应用程序和服务连接到 LDAP 服务器以验证用户。

调用方式：不同厂家的 LDAP 服务器产品会有不同的工具包，但大都支持 Java 和一些其他语言的工具包。

文档地址：因厂家不同而不同。

4. eMail(IMAP，POP3)

简介：IMAP 是客户端从电子邮件服务器获取邮件的互联网标准协议，而 POP3 是另一种客户端从远程电子邮件服务器获取邮件在应用层面上的互联网标准协议。

调用方式：JavaMail API 及其他语言各自可能有的工具包。

文档地址：https://docs.oracle.com/javaee/7/api/javax/mail/package-summary.html。

5. Socket

简介：Socket 用于在计算机网络中的单个节点发送或接收数据的内部端点，是网络软件（协议栈）中这个端点的表示形式，也是系统资源的一种形式。

调用方式：Java. net API 工具包及其他语言中各自相应的工具包。

文档地址：https://docs. oracle. com/javase/8/docs/api/java/net/package-frame. html。

6. AS2

简介：AS2(适用性声明 2)是关于如何通过使用数字证书和加密,从而在互联网上安全、可靠地传输数据的规范。

调用方式：不同厂家的 AS2 服务器产品会有不同的工具包,但大都支持 Java 和一些其他语言的工具包。有一个开源的 AS2 服务器工具包叫作 OpenAS2。

文档地址：https://sourceforge. net/projects/openas2/。

7. UDP

简介：这是与 IP 并列的互联网协议中的核心成员之一。可以使用简单的无连接传输模式,将消息发送到 IP 协议网络上的其他主机,提供数据完整性的校验,并用于寻址数据源和目的地的不同功能的端口号。UDP 没有握手对话,结果是将底层网络的任何不可靠性,比如没有交付保障、没有顺序保障、没有重复接收保障等,都暴露给了应用程序。

调用方式：Java. net API 工具包及其他语言各自可能有的工具包。

文档地址：https://docs. oracle. com/javase/8/docs/api/java/net/package-frame. html。

B. 18 社交媒体

1. 微信(WeChat)

简介：中国广东省深圳市。这是由腾讯公司开发的中国社交媒体(即时通信、商务和支付服务)移动应用软件。被称为世界上最具创意的多功能应用程序和“中国的所有应用”,具有从付款到社交媒体到服务到购物等众多独特的功能和平台,相当于多个 Google Play 或 Apple Store 的应用程式。

调用方式：REST APIs。

文档地址：https://www. programmableweb. com/api/wechat。

2．钉钉（DingTalk）

简介：中国浙江省杭州市。这是由阿里巴巴集团专为中国企业打造的免费沟通和协同的多端平台，提供 PC 版、Web 版和手机版，支持手机和计算机之间的文件互传。

调用方式：PC 端 JavaScript 和移动端 JavaScript。

文档地址：https://open-doc.dingtalk.com/。

3．Facebook

简介：美国加利福尼亚州门洛帕克市。这是一个最著名的社交网络和社交服务平台。

调用方式：REST APIs。

文档地址：https://www.programmableweb.com/api/facebook。

4．Twitter

简介：这是一种在线新闻和社交网络服务。用户发布的消息称为"tweet"，每一条内容限制在 140 个字符内。用户通过其网站界面、短信或移动设备应用访问 Twitter。

调用方式：REST APIs。

文档地址：https://dev.twitter.com/overview/api。

5．领英网（LinkedIn）

简介：美国加利福尼亚州桑尼维尔市。这是一个面向企业和就业的社交网络服务平台，主要用于职业网络，包括雇主发布职位和求职者张贴简历。有 Web 和移动应用界面。

调用方式：REST APIs。

文档地址：https://www.programmableweb.com/api/linkedin。

6．Skype

简介：美国加利福尼亚州帕罗奥图市。这是一款视频聊天和即时通信的应用软件，提供与之相关的各种互联网电话服务。

调用方式：SDK 工具包、REST APIs。

文档地址：https://msdn. microsoft. com/en-us/skype/skypedeveloperplatform，https://www. programmableweb. com/api/skype。

7. Slack

简介：美国加利福尼亚州旧金山市。这是一个企业团队交流沟通的平台，带有即时文字、语音和视频通信、文件分享功能，并方便查找。

调用方式：REST APIs。

文档地址：https://api. slack. com/web。

需要说明的是，在以上所列功能系统中，除了 Drools、钉钉和阿里云以外，其他功能系统都能在 MuleSoft 的开发环境中找到相应的标准连接器，无须针对这些系统的连接进行二次开发。